COLEX READER

AF815560

Disfrute gratuitamente **DURANTE UN AÑO** del eBook de esta obra

- Acceda a la página web de la editorial **www.colex.es**
- Identifíquese con su usuario y contraseña. En caso de no disponer de una cuenta regístrese.
- Acceda en el menú de usuario a la pestaña «Mis códigos» e introduzca el que aparece a continuación:

RASCAR PARA VISUALIZAR EL CÓDIGO

- Una vez se valide el código, aparecerá una ventana de confirmación y su eBook estará disponible **durante 1 año desde su activación** en la pestaña «Mis libros» en el menú de usuario

No se admitirá la devolución si el código promocional ha sido manipulado y/o utilizado.

COLECCIÓN
Cuadernos de la Cátedra de Relaciones Privadas Internacionales Universidad Miguel Hernández de Elche-Ilustre Colegio de Abogados de Orihuela

2

MENS IURA FUNDAMENTALIA: LA NEUROTECNOLOGÍA ANTE LA CONSTITUCIÓN

COLECCIÓN
Cuadernos de la Cátedra de Relaciones Privadas Internacionales Universidad Miguel Hernández de Elche-Ilustre Colegio de Abogados de Orihuela

COLECCIÓN
Cuadernos de la Cátedra de Relaciones Privadas Internacionales Universidad Miguel Hernández de Elche-Ilustre Colegio de Abogados de Orihuela

2

MENS IURA FUNDAMENTALIA: LA NEUROTECNOLOGÍA ANTE LA CONSTITUCIÓN

CUADERNO N.º 2

Nuria Reche Tello
Prof.ª Ayudante doctora Derecho Constitucional

COLEX 2024

CÁTEDRA DE RELACIONES PRIVADAS INTERNACIONALES
UMH-ILUSTRE COLEGIO DE ABOGADOS DE ORIHUELA

UNIVERSITAS
Miguel Hernández

ICA Orihuela

Calle Costa Rica, número 5, 3.º B (local comercial)
A Coruña, C.P. 15004
info@colex.es
www.colex.es

I.S.B.N.: 978-84-1194-394-9
Depósito legal: C 477-2024

A Fran, aunque las palabras no bastan.

«No hay cerradura ni cerrojo que puedas imponer a la libertad de mi mente»

Una habitación propia, 1929
Virginia Wolf

«¿Puede haber, acaso, algo más estimulante que vivir un tiempo en el que sea preciso repensarlo todo para seguir existiendo?»

Ciencia en acción, 1984
Bruno Latour

Esta/e publicación/resultado/equipamiento/video/actividad/contrato/otros es parte del proyecto de I+D+i TED2021-129356B-I00, financiado por MICIU/AEI/10.13039/501100011033 y por la «Unión Europea NextGenerationEU/ PRTR».

ABREVIATURAS

BCI	Interfaces Cerebro Computador
BEOS	Firma de oscilaciones eléctricas cerebrales
BF	Brain Fingerprinting
BRAIN INITIATIVE	Investigación del cerebro mediante el avance de neurotecnologías innovadoras
CADH	Convención Americana sobre derechos humanos, Pacto de San José
CLAD	Centro Latinoamericano de Administración para el Desarrollo
CDH	Comité de Derechos Humanos
CDN	Convenio de los Derechos del Niño
CDPD	Convenio de los Derechos de las Personas con Discapacidad
CEDH	Convenio Europeo de Derechos Humanos
CERD	Comité para la eliminación de la Discriminación Racial
CIA	Comité de Inteligencia Artificial
CLAD	Consejo Directivo del Centro Latinoamericano de Administración para el Desarrollo
CIDH	Convención Iberoamericana de Derechos Humanos
CARPA	Agencia de Proyectos de Investigación Avanzada de Defensa de EE. UU.
DBS	Deep Brain Stimulation (Estimulación Cerebral Profunda)
DESI	Índice de Economía y Sociedad Digitales de la UE
DUDH	Declaración Universal de los Derechos Humanos
ECP	estimulación cerebral profunda
EMT	estimulación magnética transcraneal
EEG	Electroencefalograma
GCSP	Centro de Ginebra para la Política de Seguridad

fMRI	Proyección de imagen de resonancia magnética funcional
HBP	Proyecto Cerebro Humano, financiado por la UE
IA	Inteligencia Artificial
MEG	Magnetoencefalografía
NIBS	Estimulación cerebral «no invasiva».
ICO	Information Commissioner's Office
OCDE	Organización para la Cooperación y el Desarrollo Económico
OEA	Organización de Estados Americanos
ONU	ONU: Organización de las Naciones Unidas
PARLATINO	PARLATINO: Parlamento Latinoamericano
PIDCP	Pacto Internacional de Derechos Civiles y Políticos
PIDESC	Pacto Internacional de Derechos Económicos, Sociales y Culturales
RIPD	Red Iberoamericana de Protección de Datos
RGDP	Reglamento General sobre la Protección de Datos de la UE
RIPD	Red Iberoamericana de Protección de Datos
tDCS	Estimulación de corriente continua transcraneal
TMS	Estimulación magnética transcraneal
TEDH	Tribunal Europeo de Derechos Humanos
TJUE	Tribunal de Justicia de la Unión Europea
UNESCO	Organización de las Naciones Unidas para la Educación, la Ciencia y la Cultura

SUMARIO

III

LA CONSTRUCCIÓN DE UNA TEORÍA DE LOS NEURODERECHOS COMO DERECHOS HUMANOS

IV

MENS IURA FUNDAMENTALIA. LA NEUROTECNOLOGÍA ANTE LA CONSTITUCIÓN

INTRODUCCIÓN

El desarrollo científico y tecnológico alcanzado a lo largo de las dos primeras décadas del siglo XXI está siendo de tal magnitud que cuesta hacerse a la idea de cómo serían nuestras vidas actualmente sin teléfono móvil, internet o redes sociales, y la cotidianidad de su utilización hace que recordemos la época en que no existían como perteneciente a un pasado engañosamente lejano. No cabe duda de que a lo largo de la historia de la humanidad ha habido etapas marcadas por innovaciones tecnológicas trascendentales, cuya capacidad para modificar la realidad ha provocado verdaderas transformaciones en la civilización, pero quizá nunca como hasta ahora se ha tenido la inquietud, basada en una certeza, de que existe un riesgo real de que los medios tecnológicos creados por el ser humano se escapen a su control; y no a la manera efectista de las distopías literarias de la ciencia ficción —el tópico argumental del robot que se revela frente a sus creadores—, sino de un modo mucho más complejo, generalizado y, en cierto modo, imperceptible.

Y es que la clave se encuentra en los datos. Algo tan sutil, efímero y aparentemente inofensivo como los datos; caudales de información que se alimentan de nuestra constante y a menudo inconsciente aportación, similar a una lluvia perenne que los hiciese crecer y desbordarse sin descanso en un proceso eterno de interconexión y aprendizaje. De ahí precisamente la dificultad de abordar el fenómeno tecnológico en la actualidad, y que las soluciones a los problemas que nos pueda plantear nunca vayan a ser tan simples y tajantes como en las novelas futuristas. Máxime cuando entra un segundo factor en juego de algún modo tan inaprehensible como los flujos de información: el funcionamiento del cerebro humano. Y la interacción entre ambos constituye el gran campo de batalla al que se enfrentan las sociedades contemporáneas en los próximos decenios.

En efecto, por un lado, el uso de las nuevas herramientas tecnológicas se traduce en una conexión prácticamente infinita de usuarios a través de las redes, generando lo que se conoce como el *Big Data,* un volumen inmenso de datos que las grandes corporaciones, incluso los propios Estados, han empezado a codiciar por su capacidad para generar negocios estratégicos, pero también como mecanismo de control de la población; la transformación digital está, así, «ligada a oportunidades de mejora en las condiciones de vida, pero también a riesgos para el bienestar de los individuos y el mantenimiento de un orden social justo» (HOFFMANN-RIEM, 2018). El *Big Data* ha llegado a compararse con el petróleo, puesto que aunque, a diferencia de este, los datos «se producen en segundos, técnicamente son fáciles de registrar y almacenar» presentan con él la similitud de que, en un proceso equivalente al refinado del crudo, «las tecnologías novedosas producen productos novedosos con un nuevo valor añadido» (HOFFMANN-RIEM, 2018). Con el fin de gestionar esta cantidad ingente de información se han sofisticado las aplicaciones de la IA que, día a día, se van implementando en numerosas gestiones tanto en el sector privado como en el público. Este nuevo panóptico digital (HAN, 2020b) en la era del *Big Data* constituye un eficiente instrumento psicopolítico que permite intervenir y hacer pronósticos sobre el comportamiento humano, de manera que el futuro se convierta así en predecible y controlable.

El proceso de digitalización y el desarrollo de nuevas tecnologías avanza, pues, veloz en una sociedad que contempla perpleja las «proezas» de sistemas algorítmicos de procesamiento de datos sin imaginar que nos encontramos en la antesala de una nueva revolución, la de «lo neuro». Se ha dicho que después de la era digital viene la revolución del neurocapitalismo. Y es que los estudios científicos sobre el cerebro humano que se están llevando a cabo en una serie de países en las últimas décadas, promovidos tanto desde el poder público, como por parte de los poderes privados, han hecho florecer el mercado de las neurotecnologías, entendidas como aquellas que tienen la capacidad de interaccionar con la actividad cerebral, registrarla e incluso modificarla. Su potencial es tal que no resulta aventurado afirmar que en los próximos años será posible decodificar el pensamiento a partir de la actividad neuronal, o mejorar la capacidad cognitiva conectando el cerebro directamente a las redes digitales. Para alcanzar todos esos objetivos resulta fundamental la combinación entre neurotecnologías e IA, con su alimentación constante de datos para el desarrollo de algoritmos que permitan mejorar la toma de decisiones constituyendo así la «lógica» de las máquinas.

Esta clase de investigaciones y su desarrollo tecnológico en el ámbito médico se encuentran bien reguladas por un modelo garantista, y no cabe duda de que muestran prometedoras esperanzas en la lucha contra enfermedades mentales y neurodegenerativas, incluso en la superación de limitaciones incapacitantes a personas que actualmente no pueden ver, oír, caminar, o hablar. Sin embargo, cuando se trata de su aplicación en personas sanas, y particularmente de su comercialización en sectores como la defensa, la educación, el trabajo, la mejora cognitiva, etc., se rigen en principio por la normativa de consumo, de protección mucho más débil y donde entran en juego aspectos tales como los efectos del consentimiento, eventualmente liberador de responsabilidad.

En efecto, en los últimos años, sobre todo desde la neuroética, se está advirtiendo de los riesgos potenciales que la aplicación de este tipo de tecnologías podría provocar en derechos como la privacidad, la identidad, o la libertad de pensamiento, habiéndose iniciado todo un debate a nivel mundial sobre la necesidad de avanzar en un nuevo marco normativo multinivel que haga frente a estos nuevos desafíos. Son numerosas las preguntas que se plantean: ¿qué sucederá cuando el cerebro humano se fusione con dispositivos de IA? ¿Como se preservará la privacidad de los datos que recojan tales dispositivos? ¿Hasta qué punto los seres humanos conservaran la responsabilidad de sus acciones en esta situación? ¿Como puede garantizarse que este futuro cercano no ensanchará la brecha entre ricos y pobres?

Hasta hace prácticamente unas décadas las personas no teníamos motivo especial de preocupación por nuestra privacidad. Sin embargo, desde la irrupción de internet en nuestras vidas, las redes sociales, las tecnologías de geolocalización, los reconocimientos biométricos, etc., todos y cada uno de nosotros exponemos a diario, tanto consciente como inconscientemente, multitud de datos que revelan aspectos de nuestra vida profesional y privada. Así, a lo largo de las dos primeras décadas del siglo XXI, el contenido y significado del derecho fundamental a la privacidad se está viendo alterado a tenor del incesante avance de estas nuevas tecnologías que, cual hiedra trepadora sobre un muro de piedra, se extienden y arraigan ya no sólo en el espacio íntimo del ser humano, que debería permanecer libre y ajeno a cualquier injerencia, sino colonizando sus datos personales y, más aún, amenazando con hacer lo mismo en nuestros datos cerebrales y nuestros pensamientos, reducto último de la privacidad. Al mismo tiempo, estas tecnologías se nutren de datos dando cuerpo, cual Prometeo, a la que generosamente se ha denominado «inteligencia artificial». Las empresas desarrolladoras comercian con nuestros datos en el intercambio de servicios supuestamente gratuitos, aunque esta práctica obedece también a otros intereses más espúreos, desde la elaboración de perfiles, hasta el aprendizaje del comportamiento humano por parte de las máquinas.

El derecho a la protección de datos personales se ha configurado, así, como un derecho fundamental para salvaguardar no sólo nuestra identidad personal frente a una eventual lesión de la privacidad, sino también nuestra propia libertad ante un uso contrario a derecho de los mismos, sean o no íntimos, tal y como ha establecido la STC 292/2000. De esta forma es la persona titular de la información la que tiene el control y la capacidad de disposición sobre toda la que le afecte permitiéndole limitar su uso ante una injerencia indebida. En todo caso, es claro que el mayor o menor grado de afectación en nuestros derechos vendrá marcado por el uso que hagamos de la tecnología, que en sí puede presentarse como una gran oportunidad o un grave riesgo, de ahí la importancia de que su regulación esté presidida por los derechos, tarea en la que cobra especial interés la educación.

El movimiento de protección de los derechos humanos y fundamentales frente a la irrupción de las neurotecnologías está siendo liderado por los países de América Latina, y más concretamente la República de Chile, que fue el primero en afrontar estas preocupaciones éticas, modificando en 2021 el artículo 19.1 de su Constitución, que protege la integridad física y psíquica de las personas, para introducir un nuevo apartado que incorpora la perspectiva antropocéntrica del desarrollo tecnológico, y realiza un mandato al legislador para que resguarde especialmente la actividad mental y la información proveniente de ella. Desde entonces se están desarrollando diferentes propuestas normativas, con distintos grados de eficacia, tanto en diversos países como en organizaciones internacionales, y en las que es un elemento a destacar el relevante papel de la ciencia en la gobernanza. Al mismo tiempo se ha generado todo un debate desde la academia, pero también desde otras instancias, sobre la necesidad de reconocer nuevos derechos considerando que esos riesgos no estarían suficientemente cubiertos conforme a la normativa actual.

El presente trabajo tiene como objetivo fundamental dar a conocer a la comunidad jurídica los principales desafíos a los que se enfrentan las sociedades contemporáneas a lo largo de los próximos años debido a los avances y desarrollos de nuevas tecnologías derivadas de los estudios del cerebro humano, al tiempo que suscitar el debate en torno a los mecanismos regulatorios que les permitan afrontarlos con seguridad, reflexionando sobre si son necesarios nuevos derechos, o una reconceptualización de los clásicos, para la protección de aspectos esenciales como la privacidad, la integridad, o la propia libertad, cuando el ser humano interaccione con las neurotecnologías. Hasta ahora, la mayor parte de los trabajos consultados proceden de disciplinas como la filosofía, la neuroética, o la neurociencia, mientras que el derecho se ha mantenido en un segundo plano.

Ahora bien, ni las tecnologías que describiremos, junto con los riesgos que comportan y los diversos intentos regulatorios que se han sucedido para darles respuesta, pueden considerarse ni mucho menos como un panorama completo y cerrado. De manera simultánea a la redacción de este trabajo es posible que se estén elaborando nuevos gadgets o herramientas de software, amén de proyectos legislativos o decisiones jurisprudenciales innovadoras que convertirán en obsoleta cualquier pretensión de ofrecer una fotografía panorámica con ambición de totalidad. Nuestra única pretensión es, por tanto, la de incorporar a los juristas a la mesa de debate con plena legitimidad.

El conocimiento preciso para ello ha de huir, en todo caso, de excesivos alarmismos. No se trata de especular con un futuro inquietante, sino de asumir la necesidad de que el derecho intervenga para lo que siempre ha hecho, ordenar la existencia con la mira puesta en el desarrollo digno de la humanidad a través de contextos históricos en permanente evolución. Y es que el Estado de derecho no puede plantearse «ganar la carrera» a la ciencia, porque en realidad no participa de esa competición; su deber en este caso es velar, mediante firmes postulados, por la indemnidad de ese núcleo insoslayable de derechos fundamentales que permiten a la ciudadanía configurarse en cuanto tal en el marco de las democracias contemporáneas.

A las preguntas sobre quién y cómo hacerlo se pretende ofrecer algunas respuestas en este trabajo, fundamentalmente a la luz de las experiencias con que contamos hasta el momento. En cuanto a la interrogación sobre el cuándo, la respuesta no es necesaria: ya está ocurriendo, y la reacción ha de ser preventiva e inmediata, sin esperar a que el propio uso social de las neurotecnologías, fruto de una implantación gradualmente creciente, dificulte la regulación hasta hacerla inoperante.

I

AVANCES DE LA NEUROCIENCIA Y PROYECCIONES SOBRE LA HUMANIDAD

1. Los estudios sobre el cerebro humano

La neurociencia[1] es el conjunto de disciplinas que estudian el sistema nervioso con el objetivo de comprender su funcionamiento a la hora de producir y regular emociones, pensamientos, conductas y funciones corporales básicas. Se ha datado en 1929 el nacimiento de una tecnología capaz de registrar la actividad cerebral, siendo Hans Berger quien demostró que era posible registrar los cambios en el potencial eléctrico del cerebro humano mediante una máquina de electroencefalografía (EEG), lo que dio lugar a importantes avances, como el diagnóstico y tratamiento precisos de muchas formas de epilepsia (CHNEIWEISS, 2023). No obstante, el término «Neurociencia» introducido a mediados de la década de 1960, señala el comienzo de una era en la que estas disciplinas trabajarán con el objetivo común de comprender la estructura y función del cerebro normal y anormal. Como explica SOMMAGIO (2022) en la actualidad abarca una amplia gama de investigaciones «desde la biología molecular de las células nerviosas, que contienen los genes que ordenan la producción de las proteínas necesarias para el funcionamiento del sistema nervioso, hasta las bases biológicas del comportamiento normal y desordenado, la emoción y la cognición, incluyendo las propiedades mentales de los individuos cuando interactúan entre sí y con su entorno». La interdisciplinariedad es, por tanto, una característica del proceso de desarrollo histórico y fundacional de la neurociencia que surge de la aportación conjunta de aquellas disciplinas biológicas interesadas en el sistema nervioso central, con la progresiva incorporación de la psicología y la psiquiatría (RUIZ MARTÍNEZ-CAÑAVATE, 2022).

1. Información disponible en: https://espanol.nichd.nih.gov/salud/temas/neuro/informacion

Desde comienzos del siglo XXI, los descubrimientos de la neurociencia relacionados con la obtención de imágenes cerebrales, cada vez más precisas, combinan la arquitectura del cerebro y el análisis de las funciones neuronales, las micro y nanotecnologías, y permiten la detección simultánea de la actividad de miles de neuronas, en convergencia con la IA. Ello ha hecho posible que florezcan múltiples formas de neurotecnologías, muchas de ellas ya de aplicación en beneficio de numerosos pacientes (Chneiweiss, 2023) De hecho, 2012 fue reconocido como el Año de la Neurociencia y es que este tipo de conocimiento, al aportar respuestas sobre las bases cerebrales de la conducta humana, ofrece nuevas posibilidades para la mejora de la vida.

Descifrar cómo funciona el cerebro nos ayudará a comprender su estructura, el desarrollo de las capacidades cognitivas, y de qué forma surgen las enfermedades cerebrales, incluso cómo tratar las que hasta ahora habían tenido un pronóstico complicado como el Alzheimer, el Parkinson, la depresión, etc. Estos logros nos ayudarán a entendernos mejor, a progresar en el tratamiento de las enfermedades neurodegenerativas, e incluso introducirán grandes oportunidades en el plano económico (Yuste, 2019). Al igual que ocurriera en el siglo XV con la colonización de la Amazonia, la red de circuitos neuronales que conforman la corteza cerebral[2], esas «selvas impenetrables» en palabras de Ramón y Cajal que constituyen nuestro último reducto, ya están siendo doblegadas por el incansable afán del ser humano. Asistimos por tanto en los últimos años a novedosos desarrollos que posiblemente incorporen avances significativos en el plano de la medicina mejorando la salud y el bienestar de la población.

Conviene tener presente que uno de los deberes de la ciencia es el propósito de eliminar la pobreza y la enfermedad en el mundo. Actualmente las patologías neurológicas causan el 19 % de las muertes en España[3], al tiempo que se prevé que los problemas de salud mental serán la principal causa de discapacidad en el mundo en 2030[4]. Un meta-análisis publicado en 2015 en la Revista de la Asociación Médica Americana estimó que el riesgo de

2. En la ponencia impartida en el Centenario del Instituto Cajal, el neurobiólogo Rafael Yuste, haciendo hincapié en la importancia de conocer el funcionamiento del sistema nervioso central, explicó las nuevas técnicas que se están desarrollando: «La corteza cerebral es la parte mayor del cerebro, del sistema nervioso. Es un conjunto de circuitos que se encuentran en una capa de 2 milímetros de grosor y 2 m2 de superficie, doblada y plegada en las circunvoluciones del cerebro». La corteza «es el origen de la mente humana, que surge de la conectividad de la corteza cerebral». A estos secretos del circuitaje cerebral, Cajal los llamó «las selvas impenetrables donde muchos investigadores se han perdido». Disponible en: https://www.csic.es/es/actualidad-del-csic/rafael-yuste-la-corteza-cerebral-es-el-origen-de-la-mente-humana

3. Disponible en: https://www.efesalud.com/enfermedades-neurologicas-muertes-espana/

4. Datos de la Confederación de Salud Mental de España, disponible en: https://comunicalasaludmental.org/guiadeestilo/la-salud-mental-en-cifras/#mundo

muerte entre los pacientes mentales es de más del doble que el de la población general[5]. Tenemos grandes necesidades, ya que este tipo de enfermedades representan una buena parte de nuestro gasto sanitario.

Por tanto, cabe encontrar en datos tan alarmantes una potente causa legitimadora para el auge de la neurociencia. Sin embargo, al mismo tiempo, también resulta pertinente preguntarse por la raíz de los problemas que intentan solucionar los avances neurocientíficos, al tiempo que exploramos los daños que estas soluciones potenciales pueden producirnos (Salles, 2014).

Y es que no hay que perder de vista que estos descubrimientos se desarrollan en un contexto global mediatizado por grandes corporaciones tecnológicas, que se ha denominado como de «psicopolítica digital» (Han, 2020a), porque se sirve principalmente de lo digital como técnica de dominación que convierte al ser humano en objeto de explotación, o como instrumento del «capitalismo de la vigilancia». Todo ello configura un «nuevo orden económico que reclama para sí la experiencia humana como materia prima gratuita aprovechable para una serie de prácticas comerciales ocultas de extracción, predicción y ventas». Y asimismo convertido en una «expropiación de derechos humanos cruciales que perfectamente puede considerarse como un golpe desde arriba: un derrocamiento de la soberanía del pueblo» (Zuboff, 2020), amenazando no solo la democracia, sino la libertad y el futuro de los seres humanos. En este sentido, la avidez de las tecnológicas y de los mercados por recopilar información y datos personales como inmensa fuente de beneficio económico ha empezado a mirar hacia el incipiente y lucrativo sector de las neurotecnologías, por su capacidad de recolectar datos como nunca antes se había hecho.

A lo largo de la última década se están desarrollando siete programas estatales a gran escala destinados al estudio del cerebro humano y a impulsar las tecnologías de intervención cerebral con un importante apoyo financiero de los respectivos gobiernos, a saber: Estados Unidos (BRAIN[6] Initiative), Unión Europea (Human Brain Project), China (China Brain Proyect), Japón (Japan Brain/Mind Proyect), Corea del Sur (Korean Brain Initiative), Canadá (Brain Research Estrategy) y Australia (Australian Brain Alliance).

5. Disponible en: https://www.immedicohospitalario.es/noticia/4641/las-enfermedades-mentales-entre-las-principales-causas-de-muerte-en-todo-el-mundo.html

6. Brain Research Through Advancing Innovative Neurotechnologies. Su nombre es la sigla de, en español, «Investigación del Cerebro a través de Neurotecnologías Avanzadas e Innovadoras», Disponible en; https://braininitiative.nih.gov/. La iniciativa que durará 15 años, en colaboración con más de 500 laboratorios supone una inversión principalmente pública estimada de 6.000 millones de dólares en una década y cuenta con el respaldo de ambos partidos, republicano y demócrata así como del Congreso y el Senado.

Figure 1. Government-backed and/or national-wide brain research initiatives across the world

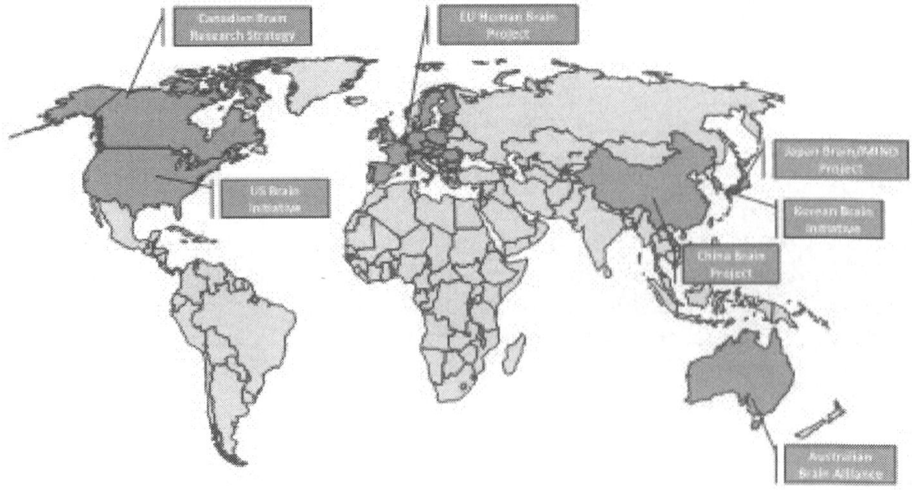

Source: adapted from International Brain Initiative (International Brain Initiative, 2023)

Fuente: Informe Unveiling the Neurotechnology Landscape Scientific Advancements Innovations and Major Trends (UNESCO, 2023: 23)

La iniciativa más conocida es la llevada a cabo en Estados Unidos, liderada por el neurobiólogo español Rafael Yuste y que Barack Obama, siendo presidente de los EE. UU., hizo suya en 2013, con el objetivo de mapear la actividad de todo el cerebro humano, con fines terapéuticos principalmente. Como ha afirmado Yuste (2020), los avances que se produzcan en este ámbito provocarán un extraordinario impacto en múltiples aspectos de nuestras vidas, conduciéndonos a «un nuevo renacimiento», ya que si el cerebro es el órgano que genera la mente humana, descifrar su funcionamiento podría ayudar a entendernos de una forma inédita.

Por su parte, el proyecto de la UE desarrollado durante el periodo 2013 a 2023, complementario a la iniciativa estadounidense, ha trabajado en la simulación por ordenador de un cerebro humano profundizando en el conocimiento de su compleja estructura y función, con un planteamiento interdisciplinar único en la interfaz de la neurociencia y la tecnología. Uno de los principales objetivos era la creación de una infraestructura de investigación de vanguardia que permitiera a los investigadores e industriales avanzar en sus conocimientos en los campos de la neurociencia, la informática y la medicina relacionada con el cerebro. Esta infraestructura de investigación se denomina EBRAINS, y proseguirá el camino iniciado por el Human Brain Project[7]. La plataforma facilitará a los neurocientíficos el trabajo con los datos neurológicos, para realizar modelos y simular la función cerebral.

Todas las iniciativas referidas cuentan con una división de neuroética en la que se discute qué se debe y qué no se debe hacer en los experimentos de neurociencia. Así, en la Declaración de Camberra de 2017, los representantes de las Iniciativas de Investigación del Cerebro de Australia, Japón, Corea, Europa y Estados Unidos de América se comprometieron, entre otras cuestiones, a «colaborar en los campos de la neuroética, agencia, administración responsable de datos y protección de la privacidad cerebral. También se comprometen a entablar un diálogo significativo con los ciudadanos, pacientes y todas las comunidades relevantes para comprender sus preocupaciones y comunicar de manera transparente las oportunidades y desafíos que surjan»[8].

En otras palabras, el conjunto de disciplinas que conforman la neurociencia está revolucionando la comprensión del cerebro humano y desarrollando tecnologías para registrar la actividad del sistema nervioso, así como toda una serie de técnicas que permiten incluso manipular la actividad cerebral, principalmente con fines curativos, aunque no de manera exclusiva, junto con el desarrollo de programaciones algorítmicas capaces de descifrar y gestionar esa información. A continuación, se debatirá sobre su impacto e implicaciones principales en la sociedad y la ciudadanía.

2. ¿Qué son las neurotecnologías?

Aunque ya se ha ido avanzando que estamos ante una serie de tecnologías cada vez más evolucionadas para la comprensión del cerebro humano, actualmente existen múltiples definiciones de lo que se entiende por ellas. Ienca (2021), por ejemplo, alude a un término genérico que suele utilizarse para describir un amplio y heterogéneo espectro de «métodos, sistemas e instrumentos que establecen una vía de conexión directa con el cerebro humano a través de la cual se puede registrar y/o influir en la actividad neuronal». Si acudimos al primero de los textos que, conforme a su título, establece recomendaciones sobre la innovación responsable de las

7. Proyectos Human Brain UE https://www.humanbrainproject.eu/en/ y EBRAINS: https://www.ebrains.eu/about

8. Disponible en: http://blog.pucp.edu.pe/blog/vicentesanchez/2020/12/09/iniciativa-internacional-del-cerebro-declaracion-de-canberra-2017/ (Consulta 15/01/2021)

A tal efecto se constituye la International Brain Initiative – IBI, una red internacional cuya visión es catalizar y promover las neurociencias a través de la colaboración internacional y el intercambio de conocimientos, uniendo diversas ambiciones y difundiendo descubrimientos en beneficio de la humanidad.

Disponible en: https://www.internationalbraininitiative.org/

neurotecnologías, elaborado por la OCDE en 2019, éstas se definen como «dispositivos y procedimientos utilizados para acceder al funcionamiento o la estructura de los sistemas neuronales de las personas físicas y para estudiar, controlar o intervenir en su actividad». La Fundación Neurorights (2023), por su parte, las entiende como aquellos «métodos que miden y alteran la actividad del sistema nervioso». También denominadas «Brain Computer Interfaces» (BCI), utilizadas en la medicina clínica, se usan como una tecnología terapéutica para pacientes neurológicos, estableciendo una vía de comunicación directa que permite a los usuarios controlar un dispositivo informático externo exclusivamente con actividad cerebral, sin pasar por los sistemas nervioso y muscular periférico. Pero también existen aplicaciones comerciales de dispositivos BCI para el público en general basados en electroencefalograma (EEG) para el juego o el apoyo de las actividades cotidianas[9]. Por la potencialidad que presenta en la informática el control cerebral (inmediatez, control de manos libres, portabilidad) se prevé que reemplazarán gradualmente al teclado, la pantalla táctil, el ratón y el comando de voz como dispositivos humanos.

Una definición muy completa es la que ofrece el informe «ICO tech futures: neurotechnology» realizado por la Oficina independiente de Defensa de los Derechos de la Información del Reino Unido (2023), que define la neurotecnología como «dispositivos y procedimientos de consumo, empresariales y sanitarios, tanto invasivos como no invasivos, que registran y procesan directamente neurodatos con fines de recopilación de datos, control de interfaces o dispositivos, o modulación de la actividad neuronal». Estos dispositivos registran la información bruta sobre patrones cerebrales (neurodatos) y mediante un procesamiento algorítmico, pueden indicar el grado de alerta de una persona (datos de primer orden), pero también podrían inferirse otros más amplios, por ejemplo, sobre el rendimiento futuro o los patrones de comportamiento de esa persona, incluso combinarse con datos adicionales (inferencias de segundo orden). De momento, el informe rechaza que estas tecnologías sean capaces de leer la mente, puesto que la información que producen estos dispositivos solo recoge una respuesta neuronal binaria[10], no una imagen detallada de los pensamientos de una persona, sobre todo los portátiles o que no se implantan quirúrgicamente. No obstante, no se descarta que a largo plazo las neurotecnologías puedan captar respuestas fenomenológicas, como recuerdos evocados por los

9. Por ejemplo, las empresas Emotiv (http://emotiv.com/) y Neurosky (http://www.neurosky.com) han sido pioneras en la comercialización de BCI para juegos, interactivos y no invasivos, fáciles de usar y no invasivos para el consumidor. televisión, o como sistemas de control manos libres.

10. Ya en 1943 McCulloch y Pitts propusieron modelos neuronales que implican transiciones repentinas 0-1 y 1-0 en el estado de las neuronas. Estos resultados sirvieron de base para el modelado de sistemas neuronales. Disponible en: https://grupo.us.es/gtocoma/pid/pid10/RedesNeuronales.htm

sentidos, incluso imágenes de la mente de una persona. Por el momento, lo más probable es que la mayoría de la gente pueda acceder a corto plazo a dispositivos portátiles de detección y registro de la actividad cerebral, mientras que información más detallada del cerebro se obtendrá a partir de tecnologías invasivas que no son accesibles a la población en general.

Las neurotecnologías son susceptibles de ser clasificadas en función de diferentes criterios, si bien no existe consenso sobre ello. El informe «Neurotechnology Regulation» realizado en 2022 por el Regulatory Horizons Council de Reino Unido, pese a todo, realiza una taxomonía diferenciándolas, en primer lugar, según el tipo de tecnología utilizada por el dispositivo, aunque es consciente de que los rápidos avances o las descripciones demasiado específicas podrían quedar desfasadas rápidamente. Una segunda clasificación sería aquella que tendría en cuenta los procedimientos, centrándose en cómo estos afectan al cuerpo humano: si es invasivo o no invasivo, a largo o a corto plazo, reversible o no reversible, etc. Una tercera clasificación se enfocaría en los resultados obtenidos, como optimización, mejora, degradación o restauración. Este enfoque cuenta con partidarios en el sector de defensa pero no está claro que resulte útil en contextos civiles comunes, además de haber recibido críticas desde la neuroética por la dificultad de definir «mejora», entre otras cuestiones. Finalmente, una cuarta clasificación las distinguiría por las funciones, centrándose en lo que hace realmente el dispositivo, por ejemplo, registrar la actividad neuronal o modularla, o ambas cosas.

Así, por ejemplo, en función de la tecnología, Sommagio (2022) distingue tres grandes tipos:

a) Un primer grupo de técnicas empleadas con fines de monitorización e imagen cerebral son la electroencefalografía (EEG) y la resonancia magnética funcional (fMRI). Proporcionan información estructural y funcional sobre el cerebro y su actividad neuronal, para utilizar con fines de diagnóstico e investigación. La fMRI, por ejemplo, permite a los neurocientíficos estudiar el modo en que se activan las neuronas y, por tanto, correlacionar la actividad cerebral con la actividad mental, localizando las zonas del cerebro que responden a determinados estímulos, como el dolor o el reconocimiento del lenguaje. Esta información permite comprender mejor cómo funciona el cerebro y cómo sustenta nuestros pensamientos.

b) Un segundo grupo de técnicas ofrece tratamientos basados en la estimulación eléctrica y magnética del cerebro mediante dispositivos médicos fijados en la cabeza o implantados en el mismo. La estimulación magnética transcraneal (EMT) y la estimulación cerebral profunda (ECP) tienen actualmente amplias aplicaciones para mitigar los síntomas de trastornos neurológicos y psiquiátricos como la enfermedad de Parkinson, la epilepsia y la depresión.

c) En tercer lugar estarían las drogas psicoactivas que provocan cambios en la personalidad. Habitualmente se emplean para estimular la concentración por parte de profesionales con requerimientos laborales muy exigentes o de los estudiantes en periodos de exámenes. Sin embargo, no está claro que este tipo fármacos, como podría ser el Modafinil, pueda considerarse, al menos en el sentido mayoritario del término, como una clase más de neurotecnología, ya que no existiría en principio ninguna conexión entre la actividad cerebral de la persona que ha consumido la sustancia y un dispositivo informático o una red inalámbrica que mida y procese dichos resultados. De hecho CORNEJO-PLAZA & SARACINI (2023) se interrogan, en el marco de la reforma del proyecto de ley de neuroderechos chileno, si los neuropotenciadores farmacológicos deberían incluirse en una futura regulación de las neurotecnologías. Por ejemplo, el informe del REGULATORY HORIZONS COUNCIL (2022) los excluye.

Si tenemos en cuenta los procedimientos y la manera en que afectan a las personas, las neurotecnologías son susceptibles de clasificarse en función de su aplicabilidad teniendo en cuenta su carácter invasivo o no invasivo. Las consideradas invasivas o implantables, entre las que se encontrarían sobre todo las que utilizan técnicas de neuroestimulación, son aquellas que, mediante una intervención quirúrgica se instalan en alguna parte del cerebro, principalmente con fines médicos o rehabilitadores[11]. Estas tecnologías pueden ser muy precisas, incluso dirigirse a neuronas individuales, y proporcionar una información muy detallada sobre los patrones cerebrales de una persona. Como señala ICO (2023) presentan el riesgo de una cirugía invasiva y cicatrices a largo plazo, lo que podría reducir la eficacia del dispositivo, y exigen un acceso continuo en condiciones de laboratorio, lo que puede limitar aún más sus usos. Un subtipo serían aquellas mínimamente invasivas que se colocan de forma epidural o subdural cerca del córtex, lo que reduce riesgos quirúrgicos[12], y que están experimentando un gran crecimiento, por lo que es probable que en un futuro próximo se produzcan numerosos avances en esta línea.

---

11. Hoy día se está consiguiendo gracias a estos implantes que, personas con parálisis puedan moverse y sentir, personas sordas puedan oír y personas ciegas puedan recuperar parcialmente la vista, además de mejorar sustancialmente la vida de aquellas con enfermedades neurológicas o trastornos depresivos graves.

12. Un ejemplo de ello es el Synchron Stentrode que a través de la vena yugular se introduce en el cerebro. Disponible en: https://www.20minutos.es/tecnologia/moviles-dispositivos/synchron-stentrode-el-implante-que-permite-enviar-mensajes-de-whatsapp-con-la-mente-5039523/

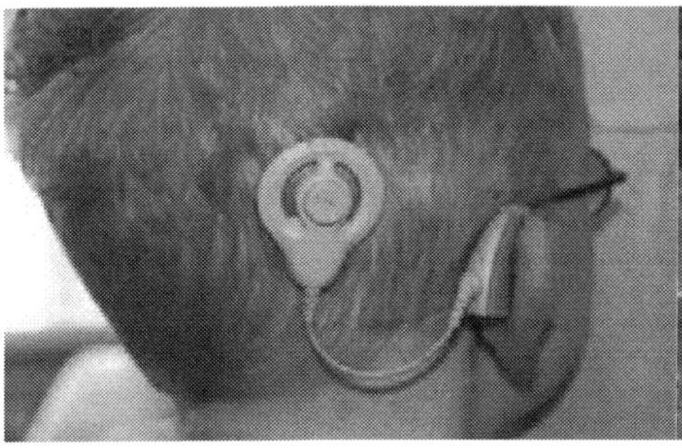

Imagen: implante coclear

Imagen: exoesqueleto

Fuente: Imágenes obtenidas en el buscador Google

Entre sus aplicaciones se encuentra la técnica llamada «estimulación cerebral profunda» (DBS), que mediante el control y la administración de impulsos eléctricos a una región profunda del cerebro conocida como ganglios basales elimina los temblores del Parkinson. Otra neurotecnología ampliamente adoptada son los implantes cocleares, que estimulan el nervio auditivo permitiendo a los pacientes con pérdida de audición percibir sonidos. En los últimos años, se está trabajando en el reto de devolver la visión a las personas ciegas, implantando para ello electrodos en la parte posterior del cerebro, la corteza visual responsable de procesar las señales eléctricas que se envían a los ojos, desarrollando un nuevo tipo de prótesis que podría estimular las neuronas de esa zona[13]. También los pacientes paralíticos se están beneficiando de estos avances, por ejemplo, con el desarrollo de dispositivos que descodifican el habla directamente a partir de las señales eléctricas registradas en su corteza cerebral. Es muy conocido el caso de Nathan Copeland, un investigador que quedó parapléjico tras un accidente de coche convirtiéndose en la primera persona en controlar un brazo robótico y recuperar la sensación táctil mediante un implante cerebral en el córtex. Incluso a pacientes con depresión resistente al tratamiento, cuando se les aplicó estimulación cerebral profunda mostraron una mejora significativa de los síntomas, y tales efectos se mantuvieron durante un largo periodo de tiempo (Dura-Bernal, 2023).

Pese a ello, no es descartable que estas neurotecnologías médicas implantadas puedan crear algunos problemas éticos: por ejemplo, dado que el software de IA ayuda a convertir la actividad cerebral de los usuarios en manifestaciones de voluntad, se podrían plantean dudas sobre la capacidad de

13. Por ejemplo, como explica Rafael Yuste en la conferencia «La revolución neurotecnológica» impartida en el centro de arte y creación industrial LABoral de Gijón el pasado 4 de enero de 2021, Ken Shepard de la Universidad de Columbia ya ha desarrollado un microchip que puede implantarse en el cerebro pensado para que las personas ciegas puedan alcanzar niveles de visión aceptables. Disponible en: https://www.youtube.com/watch?v=wq6bKtRMvkI

decisión de los usuarios y la culpabilidad. Y tampoco está claro qué pasaría con las personas si el fabricante de su implante dejara de operar[14]. Aun así, la opinión general es que la normativa médica vigente puede orientar en gran medida el desarrollo y uso de la tecnología (Drew, 2023).

Un segundo grupo de neurotecnologías serían las denominadas «no invasivas» o portables, ya que pueden utilizarse en forma de parches, auriculares, gorras, diademas, muñequeras, etc. Estos dispositivos recogen información de las ondas cerebrales y la envían a un ordenador, que procesa e interpreta los datos. También pueden funcionar en el sentido opuesto: el ordenador remite señales a los dispositivos que, al estar en contacto con las ondas cerebrales, pueden modificarlas para alterarlas o reajustarlas.

Fuente: https://www.emotiv.com/

Aunque son capaces de recoger tanto datos médicos como no médicos, a salvo algunas aplicaciones relacionadas con la salud, estas tecnologías se dirigen principalmente a un público sano y prometen instalarse en diferentes sectores, como veremos a continuación. Y es que, según afirma Mccay (2022), «si la neurotecnología tiene la capacidad de curar el síndrome de enclaustramiento, la epilepsia, la depresión y quizás algún día la ansiedad, la esquizofrenia y la demencia, no debería sorprender que tenga un importante respaldo comercial».

Los costes de estos equipos son mucho menores que los de tecnologías invasivas, por lo que se prevé que esta forma de neurotecnología sea la que mayor implantación tenga a corto plazo. Actualmente nos encontramos ante un mercado exponencialmente creciente[15] de fabricación de estos dispositivos

14. Disponible en: https://www.nature.com/immersive/d41586-022-03810-5/index.html En este artículo se analiza el coste humano del fracaso de las neurotecnologías.

15. El Congreso *Brain Tech Forum* celebrado en Berlin los días 17 y 18 de mayo 2022 reunió a la industria y al mundo académico para la difusión de innovaciones tecnológicas, resultados de investigación y aplicaciones en el mundo real en las áreas de neurociencia y tecnologías del cerebro, siendo los temas focales: Exoesqueletos y exotrajes; Dispositivos robóticos de asistencia; Prótesis inteligentes; Sistemas robóticos biomiméticos y bioinspirados Interacción humano-robot; control del rendimiento humano, análisis del movimiento, componen-

portátiles que tienen funciones tales como medir la actividad cerebral de los usuarios (a una resolución mucho más baja que los dispositivos implantados), controlar la productividad, la concentración, el sueño, etc. Esta tecnología se generalizará a lo largo de los próximos años para reemplazar a los dispositivos periféricos existentes, y en realidad virtual y aumentada (Farahany, 2023). De hecho, empresas como Meta y Apple ya han lanzado auriculares que incluyen tecnología de seguimiento ocular, lo que anuncia un cambio hacia experiencias informáticas más inmersivas. Y recientemente Apple ha obtenido una patente para incorporar sensores EEG a sus auriculares, los Airpods (Drew, 2023).

Atendiendo a la forma y el nivel de implicación de las personas que las utilizan, se pueden distinguir entre (ICO, 2023):

a) Dispositivos activos: requieren una tarea o un estímulo deliberado para generar una respuesta neuronal, como el movimiento de los dedos, la aritmética mental o las imágenes musicales.

b) Dispositivos reactivos: requieren una señal externa para registrar una respuesta específica, como música, imágenes, dolor o incluso una pregunta.

c) Dispositivos pasivos: registran respuestas subconscientes, no provocadas y más generalizadas, como los niveles de fatiga, la capacidad de atención o la excitación.

d) Dispositivos sincrónicos, que leen según un calendario predefinido, o asincrónicos, que permiten a los usuarios interactuar y comunicarse.

e) Dispositivos de bucle cerrado, que funcionan de forma autónoma, reaccionando o introduciendo datos en función de su programación y procesamiento algorítmico; o de bucle abierto, en el sentido de que las personas que llevan implantado el dispositivo pueden elegir cuándo realizar una acción a través del mismo.

Sin embargo, más allá del interés de las clasificaciones presentadas a los efectos de comprender un poco mejor en qué consisten estas tecnologías que, tal y como se prevé, convivirán con nosotros de forma cotidiana en un futuro próximo, resulta importante analizar el mercado para evaluar aquellos sectores en los que con mayor probabilidad se van a desarrollar, con el fin de afrontar de manera rápida los problemas que puedan surgir (ICO, 2023). Aunque el informe se realiza teniendo en cuenta el mercado británico en un horizonte de entre dos a siete años, éste podría resultar extrapolable al resto de países tanto de Europa como de América o Asia, sobre todo si tenemos en cuenta que estamos en un mercado globalizado.

De este modo, los sectores donde se desenvolverán las neurotecnologías a lo largo de los próximos años serán los siguientes:

tes y materiales funcionales; Integración de sistemas y aplicaciones. En 2024 el Congreso se celebrará los días 11 y 12 de junio. Disponible en: https://nbt-berlin.de/

A) El sector de la salud y la investigación médica

Se prevé un desarrollo tanto de las invasivas como no invasivas para el tratamiento de una cada vez mayor variedad de afecciones físicas y mentales. A corto plazo es probable que aumente el uso de neurotecnologías invasivas para tratar la epilepsia y el Parkinson, y se desarrollen neuroprótesis avanzadas para necesidades físicas, incluso implantes de retina para proporcionar información visual directamente al cerebro, o medulares, que pueden ayudar a recuperar la movilidad. En el largo plazo, las neurotecnologías médicas en forma de implantes corticales podrán permitir nuevas formas de comunicación electrónica asistida para personas en situación de gran vulnerabilidad.

B) El sector del bienestar y el cuidado de la salud

Podrán comercializarse dispositivos para el seguimiento del bienestar y la forma física, por ejemplo, observar y/o modular el sueño, el estado de ánimo, la productividad..., por lo que es probable que se generalice su uso entre los consumidores a través de dispositivos neuronales portátiles no invasivos. Además, serán capaces de recopilar y compartir datos con los profesionales sanitarios, por lo que la atención médica física y psicológica podrá personalizarse aún más.

C) El deporte profesional

En este ámbito también puede aumentar el uso de neurotecnologías no invasivas al margen de tratamientos médicos, ya que las organizaciones podrían utilizar tanto los dispositivos como los neurodatos para analizar las respuestas de los deportistas profesionales a los estímulos y sus niveles de concentración. Incluso podrían utilizarse para hacer un seguimiento de las lesiones por conmoción cerebral y sus efectos a largo plazo.

D) El trabajo

En unos cuatro o cinco años se prevé que se amplíe el seguimiento de los trabajadores con neurotecnología no invasiva para medir, registrar y procesar diversos datos personales por cuestiones de seguridad o productividad. Así, se podrían integrar sistemas de electroencefalografía como parte del plan de salud y seguridad. Incluso para gestionar entornos de alto riesgo, mediante la instalación de cascos o equipos de seguridad que midan la atención y concentración de los trabajadores: por ejemplo, a la hora de utilizar maquinaria pesada o vehículos de gran tamaño en combinación con largas jornadas laborales en sectores como la industria (Rainey & Bublitz, 2019), o en la conducción de trenes de alta velocidad[16].

---

16. Así, por ejemplo, la noticia, publicada el 29 de abril de 2018 en el South China Morning Post, advertía sobre la aplicación a los trabajadores de una fábrica en Hangzhou, China, de cascos que usan algoritmos de inteligencia artificial para «detectar picos emocionales como depresión, ansiedad o ira». Disponible en: https://www.scmp.com/news/china/society/article/2143899/forget-facebook-leak-china-mining-data-directly-workers-brains

Otra de las aplicaciones en este ámbito estaría relacionada con la mejora del bienestar en el lugar de trabajo, donde ya se está estudiando la posibilidad de monitorizar a los trabajadores para tener un mayor conocimiento del compromiso y del grado de estrés. No obstante, se contemplan como alternativas más baratas, precisas y fáciles de implantar otras tecnologías de control biométrico, como el seguimiento de la mirada y la marcha.

Más controvertido aún se presenta el uso de técnicas de registro de neurodatos, como parte del proceso de contratación para ayudar a las organizaciones que quieran identificar a personas que se ajusten a patrones deseables de comportamiento o rasgos percibidos, como la función ejecutiva. Esta práctica, combinada con medidas biométricas y psicología organizativa, ha recibido el nombre de «neuromanagement».

Como puede deducirse fácilmente, el uso de neurotecnología en el lugar de trabajo presenta numerosos riesgos para la protección de datos, o la discriminación relacionada con determinados colectivos que tradicionalmente la han venido sufriendo.

E) El sector del entretenimiento y videojuegos

Se prevé que en unos cinco años surjan neurotecnologías basadas en la lectura de neurodatos para el entretenimiento doméstico y el juego, que ofrecerán experiencias de un solo jugador vinculadas a la realidad virtual o aumentada. Actualmente ya existen juegos que permiten manejar drones ofreciendo un control de manos libres del dispositivo. En una primera fase, se limitarán a opciones sencillas, por lo que es posible que los juegos basados en neurodatos se centren en mecanismos tipo «rompecabezas» más que en el intercambio de los mismos entre diferentes participantes. Sin embargo, es posible que el reto de satisfacer las expectativas de *gamers* acostumbrados a sistemas complejos, de alta fidelidad y en línea, hagan decaer el desarrollo de neurotecnologías basadas en la lectura de neurodatos, produciéndose en una segunda fase un aumento de tecnologías «moduladoras» destinadas a aumentar los tiempos de respuesta y mejorar la concentración y la capacidad multitarea de los jugadores. Ello, teniendo en cuenta los costes de los equipos especializados y el tamaño de la economía del juego profesional, probablemente generará problemas relacionados con la equidad y la competitividad.

Empresas conocidas, como Neuralink, propiedad de Elon Musk, especializada en implantes cerebrales, trabaja en el desarrollo de un complejo sistema de microfibras capaz de aumentar las capacidades neurológicas para conseguir una integración completa con la IA, algo así como estar conectados permanentemente a robots inteligentes a través internet[17]. También cabe reseñar los esfuerzos de Meta para conseguir escribir directamente con la mente en los dispositivos digitales[18].

---

17. Disponible en: https://www.bbc.com/mundo/articles/c88np4v0n3zo

18. Disponible en: https://www.europapress.es/portaltic/sector/noticia-proyecto-facebook-escribir-mente-ya-descifra-primeras-palabras-actividad-cerebral-20190731174934.html

F) El sector del neuromarketing

Aunque se trata de una práctica conocida por los investigadores de mercado, donde se ha usado información sobre grabaciones del cerebro para determinar el desarrollo de productos y la publicidad en entornos estrictamente controlados, el neuromarketing directo al consumidor podría experimentar una evolución a medio plazo, puesto que dispositivos no invasivos, por ejemplo a través de auriculares con neurotecnología, se utilizarían en el hogar y serían capaces de leer las respuestas de los consumidores para adaptar sus preferencias, orientar la publicidad y los anuncios de diversos productos, de forma similar al seguimiento en línea mediante cookies. También podría emplearse para completar nuevas respuestas personalizadas basadas en el uso que las personas hacen de los motores de búsqueda, e incluso a través de dispositivos de realidad virtual, poder adaptar la publicidad a estos entornos.

Finalmente, aunque el Informe ICO (2023) no los incluye por los riesgos específicos que presentan, existen al menos otros dos sectores donde han empezado a experimentar con estas tecnologías:

G) El sector de la enseñanza

Algunos centros educativos ya abordan las ventajas de la neuroeducación en el aula como un recurso para que el propio alumnado sea capaz de motivarse y sentir especial vocación por el descubrimiento durante el proceso del aprendizaje. Para ello, se apoyan en la neurotecnología a la hora de diseñar estrategias, catalogar software y aplicar metodologías que den respuestas al desarrollo cognitivo y la maduración cerebral, con diferentes aprendizajes, así como las dificultades y trastornos que se observan en los estudiantes en edad escolar.

Al mismo tiempo, la neuroeducación también intenta trasladar al profesorado el conocimiento sobre el funcionamiento del cerebro en relación con el aprendizaje y cómo potenciar su labor docente aprovechando las Tics en el aula[19]. García-Martínez *et al.* (2023) confirman que las neurotecnologías están cada vez más presentes en el campo de la educación. Los principales hallazgos de su investigación reivindican la efectividad de su utilización en este ámbito, especialmente para el alumnado con necesidades educativas especiales, del mismo modo que muestra su utilidad para mejorar la atención, la motivación, la memoria, o la adquisición de aprendizajes instrumentales. Sin embargo, la inclusión de la neurotecnología educativa implica retos tanto para el profesorado, como para las instituciones pedagógicas, relacionados con la formación, la ética y la gestión administrativa y económica de estos recursos y herramientas.

En la actualidad, algunos países como China ya monitorizan la atención de los escolares con auriculares EEG fabricados por la empresa de software estadounidense BrainCo (Farahany, 2023).

---

19. Disponible en: https://www.uax.com/blog/educacion/todo-sobre-la-neurotecnologia-educativa

H) El sector militar y de defensa

En EE. UU., DARPA[20], la Agencia de Proyectos de Investigación Avanzada de Defensa, ha estado invirtiendo en varias empresas de neurotecnología con fines de investigación donde se barajan planes para formar agentes superinteligentes con el fin de utilizarlos en situaciones de combate, así como para descifrar mejor los flujos de datos (Yuste & Goering, 2017). Otros países como Francia ya han dado el visto bueno a aquellos tratamientos médicos, prótesis e implantes que mejoren «las capacidades físicas, cognitivas, perceptivas y psicológicas» de los soldados[21].

La diversidad de aplicaciones en numerosos ámbitos, como hemos visto, ha producido a lo largo de las dos últimas décadas un crecimiento significativo del sector de la neurotecnología que se refleja en las cuantiosas inversiones realizadas tanto por el sector público como por el privado, y el creciente número de publicaciones y patentes, aunque son solo unos pocos los países[22] que se perfilan como principales impulsores de estos avances, según revela el informe «Unveiling the Neurotechnology Landscape Scientific Advancements Innovations and Major Trends»[23] elaborado por la UNESCO (2023c). Desde 2013, conforme a datos de un subconjunto de países, las inversiones gubernamentales en neurotecnología han superado los 6.000 millones de dólares, experimentando también un crecimiento notable la inversión privada en empresas de este sector, con una financiación anual que se ha multiplicado por 22 entre 2010 y 2020, alcanzando los 7.300 millones de dólares y un total de 33.200 millones de dólares en 2020. «Las proyecciones apuntan al potencial de crecimiento de la neurotecnología, con una previsión de que el mercado de dispositivos de neurotecnología alcance los 24.200 millones de dólares en 2027».

Del mismo modo, el análisis del mercado de las neurotecnologías que ha realizado la Fundación Neurorights[24] en marzo de 2023 revela el importante potencial de crecimiento de estas empresas: las inversiones totales se han multiplicado por 21 en los últimos 10 años, pasando de 331 millones de dólares a 7.300 millones. El informe destaca, por ejemplo, los enormes recursos públicos que los gobiernos están destinando para avanzar en objetivos médicos, de seguridad nacional y económicos. Proyectos a los que alu-

20. Disponible en: https://www.darpa.mil/

21. Disponible en: https://edition.cnn.com/2020/12/09/europe/french-army-soldiers-technology-ethics-scli-intl-scn/index.html?mc_cid=07b23c083b&mc_eid=ab6fe70932

22. Los Estados Unidos representan casi la mitad de todas las solicitudes de patentes mundiales (47 %). Otros contribuyentes importantes son Corea del Sur (11 %), China (10 %), Japón (7 %), Alemania (7 %) y Francia (5 %). Estos seis países suman el 87 % de las patentes de neurotecnología IP5 solicitadas entre 2000 y 2020.

23. Disponible en: https://unesdoc.unesco.org/ark:/48223/pf0000386137

24. Disponible en: https://neurorightsfoundation.org/

díamos en el apartado anterior, como la Iniciativa BRAIN estadounidense, así como el Proyecto Cerebro Humano de la UE, realizarán inversiones de 6.600 millones de dólares y 1.190 millones de euros, respectivamente, en los próximos años. Mientras tanto, el sector privado está invirtiendo para innovar, ampliar y ganar cuota en un mercado que, como vimos, tendrá aplicaciones en casi todos los sectores de la sociedad. La inversión global en empresas de neurotecnología asciende a 33.200 millones de dólares, lo que indica que el sector se está expandiendo rápidamente y atrae una financiación considerable.

La Fundación Neurorights en su informe «Market Analysis Neurotechnology» de 2023 advierte de que nos encontramos en una fase de rápido crecimiento, considerándose un sector emergente el desarrollo de interfaces cerebro-ordenador (BCI). El análisis ofrece información actualizada sobre el tamaño actual del mercado y las tasas de crecimiento en los próximos cinco años, así como los perfiles detallados de los principales agentes del sector. Así, actualmente, las compañías líderes en BCI invasivas son:

EMPRESA	INDUSTRIA	TIPO
MEDTRONIC	Productos sanitarios	Pública
JOHNSON & JOHNSON	Farmacéutica, productos sanitarios, consumo y salud	Pública
NEURALINK	Interfaces cerebro computador, neuroprótesis	Privada
SYNCHRON	Interfaces cerebro computador, neuroprótesis	Privada
BLACKROCK NEUROTECH	Interfaces cerebro computador	Privada
PARADROMICS	Interfaces cerebro computador	Privada
BRAINGATE	Interfaces cerebro computador	Privada
GSK	Farmacéutica	Pública

Fuente: propia a partir de los datos obtenidos en el Informe: Marquet Analysis Neurotechnology (Neurorights Foundation, 2023:15)

Por su parte, las empresas líderes en BCI no invasivas son:

EMPRESA	INDUSTRIA	TIPO
META	Tecnología, redes sociales, electrónica de consumo, realidad virtual	Pública
EMOTIV	Neurotecnología, Interfaces cerebro computador, bioinformáticas	Privada
KERNEL	Neurotecnología, Interfaces cerebro computador	Privada
NEURABLE	Neurotecnología, Interfaces cerebro computador	Privada
MINDMAZE	Neurotecnología, Interfaces cerebro computador, neuroterapéutica, realidad virtual	Privada
BRAINCO	Neurotecnología, Interfaces cerebro computador	Privada

Fuente: propia a partir de los datos obtenidos en el Informe: Market Analysis Neurotechnology (Neurorights Foundation, 2023:6)

En función de sus inversiones totales en 2021, dentro de la industria de la neurotecnología destacan cinco empresas (NEURORIGHTS FOUNDATION, 2023):

- Neuralink: Fundada por Elon Musk, está desarrollando un dispositivo implantable de gran ancho de banda para la comunicación cerebro-ordenador. Su objetivo es desarrollar un dispositivo que permita a los usuarios controlar ordenadores, teléfonos inteligentes y otros instrumentos con el pensamiento.
- Kernel: Desarrolla dispositivos portátiles no implantables que utilizan luz infrarroja para estimular la actividad cerebral, con el propósito de mejorar la memoria, la atención y otras funciones cognitivas y tratar trastornos neurológicos.
- Blackrock Neurotech: Trabaja en dispositivos implantables para registrar y estimular la actividad cerebral de alta precisión, con fines de investigación y tratamiento de trastornos neurológicos.

- Paradromics: Se centra en el desarrollo de dispositivos implantables para la comunicación de gran ancho de banda entre el cerebro y los ordenadores, con aplicaciones en interfaces cerebro-ordenador, prótesis neurales y otros campos.
- Synchron: Ha desarrollado el dispositivo implantable «Stentrode» que puede introducirse en el cerebro a través de los vasos sanguíneos, para controlar ordenadores y tratar trastornos neurológicos como la parálisis.

Por otra parte, el informe de la Fundación Neurorights «Advancement in Neurotechnology»[25] de 2023 ha recopilado los trabajos de investigación más significativos en este campo publicados entre 2022 y 2023. Estos son los principales hallazgos:

- Mediante neuromodulación repetitiva se podría mejorar selectivamente la memoria a largo plazo y la memoria de trabajo en adultos mayores, mejorando así el funcionamiento cognitivo[26].
- Las grabaciones no invasivas de la actividad cerebral pueden descodificar el habla natural, sobre todo con los datos de MEG, y una precisión menor, aunque aceptable, con los datos de EEG[27].
- Se pueden reconstruir imágenes de alta resolución a partir de la actividad cerebral humana. Aunque algunas eran visualmente incoherentes, en general, la calidad de la reconstrucción fue estable y precisa en todos los sujetos[28].
- El modelo MinD-Vis puede reconstruir con precisión imágenes de alta calidad a partir de grabaciones cerebrales con mayor detalle que métodos anteriores[29].
- Con tecnología no invasiva es posible descodificar y reconstruir el lenguaje continuo. Las secuencias de palabras descodificadas captaron

---

25 Disponible en: https://neurorightsfoundation.org/reports

26. Con cita al trabajo de: Shrey GROVER, Wen WEN, Vighnesh VISWANATHAN, Christopher T. GILL, & ROBERT M. G. REINHART (2022). Long-Lasting Dissociable Improvements in Working Memory and Long-Term Memory in Adults with Repetitive Neuromodulation, *Nature Neuroscience*.

27. Con cita al trabajo de: Alexandre DÉFOSSEZ, Charlotte CAUCHETEUX, Jérémy RAPIN, Ori KABELI, & Jean-Rémi KING (2022). Decoding Speech from Non-Invasive Brain Recordings, *HAL Open Science*.

28. Con cita al trabajo de: Yu TAKAGI & Shinji NISHIMOTO (2023). High-Resolution Image Reconstruction with Latent Diffusion Models from Human Brain Activity, *BioRxiv*.

29. El modelo «Sparse Masked Brain Modeling with Double- Conditioned Latet Diffusion Model for Human Vision Decoding» ha sido desarrollado por Zijiao CHEN, Jiaxin QING, Tiange XIANG, Wan LIN YUE, & Juan HELEN ZHOU (2023). Seeing Beyond the Brain: Conditional Diffusion Model with Sparse Masked Modeling for Vision Decoding, *IEEE Computer Society*.

el significado de los estímulos, y también a menudo palabras y frases concretas, de manera que no sólo se podían descodificar las palabras que oían los participantes, sino que también se captaba el significado general de los estímulos imaginados por estos[30].

- Resulta esencial entrenar cuidadosamente los modelos de aprendizaje automático para la reconstrucción del habla natural de cara a obtener los mejores resultados. En este sentido, la decodificación basada en la reconstrucción a partir del córtex sensoriomotor podría ser un enfoque prometedor para desarrollar la próxima generación de tecnología BCI para la comunicación[31].
- El hemisferio derecho del cerebro es dominante en la percepción musical, ejerciendo la circunvolución temporal superior un papel primordial, de manera que el modelado predictivo podría utilizarse para descodificar música a partir de grabaciones neuronales, lo que favorecería el camino para nuevas aplicaciones de interfaz cerebro-ordenador (BCI)[32].
- Es posible desarrollar una neuroprótesis del habla que devuelva la comunicación natural a personas con parálisis grave mediante la construcción de un avatar a partir de datos neuronales[33].

Como puede observarse, a la luz de estos descubrimientos, son múltiples y variadas las aplicaciones que en un futuro próximo van a tener estas tecnologías, que podrán significar además grandes beneficios económicos, pero lo que es más importante, también para la salud de la humanidad, ya que hay que poner en valor su potencial para hacer frente a enfermedades hasta ahora incurables, además de las expectativas de mejorar la vida de personas que en la actualidad tienen algún tipo de limitación cognitiva o funcional.

---

30. Con cita al trabajo de: Jerry TANG, Amanda LEBEL, Shailee JAIN, & Alexander G. HUTH (2023). Semantic Reconstruction of Continuous Language from NonInvasive Brain Recordings, *Nature Neuroscience*.

31. Con cita al trabajo de: JULIA BEREZUTSKAYA, ZACHARY V. FREUDENBURG, MARISKA J. VANSTEENSEL, ERIK J. AARNOUTSE, NICK F. RAMSEY, MARCEL A.J. VAN GERVEN (2023). Direct speech reconstruction from sensorimotor brain activity with optimized deep learning models, *IOP Science Journal of Neural Engineering*.

32. Con cita al trabajo de: Ludovic BELLIER, Anaïs LLORENS , Deborah MARCIANO, Aysegul GUNDUZ, Gerwin SCHALK, Peter BRUNNER, Robert T. KNIGHT (2023). Music can be reconstructed from human auditory cortex activity using nonlinear decoding models, *PLOS Biology*.

33. Con cita al trabajo de: Sean L. METZGER, Kaylo T. LITTLEJOHN, Alexander B. SILVA, David A. MOSES, Margaret P. SEATON, Ran WANG, Maximilian E. DOUGHERTY, Jessie R. LIU, Peter WU, Michael A. BERGER, Inga ZHURAVLEVA, Adelyn TU-CHAN, Karunesh GANGULY, Gopala K. ANUMANCHIPALLI & Edward F. CHANG (2023). A high-performance neuroprosthesis for speech decoding and avatar control, *Nature*.

Finalmente, desde una perspectiva jurídica, hay que tener en cuenta, tal y como señala FINS (2022), que considerando la legislación sobre discapacidad, los derechos humanos y el enfoque de capacidades de la justicia sanitaria propuesto por Amartya Sen y Martha Nussbaum, estas potencialidades debidas a las neurotecnologías permitirán que personas con alguna limitación o discapacidad puedan ejercer sus derechos. Por ejemplo, aquellas proporcionadas por una asistencia neuroprotésica facilitarán a una persona con un trastorno de la conciencia e imposibilidad de comunicarse el derecho a la palabra y a la expresión. Por tanto, estos adelantos de la neurociencia proporcionarán a millones de personas la capacidad plena de obrar y de afianzar su dignidad y el libre desarrollo de la personalidad.

A la vista de lo expuesto se puede afirmar que no estamos barajando escenarios propios de la ciencia ficción, muy lejanos en el tiempo, y que no haría falta anticiparse a futuros contextos distópicos. La realidad de la industria de la neurotecnología nos muestra todo lo contrario, nos hallamos ya en la antesala de una revolución mucho más poderosa de lo que fuera el teléfono móvil o Internet, y que se irá expandiendo a múltiples aspectos de la vida cotidiana lo largo de los próximos años (YUSTE, 2020).

Estos descubrimientos de la neurociencia nos ayudarán a avanzar hacia un mundo mejor, más inclusivo y más justo, pero al mismo tiempo, al igual que ya ocurriera con los descubrimientos de finales del siglo XX sobre el genoma humano, los riesgos éticos y el impacto que pueden tener en los derechos humanos no son en absoluto desdeñables, como a continuación veremos.

3. Breves consideraciones filosóficas frente a los postulados neurocientíficos

El procedimiento seguido por la neurociencia para el estudio de la mente consiste en llevar cada uno de los procesos mentales a su mínima expresión y estudiar por separado sus correlatos cerebrales (VÁZQUEZ COSTA & VÁZQUEZ COSTA, 2013). Valiéndose de la metodología propia de las ciencias empíricas, así como de un conjunto de herramientas técnicas, como la resonancia magnética, se trata de explicar el funcionamiento del cerebro. Al descubrir que sus distintas áreas se han especializado en diversas funciones, y que a la vez existe entre ellas un vínculo funcional, es posible revelar no sólo la localización de distintas actividades del cerebro, sino también las actividades mismas, el «cerebro en acción», y son estas técnicas las que han promovido extraordinarios avances.

Pero, al mismo tiempo, las aportaciones de la neurociencia van a desestabilizar conceptos clásicos como la libertad, la autonomía, la justicia, o la propia idea de lo que significa el ser humano, que pasan a ser interpretados desde la neurobiología, y más concretamente, desde la actividad cerebral.

Así, se han realizado críticas a la neurociencia cognitiva por el esencialismo que subyace en las propuestas que consideran que «por lo general creemos que *somos* nuestro cerebro» (MOFFETT, 2008). Se trata de una teoría reduccionista que presenta algunos problemas conceptuales como la denominada «falacia mereológica» (BENNETT & HACKER, 2003) que denuncia la confusión lógica que trata de vincular a las partes atributos que solo tiene sentido adscribir al ser humano como un *todo*[34]. El concepto, impulsado por el filósofo Peter Hacker y el neurocientífico Maxwell Bennett en su obra «Philosophical Foundations of Neuroscience», señalaba un error que habrían estado cometiendo la mayor parte de investigadores del cerebro y del ámbito de la psicología: confundir la parte con el todo. Así, la falacia mereológica consistiría en atribuir al cerebro, o a algunas de sus partes, propiedades y acciones que en realidad son realizadas por las personas, por lo que adscribir atributos psicológicos al cerebro resulta incoherente: el pensamiento y la sensación son cualidades del ser humano, no de su cerebro.

La distinción entre mente y cerebro ha sido un argumento central desde la filosofía para frenar el llamado determinismo científico, que concluye que los procesos mentales no son más que el resultado de los procesos neuronales, sobre los cuales el individuo no tiene control alguno, lo que conduciría a la ausencia de responsabilidad sobre nuestras acciones, al resultar inevitables. Esta argumentación filosófica contraria al determinismo presentaba, no obstante, dos enfoques diferentes: el mentalista, que consideraba el cerebro como un estado de consciencia subjetivo e interno, y un «detector» de la mente; y el naturalista, para el que el cerebro era más bien un producto de la historia de la evolución compuesto de grupos muy específicos de células nerviosas con el propósito de provocar sensaciones, imágenes, ideas o acciones voluntarias. Actualmente se plantea una teoría alternativa, configuradora de los íntimos mecanismos del cerebro como órgano de la mente que, a través de su complejo funcionamiento, suministra a los seres humanos la información, les proporciona una adaptación activa y flexible al entorno próximo y vincula la conducta humana con metas particulares. De este modo, los sucesos mentales se consideran idénticos no lógicamente, sino solo objetivamente, a los estados del sistema nervioso central (GREGORY, 1995: 736-739). Y es que «la mente pertenece a un ámbito no físico que surge como consecuencia de la interacción entre las personas. Así pues, no es posible reducir la mente o el individuo al mecanismo cerebral (...) de manera que «mientras que la neurociencia trata de explicar el modo como funciona el cerebro, la mente y con ella el libre albedrío y la responsabilidad caminan por diferentes derroteros irreductibles a experimentos de laboratorios y de tipo social» (BENNETT & HACKER, 2003). El ser humano no es un cerebro dentro del cráneo de un cuerpo, es una unidad psicofísica.

---

34. Sobre la falacia mereológica, ver https://psicologiaymente.com/psicologia/falacia-mereologica

En filosofía de la mente, el reduccionismo fisicalista se refiere a la idea de que aquello que se denomina «lo mental» puede ser descrito completamente (reducido) aludiendo a los métodos derivados de la física. En otras palabras, la idea es que la mente puede ser reducida a la mera actividad del cerebro, y que tal descripción agota la totalidad de las características científicamente relevantes de lo mental. De forma que, desde esta perspectiva, cualquier propuesta de regulación debería considerar al ser humano en su integridad de cuerpo y mente, y no reducirlo únicamente a su cerebro, puesto que como señalan López Silva & Madrid (2022), la mente humana debería ser comprendida como algo mucho más complejo que un mero ensamblaje entre dos tipos de propiedades, a saber, las mentales (o fenoménicas) y las neuronales (o físicas). Son las personas las que poseen una vida mental que incluye aspectos neuronales y fenoménicos, y muchas de las preocupaciones éticas asociadas al impacto de las neurotecnologías parecen estar siendo formuladas desde este uso problemático del concepto de lo mental.

Sobre el problema de reducir lo mental a lo cerebral López Silva & Madrid (2022:198), citando a los filósofos de la mente (Jackson, 1986) y (Nagel, 1974), destacan la «distancia epistémica insoslayable» entre la actividad observable del cerebro y el estado consciente, entendido como un conjunto de propiedades subjetivo-fenoménicas, con características únicas y específicas que pertenecerían a la experiencia subjetiva y que emergerían de dicha actividad cerebral, a pesar de la relación entre la experiencia consciente y el tipo de cerebro o actividad mental que se esté realizando. Tal vez el problema sea intentar definir lo que se entiende por «mente». Para Nagel (1974) los estados mentales conscientes son aquellos en los que «hay un algo que es como estar en ellos» entendido como el acceso privado a nuestras propias experiencias, que no podría imitarse o alcanzarse por ninguna metodología en tercera persona.

De manera didáctica, Pinker (1997) asimila la mente a un sistema de órganos de computación, un programa de software que se ejecuta en un hardware físico, el cerebro, de tal forma que los procesos mentales —como la percepción, el lenguaje y el pensamiento— se asemejan a algoritmos complejos que se desarrollan en módulos especializados. Ahora bien, aunque esta «teoría computacional de la mente» ha servido para desarrollar modelos de relación entre mente y cerebro, o la propia IA, resulta sin embargo un tanto simplista, al no tener en cuenta otros factores como la influencia del cuerpo, y la conciencia o subjetividad. En ese sentido, para Vázquez Costa & Vázquez Costa (2013: 1041), «la mente es cerebro asociado a un organismo y un contexto. Es decir, el cerebro es *necesario* pero no *suficiente* para constituir la mente (...) no sólo la actividad cerebral produce los *procesos mentales*, sino que la información procedente de nuestro organismo y las variables contextuales *pueden modificar el funcionamiento y estructura cerebral*».

Ya hemos mencionado el debate clásico entre neurociencia y filosofía que confronta el determinismo frente a la libertad, al entender que todo proceso mental estaría precedido de una actividad neuronal. A este respecto es obligado citar el conocido experimento realizado por el neurólogo estadounidense (LIBET, 1999), un pionero del campo de la consciencia, que puso en cuestión el libre albedrío y con ello la culpabilidad jurídico penal: un cambio eléctrico en el cerebro que identificó como «potencial de preparación, RP», concretamente 550 milisegundos antes, precedería a todo acto libre y voluntario, por lo que el proceso cognitivo se consideraría iniciado de forma inconsciente. Así, serían los procesos cerebrales los que determinan las decisiones que, a través de la consciencia, serían percibidas como propias por el mismo cerebro. No obstante, LIBET (1999) sí atribuye a la consciencia tanto la capacidad de vetar el acto como la de controlar su desarrollo: los sujetos serían conscientes de la intención de actuar 350-400 milisegundos después del inicio del RP, pero 200 milisegundos antes del acto motor. De manera que el proceso volitivo se iniciaría de forma inconsciente, aunque la función consciente podría controlar el resultado o vetar el acto. Por tanto, Libet no excluye completamente el libre albedrío, lo que afectaría a las nociones de culpabilidad y responsabilidad.

Pese a ello, como señalan VÁZQUEZ COSTA & VÁZQUEZ COSTA (2013:1045) estos experimentos, que han sido replicados más recientemente por otros investigadores, han sido malinterpretados en algunos sectores, llevando a científicos o divulgadores a concluir que «el libre albedrío es una ficción cerebral».

Una de las principales críticas que se ha hecho al planteamiento que subyace en el experimento, y que parece confirmar que no seríamos completamente libres, es el de querer zanjar científicamente la cuestión de la libertad cuando «se trata de un asunto estrictamente filosófico (lo plantee quien lo plantee), es decir, no decidible por un método y medios científicos» (RIVERA DE ROSALES, 2016:1025). Para el autor, se olvida, en primer lugar, el proyecto consciente de hacer el experimento, que es anterior a la actividad cerebral: «lo primero no ha sido la acción de las neuronas, es decir, esa actividad cerebral y objetiva que condujo al sujeto experimentado a apretar el botón, sino la programación del experimento, una idealidad o concepto o fin libre y reflexivamente elaborado y después ejecutado» (RIVERA DE ROSALES, 2016:1032). En segundo lugar, no se contempla la propia subjetividad prerreflexiva del propio cuerpo humano en esa actividad cerebral, y que escaparía a la perspectiva científica objetiva —la ciencia ha de tratar sólo lo objetivo y hacer abstracción de todo otro modo de ser—, «comprendemos que ciertas acciones son nuestras porque las realizamos mediante nuestro propio cuerpo, sentido como nuestro gracias a la conciencia corporal», algo parecido a la que pueden tener los animales, la «sabiduría» del cuerpo (RIVERA DE ROSALES, 2016:1032-1033). Este análisis del experimento de LIBET muestra en realidad que «somos actores y agentes responsables de lo que planificamos y ejecutamos con nuestro cuerpo vivido y sentido como nuestro» (RIVERA DE ROSALES, 2016:1041).

Hay que mencionar también las aportaciones de otro importante neurocientífico cognitivo estadounidense en la comprensión del funcionamiento del cerebro y de la conciencia, GAZZANIGA. En su obra «El cerebro ético» (2005) aborda como el desarrollo del cerebro define la vida humana, igualmente en relación con los desafíos éticos que emergen a medida que éste envejece, tratando temas sobre cómo hacer el cerebro más efectivo, ponderando los avances en genética, la neurociencia del entrenamiento cerebral, y el desarrollo de nuevas drogas para estos fines, preguntándose sobre lo correcto o incorrecto cuando se trata de obtener un funcionamiento cerebral más brillante o efectivo. Intenta compatibilizar el determinismo con la libertad, aunque, como sostiene GRACIA CALANDÍN (2013:1251), no sin un coste en el significado de la libertad tal y como la comprende el propio agente y más bien entendido como un «autocontrol». GRACIA CALANDÍN lo califica como un «determinista blando» puesto que, aunque defiende que los cerebros estarían determinados en tanto que entidades sujetas a las reglas del mundo físico, sí considera que la mente, por el contrario, pertenecería a un ámbito no físico que surge como consecuencia de la interacción entre las personas, por lo que no sería posible reducir la mente o el individuo al mecanismo cerebral. Al igual que Rivera de Rosales, Gracia Calandín demanda que la ciencia deje paso a la filosofía para abordar el problema de la libertad, por lo que pretender obtener una conclusión a partir del método científico no deja de ser una falacia. «El mundo es uno y el mismo y que lo espiritual no está separado de lo mental, ni la mente del cerebro, ni lo biológico de lo psicológico» (GRACIA CALANDÍN, 2013:1260).

Cabe hacer un apunte final para evidenciar cómo también desde la psicología se ha advertido sobre la necesidad de considerar la vertiente social de las personas, puesto que esta disciplina también se ha visto amenazada por la avalancha de lo «neuro». La psicología debe ser complementaria a la neurociencia, considerando la faceta social de los individuos a la hora de responder a problemas derivados del comportamiento (COLOM, 2016).

4. Neurociencia y derecho: neuroderecho

Además de las fricciones que se producen en la interacción entre neurociencia y filosofía o psicología, estas cuestiones han traspasado también a su relación con otras disciplinas como el derecho, desde ese punto de vista erróneo que sería la asimilación de la mente de un individuo con su cerebro, debiendo la primera identificarse más bien con el propio individuo en sí y sus interacciones sociales, y siendo el cerebro solo una parte del mismo.

Pese a ello, se ha dicho que la neurociencia tiene el potencial de revolucionar el sistema legal (GAZZANIGA, 2005; ALTIMUS, 2017) por su impacto en la forma en que entendemos y aplicamos la ley, ayudando a todos los operadores jurídicos a comprender mejor el comportamiento humano, aquellos elementos que influyen sobre nosotros y los que no, y a tomar decisiones más justas y equitativas, lo que puede tener implicaciones para una serie de áreas del derecho[35].

En efecto, el neuroderecho obliga a la ciencia jurídica a tener que calibrar cuál podría ser su cometido dentro de la filosofía del derecho, siendo esta un lugar común desde el cual los descubrimientos neurocientíficos acerca de la libertad y el determinismo deben arrojar algo de luz sobre muchos de estos problemas, y en particular, sobre la teoría de la culpabilidad en el derecho penal (García Deltell, 2013: 929). Así, la interacción entre neurociencia y derecho está dando lugar a la conformación de una nueva disciplina que se conoce como neuroderecho o, en inglés, *neurolaw*.

Como han estudiado Camargo Brito & Ried Soto (2021:108), el neuroderecho tendría en la literatura dos vertientes principales, una primera que busca indagar los impactos que los avances neurocientíficos generarían en los debates relativos a la libertad de voluntad y de acción y las correspondientes nociones de responsabilidad moral y jurídica. Una segunda vertiente se centra más en un análisis empírico de la relación entre las tecnologías neurocientíficas en el proceso judicial, buscando precisar de qué manera y en qué casos este saber hacer del cerebro tiene recepción jurisprudencial. Esta segunda vertiente es la que tiene un mayor recorrido, puesto que ya en la década de 1940 se utilizó un encefalograma en la defensa de un imputado que padecía epilepsia. En cuanto a la primera, se puede decir que es la que ha asumido la neuroética, y que se centra en los riesgos éticos y para los derechos humanos de la aplicación de estas técnicas, propugnando por tanto una serie de garantías en forma de «neuroderechos».

Por lo tanto, en este apartado presentaremos la evolución de esta segunda vertiente, si bien finalmente se dará cuenta de los principales desafíos desde la perspectiva ética y de derechos humanos de tales aplicaciones en el ámbito judicial, puesto que, en realidad, ambas facetas han de estar imbri-

35. Por ejemplo, la neurociencia puede ayudar a los abogados a argumentar que un acusado no es responsable de sus acciones debido a una enfermedad mental o a un trastorno neurológico, o ayudar a los jueces a determinar si una persona tiene la capacidad mental para entender el proceso legal o para tomar decisiones sobre su propia vida. Además, puede ayudar a desarrollar nuevas formas de abordar el sistema de justicia penal, como el desarrollo de programas de rehabilitación que se centren en los factores neurobiológicos que contribuyen a la delincuencia, es decir, la justicia restaurativa, utilizándose para identificar las causas subyacentes de la delincuencia y desarrollar programas de rehabilitación que se dirijan a estas causas. Algunos ejemplos específicos de cómo la neurociencia podría afectar al sistema legal podemos encontrar en:

- La responsabilidad penal: podría utilizarse para argumentar que un acusado no es responsable de sus acciones debido a una enfermedad mental o a un trastorno neurológico o para demostrar que un acusado que cometió un asesinato no tenía capacidad de comprensión o control sobre sus acciones debido a un trastorno de la personalidad antisocial.
- La capacidad mental: podría utilizarse para determinar si una persona tiene la capacidad mental para entender el proceso legal o para tomar decisiones sobre su propia vida o para evaluar la capacidad mental de un testigo para testificar o de un acusado para ser juzgado.

cadas y no deben caminar separadas, más bien al contrario, tienen que ir de la mano. Además, es posible diferenciar entre dos etapas del neuroderecho, una primera que correspondería con la aplicación en la litigación a lo largo de los últimos 50 años del siglo XX de neurotecnologías más sencillas como la resonancia magnética, utilizadas sobre todo para evidenciar lesiones o enfermedades en juicios civiles y penales, mientras que una segunda etapa, que se iniciaría desde principios del siglo XXI, se caracteriza por el surgimiento de nuevas tecnologías de visualización neuronal funcional, junto con el tratamiento de estos datos por desarrollos algoritmos de aprendizaje automático que permiten observar en tiempo real los procesos y funciones neuronales del cerebro. Por ello, aunque el uso de las neurotecnologías en el ámbito judicial tiene ya un largo recorrido, los desarrollos de nuevas técnicas han aumentado el impacto de la neurociencia en el derecho (CAMARGO BRITO & RIED SOTO, 2021:109) o (GARCÍA-LÓPEZ, 2022:719).

Si en sus orígenes el neuroderecho trataba de crear un vocabulario común para la comprensión de la idea de lesión cerebral por parte de psicólogos y juristas, ahora va a suponer la creación y aplicación de pautas jurídicas guiadas por descubrimientos seudocientíficos. La publicación en *Neuroethics* del trabajo de Tovino en 2008 supuso un avance en su entendimiento de «como la reflexión sobre la forma y el alcance en que múltiples facetas de la comprensión, producción y aplicación del derecho se verán afectadas por el estudio empírico del cerebro en la medida en que éste se considera parte central de la explicación de la conducta»(NARVÁEZ MORA, 2014).

A la hora de definir el neuroderecho, son numerosas las acepciones que se encuentran, tanto por parte de la literatura española, como a nivel internacional. Nos parece bastante completa la que ofrece GARCÍA-LÓPEZ, (2022:715-721): «por Neuroderecho puede entenderse el análisis del Derecho y la Justicia, con la perspectiva de la Neurociencia, lo que implica la comprensión del comportamiento humano, basado en el estudio del encéfalo y su interacción con el ambiente»[36]. Este autor ha examinado la mayoría de aproximaciones específicas al concepto en la literatura científica, apreciando, en primer lugar, que en nuestro idioma son muy recientes; y en segundo lugar, que las propuestas para describirlo varían entre las definiciones sencillas y breves que se encuentran en la literatura anglosajona —y que coinciden en afirmar que neurolaw sería ese nexo de estudio y aplicación entre la neurociencia y el derecho—, y otras explicaciones más extensas y alambicadas propias de la lengua castellana. En todo caso, según el autor «ninguna parece alcanzar el consenso unánime en cuanto qué podemos entender por este vocablo». Observa, además, varios errores en la literatura relacionados con la comprensión del término. Por una parte,

36. No obstante, para revisar más definiciones de neuroderecho se pueden consultar todas las que el autor ha sistematizado en el Capítulo «Neuroderecho y Neuroderechos en Hispanoamérica» pp. 715 a 721.

un error común que sería confundir 'neuroderecho' con 'neuroderechos', considerando que los segundos serían el plural del primero, algo que no ocurre en inglés al utilizarse los términos neurolaw y neurorights. Otro error alarmante que se comete consiste en confundir lo jurídico con lo forense, y esto, a su vez, con lo penal. Ya que la neurociencia es un fundamento indispensable del estudio científico del comportamiento humano, considera que los caminos que hasta ahora han recorrido la psicología y la psiquiatría en materia pericial, habrá de recorrerlos la neurociencia forense, sin limitarse a lo penal, puesto que los aspectos de la evaluación psicológica y psiquiátrica comprenden tanto lo penal como lo civil, al igual que lo canónico, familiar, laboral, etc. El neuroderecho, al abarcar todos los aspectos jurídicos y sociales de la conducta humana, se podría aplicar igualmente a cuestiones como la credibilidad del testimonio, la guardia y custodia de los hijos, la evaluación de los procesos cognitivos en el testamento, la nulidad matrimonial, la evaluación de víctimas, etc. Propone, en consecuencia, que la aplicación mejor estructurada para los tribunales de justicia y que comunicaría ambos mundos, sería la psicopatología forense (García-López, 2022:721).

De manera concreta, esta relación entre neurociencia y derecho se puede traducir a tres ámbitos: el probatorio, en cuanto sistemas para determinar un posible engaño en las declaraciones policiales y judiciales; el posible tratamiento neurológico, con vistas a la mejora cerebral de la población reclusa, y la finalidad de la prevención y el abordaje de la reincidencia delictiva; y finalmente, una vez concluido el procedimiento judicial, ofreciendo herramientas útiles para la revisión de sentencias firmes en los casos de error, o configurando el control y el seguimiento de condenados en libertad vigilada por delitos frente a determinados bienes jurídicos especialmente sensibles; así como para facilitar la averiguación de información de interés público (Ruiz Martínez-Cañavate, 2022).

Estamos, por lo tanto, ante un campo emergente que se está construyendo sobre una base que aunaría: neurotecnologías en rápido desarrollo; estudios jurídicos sobre las implicaciones de la neurociencia en expansión; e investigación neurocientífica diseñada específicamente para explorar temas jurídicamente relevantes (Spranger, 2012: 370).

Resulta interesante observar la evolución del neuroderecho desde el derecho comparado. Aunque el trabajo de Camargo Brito, & Ried Soto (2021) busca revisar el estado de la cuestión en la jurisprudencia chilena, previamente ofrece una interesante síntesis de la jurisprudencia comparada dando cuenta de aquellas áreas en que ésta ha tenido un mayor impacto y desarrollo[37].

37. Para un mayor conocimiento del contenido de estas áreas puede consultarse la página web de la Red de Investigación en Derecho y Neurociencia, apoyada por la Fundación John D. y Catherine T. MacArthur, https://www.lawneuro.org/ donde se abordan concretamente las mismas.

Así, una primera sería la relacionada con la detección de hechos basados en la memoria, con el objetivo de conocer a ciencia cierta si un sujeto «verdaderamente» recuerda una situación de hecho, lo que permitiría acreditar la autenticidad de los relatos de testigos en un juicio con criterios fundados en la veracidad científica. Para ello los experimentos más utilizados buscan encontrar patrones cerebrales asociados al reconocimiento facial, que diferencia la actividad neuronal que se pone en marcha cuando estamos frente a rostros conocidos y desconocidos, aunque en estos estudios se han mostrado muchas similitudes entre las respuestas cerebrales durante las situaciones de recuerdos verdaderos y falsos, por lo que su aplicación es aún bastante incipiente. Y es que existe una diferencia entre la recreación de situaciones en el marco de un experimento de laboratorio y su aplicación extensiva a procesos que ocurren en realidades complejas no elaboradas, como son los casos judiciales. No obstante, estas aplicaciones pueden ayudar a entender la forma en que las personas adoptan sus decisiones ofreciendo nuevas posibilidades para determinar hechos controvertidos, incluso presentar medios de prueba; por ejemplo, neurotecnología aplicada a un declarante como parte o testigo para dilucidar si dice o no la verdad (Taruffo & Nieva Fenoll, 2013:176 y ss).

Una segunda área sería aquella relacionada con la detección y clasificación de estados mentales, por ejemplo, a la hora de determinar si en la comisión de un delito un sujeto actúa con conocimiento o descuidadamente en la acción que ejecuta, lo que puede impactar tanto en la constitución de los estándares de culpabilidad como en las causas de atenuación de responsabilidad. Del mismo modo resulta interesante para detectar el prejuicio que pudiera afectar tanto a las decisiones tomadas por los jueces o jurados como a las declaraciones realizadas por testigos. Para ello, el uso de tecnologías como la fMRI, junto con algoritmos de aprendizaje automático, han demostrado que sería posible, en condiciones de laboratorio, determinar estos estados mentales.

Finalmente, una tercera área relevante sería la de la responsabilidad penal adolescente, investigando la relación entre el desarrollo cerebral y las capacidades cognitivas. Dado que, en virtud de estudios recientes, el cerebro humano solo alcanzaría su madurez después de los 20 años, o incluso hasta los 25 años dependiendo de las condiciones sociales y personales de cuidado que hayan tenido los jóvenes, las aplicaciones neurocientíficas en este

---

Como relata Amoedo-Souto (2018: 96) en 2007, la MacArthur Foundation Research Network on Law and Neurosciencie comenzó a financiar con 10 millones anuales el proyecto de investigación trianual Law and Neurosciences Project. A partir de ahí, la Fundación pasó a integrarse en la Vanderbilt University, Nashville, Tennessee, que a su vez ha impulsado un programa grado y de doctorado en la materia. En su seno, los profesores Owen D. Jones, Jeffrey D.Schall y Francis X. Shen han elaborado el volumen *Law and Neuroscience* (New York, Wolters Kluwer Law & Business, 2014), primer manual sobre la materia.

ámbito podrían demostrar la falta de madurez del adolescente en ciertos delitos penales a efectos de que ello se tenga en cuenta por los tribunales a la hora de establecer sus fallos.

Una cuestión importante que se advierte y que justificaría, en parte, el desarrollo del neuroderecho, sobre todo en la litigación judicial anglosajona, tiene que ver con la necesidad de trabajar con equipos interdisciplinares (neurocientíficos, psiquiatras, etc.) tanto en lo que atañe a los abogados como en los propios tribunales. Pero también habría que considerar que el elevado coste de los escáneres cerebrales ha sido hasta ahora otro obstáculo práctico para el uso generalizado de las pruebas neurocientíficas. En la medida en que estos costes desciendan, las limitaciones de recursos disminuirán, tanto para los investigadores como para los litigantes (Spranger, 2012:371).

Siguiendo con la perspectiva comparada, Ruiz Martínez-Cañavate (2022:149-183) da cuenta de aquellos sistemas procesales con experiencia en neurociencia, evidenciando su uso en casos concretos, bien porque la legislación procesal lo prevea o porque su formulación no lo impida a posteriori, supuesto más común. Así, entre los países que estarían aplicando estas neurotecnologías se encontraría Grecia, donde existe un catálogo abierto de medios probatorios, siendo posible recurrir a cualquiera de ellos relevante para el descubrimiento de la verdad material. En Finlandia se establece una relación análoga con el empleo del polígrafo, haciendo posible la utilización de las técnicas neurocientíficas. En el Reino Unido el tratamiento neurológico ya se aplica con carácter obligatorio para los delincuentes condenados por sentencia firme que han obtenido la libertad condicional. En Italia, aunque no se han empleado para la detección del engaño, los órganos judiciales sí han autorizado el recurso a técnicas de análisis de imagen cerebral. Por el contrario, se oponen a un empleo generalizado de las técnicas de escaneo cerebral, por el estado incipiente de su desarrollo, países como Austria, donde las pruebas neurocientíficas que supongan un uso coercitivo encontrarían difícil acomodo en el proceso, y la doctrina tampoco parece favorable a un uso voluntario, o Alemania, en que su admisión se considera contraria a la dignidad humana, no solo en cuanto a medios probatorios, sino específicamente porque colisiona con el artículo 244.3 de su Código Procesal Penal, o Francia, que en 2021 modificó su Código Penal y Civil para excluir en determinados casos las técnicas de imagen cerebral, como veremos en el Capítulo II.

No obstante, los sistemas procesales estadounidense e indio resultan paradigmáticos de las aplicaciones neurocientíficas en el ámbito judicial, al haber asumido con normalidad la incorporación de estos medios probatorios. Así, en el sistema procesal estadounidense, estas aplicaciones se han caracterizado por su transversalidad, utilizándose en múltiples ámbitos: En el penal, para determinar la noción de culpabilidad, elaboración y dictado de las sentencias, la valoración de la peligrosidad futura, la responsabilidad de los adolescentes, así como la adicción y cuadros traumáticos y la psicopatía; en el civil, para esclarecer lesiones o daños cerebrales, existencia y valoración del dolor, así como desórdenes por estrés postraumático; finalmente se ha aplicado también en otros ámbitos relacionados con la detección del engaño, la memoria en testigos e investigados, así como la toma de decisiones jurídicas. En este sentido, destaca el papel desempeñado por el Brain Fingerprinting (BF) [38] en orden a determinar la culpabilidad o inocencia del acusado en casos de enorme relevancia. Hay que tener en cuenta el apoyo institucional que han prestado muchas de las principales universidades de investigación del país, así como fundaciones privadas como la Fundación MacArthur y otros organismos públicos de financiación, para que Estados Unidos sea uno de los actores principales en cuanto a la aportación de avances internacionales en neuroderecho (SPRANGER, 2012). En el caso del sistema procesal indio, la neurociencia se ha aplicado a la investigación criminal, así como a los interrogatorios, buscando como finalidad principal dotar de carácter científico a estos en sede policial, al tiempo que evitar prácticas constitutivas de tortura o tratos inhumanos o degradantes, utilizando para ello el Brain Fingerprinting, así como el Brain Electrical Oscillations Signature (BEOS)[39].

De este análisis RUIZ MARTÍNEZ-CAÑAVATE (2022:139-140), extrae algunos puntos en común en los diferentes sistemas jurídicos, como la necesidad de intervención de comités de ética cuando su uso plantee conflictos de dicha naturaleza, o la exigencia del consentimiento informado en los casos en los que su empleo opere de manera involuntaria para el inculpado, lo que confirma su hipótesis sobre la existencia de una conexión íntima entre neuroética y neuroderecho, convergencia que posiblemente irá en aumento conforme se vayan desarrollando nuevos medios neurotecnológicos para la práctica forense.

38. Esta técnica, que en español se traduciría como huellas dactilares cerebrales, (BF) detectan información oculta almacenada en el cerebro midiendo las ondas cerebrales de forma no invasiva mediante sensores colocados en el cuero cabelludo. La técnica consiste en presentar palabras, frases o imágenes que contienen detalles destacados sobre un delito o situación investigada en la pantalla de una computadora, en una serie con otros estímulos irrelevantes. Se miden las respuestas del cerebro a los estímulos. Cuando el cerebro procesa información de manera específica, se pueden detectar patrones característicos de ondas cerebrales mediante el análisis por computadora de las respuestas cerebrales. Disponible en: https://www.ncbi.nlm.nih.gov/pmc/articles/PMC3311838/#:~:text=Brain%20fingerprinting%20is%20an%20objective,sensors%20placed%20on%20the%20scalp

39. Se trata de un método de interrogación neuropsicológico que se conoce como toma de huellas dactilares cerebral o mapeo de dedos cerebrales. BEOS se utiliza para identificar personas con experiencia en participar en un delito. ue desarrollado por Champadi Raman Mukunandan, neurocientífico y jefe de psicología clínica del Instituto Nacional de Salud Mental y Neurociencias de Bangalore, India. Disponible en: https://www.legalserviceindia.com/legal/article-2995-brain-electrical-oscillation-signature-profiling-beos-forensic-science.html

A todo ello debemos añadir que en algunos países se han abordado reformas de la normativa civil, sanitaria o de protección de datos, con la finalidad precisamente de extender el régimen tuitivo de la práctica médica, o aprovechar el acervo jurídico de sectores como el de la protección de datos, con la intención en todos los casos de salvaguardar derechos como los de la integridad y privacidad del ser humano. Incluso en el caso de Rusia se plantea un desarrollo normativo integral, materializado en la aprobación de una «Hoja de la Iniciativa Tecnológica Nacional "Neuronet"» según la cual «está previsto mejorar la regulación legal en la Federación de Rusia para un mayor desarrollo de las neurotecnologías» para el periodo hasta 2025, al considerar que, dada la inevitable penetración de las neurotecnologías en diversos sectores de la vida pública y estatal, incluidas las actividades de las fuerzas del orden, es necesario acomodar el derecho a esta nueva realidad incorporando las disposiciones pertinentes a la Constitución de la Federación Rusa y a la legislación penal, civil, administrativa, laboral y procesal (Filipova, 2022).

En efecto, más allá de las aplicaciones en derecho penal, mayoritariamente, un ámbito jurídico donde los avances neurocientíficos han tenido escaso impacto hasta ahora ha sido el derecho administrativo. Como señala Amoedo-Souto (2018: 86), la apertura de la doctrina administrativista al mundo de las neurociencias contemporáneas ha operado hasta el momento a través de las ciencias del comportamiento bajo el concepto de «nuding», que aprovecha el conocimiento neurocientífico disponible para influir en la conducta individual del administrado, aunque sin llegar a imponer un mandato o prohibición en sentido estricto; aunque como política pública ha tenido un fuerte impacto en países como EE. UU., Inglaterra o la UE. No obstante, los avances recientes permiten, no ya una manipulación psicológica del comportamiento a través de estímulos positivos o negativos, sino el acceso directo al cerebro, y con ello se plantean un amplio conjunto de nuevos desafíos a los que el derecho público no va a permanecer ajeno. Así, una posible aplicación neurocientífica podría ser la cuantificación del daño moral en los procesos de responsabilidad patrimonial a la hora de acreditar el daño causado por lesiones (Amoedo-Souto, 2018: 102).

No es posible concluir este apartado sin realizar algunas advertencias a la implementación del neuroderecho. Aunque no cabe negar que estas técnicas neurocientíficas pueden jugar un papel relevante, siempre y cuando se incremente la fiabilidad del diagnóstico, voces críticas consideran que en realidad tendrían un campo de aplicación limitado y que incluso pueden conducir en algunos casos a conclusiones erróneas, por lo que se llama a la prudencia al tiempo que los expertos deberán explicar cómo utilizan y sopesan los datos de las imágenes cerebrales. La aplicación de la neurociencia en el sistema legal con finalidades como la lectura de la mente, la evaluación de la responsabilidad o la predicción de riesgos presenta tanto promesas como peligros, y cada aplicación plantea cuestiones relativas a la admisibilidad de la evidencia neurocientífica (Nadelhoffer & Sinnott-Armstrong, 2012).

Insistimos en que estas aplicaciones ya llevan mucho tiempo utilizándose en diferentes países —con mayor o menor éxito y grado de implantación, de hecho en muchos ni siquiera su ordenamiento jurídico los contempla de forma específica—, por lo que son anteriores al nacimiento y al debate ético sobre los neuroderechos, a los que dedicaremos el Capítulo III. Sin embargo, el neuroderecho, como señalábamos al comienzo, desde esa segunda vertiente más novedosa, presenta desafíos específicos que afectan a los campos de la teoría general del derecho, la filosofía jurídica, el derecho procesal, en general y particularmente en el proceso penal, pero sobre todo, y muy especialmente, en los derechos humanos que «han de constituir los diques infranqueables en la aplicación de los nuevos recursos neurotecnológicos» (Ruiz Martínez-Cañavate, 2022:34)

El neuroderecho nos propone una sociedad de base neurocientífica compuesta por nuevas normas jurídicas, con fundamento en los logros de las neurociencias que consideran que el derecho tradicional, entendido como técnica de control social, ha fracasado; así como de la posibilidad de intervenir directamente de forma sancionadora o terapéutica sobre el cerebro de sujetos criminales que deben ser tratados como individuos con enfermedades mentales o déficits cognitivos (Sommagio, 2022: 74-75). Ahora bien, estos estándares están aún lejos de haber alcanzado un consenso y resultan bastante problemáticas cuestiones tales como lo que debe considerarse por «criminal» y lo que no lo es, o si la infracción de una norma moral jurídica es una cuestión de voluntad o una determinación biológica o de una supuesta enfermedad. Ello enlaza con ciertas posturas problemáticas defensoras del neurodeterminismo, que identifican el yo con el cerebro, cuestionando la libertad y el libre albedrío, y defendiendo que la acción no sería libre sino que estaría determinada, propugnando la confusión entre actos voluntarios e involuntarios, al contrario que los postulados básicos del derecho penal que defienden la voluntariedad del individuo. Por ello, son numerosos los interrogantes éticos que se plantean en este ámbito, de ahí que muchas de las propuestas formuladas en torno a tales aspectos provengan de la neuroética. En el apartado siguiente se abordarán de manera específica los diferentes riesgos éticos y para los derechos humanos que plantean las neurotecnologías en sus diversas aplicaciones.

5. Riesgos y desafíos. La relevancia de la neuroética

Como hemos visto, esta tecnología está irrumpiendo en el mercado desarrollándose no solo para fines médicos y de investigación científica, sino también para otras múltiples aplicaciones que van desde el control o la mejora cognitiva a fines lúdico-recreativos. Sin embargo, sus efectos no están nada claros y una implantación progresiva en las sociedades, sin regulación, podría entrañar riesgos. De hecho, ciertas implicaciones éticas y de derechos humanos ya se advertían de manera temprana en artículos como «Mind Reader», publicado en 1991 en la revista *Scientific American*[40], o «The Next Frontier», publicado en *The Economist*[41] en enero de 2018, y expertos en neuroética han comenzado a alertar sobre las consecuencias no deseadas de las neurotecnologías.

Esta preocupación se materializa en la reunión celebrada en mayo de 2002 en San Francisco (California) en un congreso patrocinado por la Dana Foundation[42], una organización filantrópica con sede en New York dedicada al avance, entre otras disciplinas, de la neurociencia en la sociedad. El congreso, organizado por las Universidades de Stanford y California, reunió a unos 150 especialistas de muy diversos campos para estudiar y analizar las implicaciones éticas y sociales de las investigaciones sobre el cerebro. Surge así la neuroética como «el examen de lo que es correcto o incorrecto, bueno o malo, acerca del tratamiento, perfeccionamiento, invasiones o manipulaciones del cerebro humano», en la descripción dada por Saphire en 2002 (Sánchez Migallón, 2009). Una disciplina dividida en dos categorías: la primera, que tiene que ver con los criterios éticos de experimentación y de aplicación clínica de la neurociencia, configurándose como una rama especializada de la bioética; la segunda, que contempla en un nivel más profundo los problemas filosóficos que la neurociencia cuestiona, como el análisis de la libertad, la responsabilidad jurídica y moral, la privacidad de la persona, o la autenticidad de las emociones como personales y propias, etc. Esta segunda vertiente será la que inicie el camino por el reconocimiento de los denominados «neuroderechos» como un conjunto de propuestas teóricas para hacer frente a los posibles abusos o usos indebidos de las neurotecnologías. A ellos dedicaremos el Capítulo III de este trabajo.

No obstante, antes de pasar a analizar cuáles son esos riesgos y problemas éticos, cabe hacer un inciso, puesto que esta ruta no puede marcarla únicamente la neurociencia, la neurobiología o la neuroética, sino que debe trazarse de forma interdisciplinar junto con el derecho. Dichas materias pueden compartir un mismo objetivo, el conocimiento y la regulación sobre el comportamiento humano para la consecución del bien común. A su vez, son múltiples las implicaciones jurídicas de las neurociencias: los límites que deben establecerse en las actuaciones que se realizan sobre el cerebro humano, su uso en los procesos judiciales, el neuromejoramiento, etc. Pero, en cualquier caso, el principio universal del respeto a la dignidad de la persona, la defensa de su libertad e igualdad, así como el resto de derechos

40. Disponible en: https://www.scientificamerican.com/article/mind-reader/

41. Disponible en: https://www.economist.com/leaders/2018/01/04/using-thought-to-control-machines

42. Disponible en: https://dana.org/

inherentes a ella, deberá ser la guía, teniendo en cuenta los aspectos éticos, sociales y jurídicos.

Ciertamente que a lo largo de la historia de la relación del ser humano con la tecnología se ha planteado el debate sobre la conveniencia de someter los avances de esta a la regulación jurídica. En ese sentido el «dilema de Collingridge» (COLLINGRIDGE, 1980) constituye uno de los paradigmas teóricos que mejor expresan la dificultad de afrontar el sometimiento de la evolución tecnológica a la ordenación normativa. Y ello con fundamento en la incertidumbre connatural a aquella, en el sentido de que parte de los riesgos que conlleva aún no se han materializado de forma concreta y evaluable, por lo que sus eventuales efectos se deducen de pronósticos y reflexiones teóricas en sus primeras etapas; de ahí que una regulación apresurada pueda coartar su desarrollo y provocar perjuicios indeseables. La otra cara del dilema la encontraríamos en un control tardío, cuando ya se dispone de un conocimiento más preciso, pero sin embargo las consecuencias de la implantación tecnológica resulten inevitables y, como en tantas ocasiones ha sucedido, el derecho se limite a correr tras la tecnología con iniciativas de grandes propósitos y corto alcance.

Semejante debate, teorizado en la obra aludida, se ha venido repitiendo en los últimos decenios con cada avance tecnológico relevante que de alguna manera tenga la potencialidad de provocar fricciones con los derechos fundamentales. Así, en innovaciones recientes como la IA, MOZO SEONAE (2021: 63) ejemplifica esta controversia, pues partiendo de que la ciencia desconoce realmente los límites de esta tecnología, así como el itinerario de su evolución, sin embargo «la cuestión sería relevante para un eventual control de que la evolución se produzca de forma segura y beneficiosa para nuestra especie y con la deseada salvaguarda de los valores humanos», hasta el punto de que «una consulta pública realizada por la Comisión de Asuntos Jurídicos del Parlamento Europeo entre los meses de febrero y junio de 2017, en la que participaron tanto público general como especialistas, arroja como resultado que un 90 % de los consultados considera que es necesario regular los avances tanto en robótica como en IA, frente a un 6 % que se opone» (MOZO SEONAE, 2021: 100). No obstante el autor plantea que «en el campo de las emergentes tecnologías, ni siquiera es conveniente que el Derecho positivo aspire a acaparar la función reguladora», por lo que aboga por confiar «el uso benéfico de la tecnología y el control de las posibles desviaciones» a los sectores «directamente implicados en el diseño, desarrollo y aplicación de los sistemas en cuestión» mediante la asunción de un mero compromiso ético (MOZO SEONAE, 2021:109), por lo que considera el *soft law* como el instrumento adecuado. Una parte de los estudiosos apoyan esta opción como la más realista y factible en las complejas sociedades contemporáneas.

Tal vez, sin embargo, el enfoque de ese dilema no debiera plantearse en torno a la regulación pormenorizada de la tecnología, sino de las garantías de los derechos afectados por la misma; máxime teniendo en cuenta las peculiares características de los avances de que se trata, esto es, herramientas cada vez más cercanas a lo que podríamos calificar como «inteligencia propia» y que tienen una capacidad cada vez mayor de interactuar con las capas más ignotas de nuestra actividad cerebral, extrayendo datos de ella para reelaborarlos y utilizarlos en diversos fines, algunos plausibles y otros capaces de incidir de manera directa en determinados derechos fundamentales como la integridad física y psíquica, la libertad, la identidad o la privacidad (García Gómez, Abellán Salort, 2019), por lo que cualquier avance, al mismo tiempo que favorece el desarrollo científico, habrá de ser compatible con el respeto a tales derechos. En palabras de Hildebrandt, (2008), «no tiene sentido dejar las decisiones sobre la introducción de nuevas tecnologías que abarquen el impacto normativo en la sociedad civil para los científicos, ingenieros y las industrias que pretenden obtener beneficios de ellos».

Desde una visión humanista, la persona no es solo cerebro y mente, es un ser social, de ahí la razón de ser del derecho, que se ocupa de regular la pacífica convivencia y resolver los conflictos. Por tanto, corresponde al derecho constitucional como derecho común, si bien junto con el resto de disciplinas, liderar estas transformaciones, ya que la política no puede desentenderse de la enfermedad y la pobreza considerándolos como «asuntos que ya se pueden delegar en la técnica y no problemas que haya que gobernar con el conocimiento consciente civil y político», puesto que supondría un verdadero riesgo para el libre desarrollo de la persona (Rodotà, 2018). En cualquier caso, la respuesta debe articularse por el poder público desde la perspectiva del derecho y de los derechos Humanos. Como advirtiera Habermas (1986), «al desafío de la técnica, no se le puede responder sólo con la técnica». Del mismo modo que no debemos perder de vista, recuerda Rodotà (2018) cuestionando los postulados posthumanistas, que las prácticas corrientes de estas tecnologías que pretenden apropiarse de cada aspecto de lo vivo son justamente contrarias a la política de lo humano.

Podemos concluir, pues, que una premisa básica es que el desarrollo tecnológico en la sociedad no puede campar a sus anchas, sino que debe estar al servicio del ser humano y la defensa de su dignidad y el libre desarrollo de la personalidad. Ello requiere que aquellos dilemas que plantean los avances científicos y tecnológicos deban someterse al debate político, social y jurídico en los diferentes niveles, internacional, supranacional y estatal; una exigencia en la que los derechos humanos y sus garantías no solo no pueden permanecer al margen, sino que deben ser siempre las salvaguardas que en el Estado de derecho hacen efectiva la igualdad y la libertad de los individuos. Como se afirma en el informe «Riesgos y retos de las neurotecnologías y los derechos humanos» (UNESCO, 2023a), la comunidad internacional debe desarrollar directrices éticas, y una gobernanza multinivel basada en ellos junto con esfuerzos concertados para la armonización supranacional. Y como han resaltado Monasterio Astobiza *et al.* (2019) es preciso, en primer lugar, realizar un esfuerzo teórico en el análisis de las implicaciones neuroéticas de estas tecnologías emergentes que hacen uso de algoritmos, para poder diseñar estrategias que promuevan sistemas comprensibles, transparentes, predecibles y controlables centrados en el ser humano, y desarrollar un marco ético de principios para regular la neurotecnología.

Del proceso normativo en marcha y las propuestas doctrinales sobre la necesidad o no de nuevos derechos se dará cuenta en los siguientes capítulos de este trabajo, por el momento nos centraremos en la detección de los riesgos éticos en los diferentes escenarios y las consiguientes llamadas de atención, que provienen principalmente de la neuroética. Es cierto que se ha dicho que algunas de estas preocupaciones asociadas con las neurotecnologías se superponen a la aplicación de otras innovaciones como la genómica o la IA (Yuste, *et al.*, 2021). En todo caso el hilo conductor es la digitalización, un proceso que impregna todas aquellas tecnologías de la vigilancia con capacidad de recolectar datos como Internet, las redes sociales, el metaverso, etc. Como afirma Hoffmann-Riem (2018), «la necesidad de configurar conjuntamente la evolución futura por medio del derecho afecta básicamente a todas las facetas de la digitalización», puesto que cada una de ellas cuestiona en qué medida «las reglas heredadas son capaces de estar a la altura de la nueva problemática». Partiendo de esto, no podemos sin embargo obviar que en la sociedad de la vigilancia los datos cerebrales son sin duda los más preciados, por lo que para acceder a ellos las neurotecnologías se convierten en el medio necesario de extracción y tratamiento. De ahí que, si hubiese que establecer una prioridad ética, ésta tal vez debiera comenzar por la privacidad.

A) Privacidad y protección de datos

Como decimos, las ingentes cantidades de datos cerebrales que son capaces de obtener y procesar estas tecnologías, así como la propia naturaleza de aquellos, plantea un importante riesgo específico relacionado con la vulneración de la privacidad. Hay que tener en cuenta, en primer lugar, que empresas o gobiernos con acceso a ellos podrían tener la capacidad de hacer inferencias sobre sus usuarios, por ejemplo, sus gustos, su predisposición a problemas neurológicos y psiquiátricos, o un posible comportamiento futuro, incluso manipular a las personas, con la consecuente afectación a la propia autonomía individual, incluso yendo más allá, al sistema democrático. Además, una particularidad de los datos que genera el sistema nervioso es que estos se crean de forma inconsciente, por lo que una persona bajo vigilancia podría estar revelando cuestiones de su intimidad sin saberlo, o sin que fuese de manera voluntaria (Tang *et al.*, 2023).

Volviendo de nuevo al informe ICO (2023) se han identificado problemas relacionados con la protección de los neurodatos en sectores como el empleo, el ocio, la sanidad y la educación. En el ámbito médico, al estar considerados los datos sanitarios como de categoría especial y hallarse sujetos a una fuerte supervisión, su tratamiento, de potencial alto riesgo no resulta preocupante, al contrario de lo que puede ocurrir en otros. Así, son los nuevos escenarios en que se van a desarrollar estas tecnologías donde se pueden presentar conflictos importantes desde esta perspectiva. Por ejemplo, nuevos datos médicos como la decodificación del habla presentarían la capacidad de revelar pensamientos o tergiversar lo que una persona ha dicho, en ambos casos podría revelarse información muy delicada que incluso conllevaría un problema de daños emocionales. Asimismo en el campo del bienestar, donde se desarrollarán dispositivos dirigidos al consumo, por ejemplo, para controlar el estado de ánimo del usuario, la categorización clave de la privacidad será si la información constituye datos personales de categoría sensible o meros datos personales, ya que es probable que se difumine la línea que separa los dispositivos de bienestar de los de salud. En el deporte profesional, el conocimiento de información de los competidores plantea cuestiones importantes sobre la propiedad y el uso de este tipo de información, fundamentalmente de cara a la negociación de los contratos, con un valor y un clausulado determinado. En el trabajo, las empresas deberán enfrentarse igualmente a un tratamiento adecuado de los neurodatos debiendo considerar no solo la normativa aplicable en materia de protección de datos, incluidas las bases legales para su tratamiento, sino cualquier desequilibrio de poder entre empresa y persona trabajadora, así como la necesidad de una clara limitación de la finalidad del uso. Finalmente, en dispositivos diseñados para el juego, la protección de datos es preocupante por la forma en que se almacena y analiza esta información, y por los riesgos que puede entrañar en caso de que los usuarios decidan compartirla sin comprender plenamente sus posibles usos e inferencias. Aunque estos juegos pueden hacer un empleo limitado de información personal sensible, es más probable que aumenten el riesgo de recopilación y retención excesiva de información.

Además de la exposición y tratamiento indebido de los neurodatos en sectores de desarrollo próximo, otro de los riesgos para la privacidad es el denominado «hackeo cerebral». Si bien la combinación de esta tecnología con la IA aumentará el desarrollo y aplicación en diversas facetas, tal y como hemos visto, más allá del campo médico, se plantean preocupaciones relacionadas con la privacidad, o la ciberseguridad (Soekadar *et al.*, 2023). El término «brain hacking», acuñado por Ienca & Haselager (2016) explica la posibilidad de acceder de forma no autorizada a una neurotecnología con el propósito de obtener y/o manipular información proveniente del cerebro de un usuario. Los autores diferencian entre cuatro tipos posibles de pirateo[43],

43. -El pirateo cerebral mediante manipulación de entradas, que se produciría cuando el hacker ataca al usuario de BCI en el momento de proporcionar información, es decir, en la primera fase del ciclo. Dado que esta información se puede utilizar para transacciones monetarias, banca online o inicio de sesión en cuentas privadas, con gran probabilidad de éxito.

-El pirateo cerebral durante la fase de medición, para generar, sin el permiso del usuario, resultados diferentes de los que se espera que genere el procesamiento regular. Son previsibles tres propósitos criminales: descifrar los datos brutos de la BCI, alterar el funcionamiento de la BCI y secuestrar la BCI.

en función de los cuales se podrían derivar diferentes daños, ya que cada uno genera problemas éticos particulares. Incluso los problemas relacionados con la falta de transparencia de los algoritmos podrían ocasionar riesgos en la privacidad de la información (MONASTERIO ASTOBIZA *et al.*, 2019).

B) Integridad personal

En efecto, ciertos hackeos a las BCI son capaces de provocar en los usuarios graves daños físicos y psicológicos (IENCA & HASELAGER, 2016). Estos ataques podrían, por ejemplo, hacer perder la movilidad a pacientes que las utilizan para controlar su silla de ruedas volviendo a su condición original de discapacidad o, del mismo modo, afectar a los usuarios de miembros robóticos o los pacientes que utilizan BCI de visión, que podrían perder las capacidades adquiridas con ellas. Los autores advierten, además, de que este tipo de ataques requieren una especial vigilancia en el contexto de la seguridad y la salud pública, ya que es posible que puedan realizarse sin necesidad de habilidades cibercriminales específicas. Los usuarios víctimas de este tipo de intervenciones podrían experimentar daños psicológicos como resultado de su incapacidad para realizar las acciones que están induciendo mentalmente, por lo que es preciso, para proteger y promover el beneficio de los pacientes, desarrollar mecanismos regulatorios para garantizar su seguridad física y psicológica.

Finalmente, como advierte el informe de la ONU de 2020 sobre tortura psicológica, estas tecnologías podrían estar utilizándose para infligir torturas. Concretamente en el apartado 32 expone: «Dados los rápidos avances de las ciencias médicas y farmacéuticas, la neurotecnología, la cibernética, la robótica y la inteligencia artificial, es difícil predecir en qué medida las futuras técnicas y entornos de tortura, así como los efectos del "aumento humano" en la capacidad de recuperación mental y emocional de las víctimas y los posibles autores, podrán eludir, suprimir o manipular de otro modo la experiencia subjetiva del dolor y el sufrimiento, al tiempo que consiguen los objetivos y efectos profundamente deshumanizadores, debilitantes e incapacitantes de la tortura»[44].

-El pirateo cerebral a nivel de decodificación y clasificación, con el objetivo de generar resultados diferentes de los previstos o deseados por el usuario. El secuestro puede no tener como objetivo simplemente disminuir o eliminar el control del usuario sobre la aplicación, sino también reemplazar el control.

-El hackeo cerebral mediante manipulación de retroalimentación, con el objetivo de alterar la retroalimentación percibida por el usuario al final de cada ciclo, con el objetivo de manipular la percepción que tiene el usuario de acciones previas realizadas o la autopercepción de estados cognitivos previos generados a través del BCI, siendo el motivo criminal subyacente el de inducir, sin el permiso del usuario, determinados estados cognitivos o acciones en el ciclo posterior del usuario para beneficio del hacker. Por ejemplo, una especie de "phishing cerebral" en el que el pirata informático solicita al usuario que introduzca una contraseña u otro tipo de información de autenticación antes de que pueda continuar el proceso originalmente previsto para iniciar realmente el programa que ella ha ordenado mentalmente.

44. Disponible en: https://ap.ohchr.org/documents/dpage_e.aspx?m=103

C) Agencia o libre albedrío

Otra de las advertencias está relacionada con lo que MONASTERIO ASTOBIZA *et al.* (2019) denominan «el problema ético de la agencia». Dado que está comprobado que las prácticas de neuroestimulación pueden cambiar aspectos de la personalidad, lo que a su vez afectaría a la habilidad para controlar las acciones, el concepto de responsabilidad adquiere sin duda una nueva dimensión, presentando el problema de «cómo establecer fidedignamente la correspondencia entre la predicción de la intención que hace la interfaz cerebro-máquina con la intención genuina del agente». Esta posible alteración del sentido de la agencia se confirma también en YUSTE & GOERING (2017) cuestionándose igualmente la naturaleza de la responsabilidad personal, ya sea legal o moral, así como la capacidad de elegir nuestras acciones. Ello enlaza a su vez, como ya vimos, con el debate entre filosofía y neurociencia sobre hasta qué punto estaríamos ya determinados, o no, los seres humanos sin la intervención de ninguna tecnología, o la propia concepción de la libertad del agente.

Por otra parte, como exponen IENCA & HASELAGER (2016), en la hipótesis de un ataque informático remoto a una neurotecnología tipo BCI que obtuviese el control sobre la aplicación y determinase las acciones del usuario, aumentaría de forma significativa la incertidumbre sobre la atribución de la acción al mismo, por lo que un control voluntario disminuido o ausente sobre las propias actuaciones daría como resultado una responsabilidad legal disminuida o ausente con respecto de las mismas, ya que el acto no sería un producto o determinación del usuario de BCI, sino del pirata informático.

D) Identidad personal y continuidad psicológica

Se trataría de otra de las preocupaciones éticas relacionadas con el sentimiento de alteración de la identidad por el uso de estimulación cerebral profunda. Aunque estas tecnologías pueden mejorar enfermedades neurológicas, también alterar la capacidad de acción individual y alejar a sus usuarios de su sentido del yo, desafiando nociones básicas de lo que significa ser humano (GOERING *et al.*, 2021). Además se plantea el riesgo adicional, incluso en usuarios sanos, de que el aprendizaje automático y los dispositivos de interrelación cerebral permitan una traducción más rápida entre una intención y una acción, por ejemplo mediante una función de «autocompletar» o «autocorregir», por lo que las personas podrían acabar «comportándose de una forma que les costaría reivindicar como propia» (YUSTE & GOERING 2017).

En relación con lo anterior, se ha detectado un riesgo potencial relacionado con la salud y con la identidad personal, ya que el uso de neurotecnologías podría cambiar el cerebro de forma impredecible, una consecuencia que, como advierte WOLPAW (2023), ha recibido muy poca atención hasta el momento. Se sabe que nuestro cerebro es plástico y puede ir evolucionando a lo largo de la vida gracias a sus interacciones con el mundo exterior, las cuales se canalizan mediante los sentidos, vías naturales a través de las que el cerebro ha evolucionado durante millones de años permitiéndonos adquirir nuevas capacidades y nueva información. Pero las neurotecnologías crean interacciones entre el cerebro y el mundo exterior sin ayuda de los sentidos, creando interacciones artificiales sin precedentes, que no están controladas y vigiladas como las naturales, y serían capaces de cambiar nuestro cerebro de forma desconocida, incluso perjudicar funciones importantes o crear comportamientos anómalos o nocivos. De este modo, tanto quienes se ocupan de sus aspectos éticos y jurídicos como los que utilizan estas tecnologías deberían tener siempre presente la posibilidad y las implicaciones de cambios imprevisibles en el cerebro que serían críticos para la personalidad. Ello es así puesto que al mismo tiempo que afectan a la identidad personal producen un impacto en la continuidad psicológica, un requisito esencial de aquella que consistiría en experimentarse a sí mismo de manera persistente como la misma persona (Ienca & Andorno, 2017). Incluso tecnologías de ingeniería de la memoria tienen también la potencialidad de afectar la identidad de una persona al eliminar, alterar, agregar o reemplazar selectivamente recuerdos individuales relevantes para su autoreconocimiento. Incluso un ataque de piratería cerebral podría modificar sin autorización del usuario su actividad cerebral, lo que más allá de otros riesgos, esta incidencia en la dimensión cognitivo emocional afectaría a dicha continuidad psicológica.

E) Sesgos y discriminación

Como señala Bandini (2023), las investigaciones recientes en técnicas de IA, unidas al diseño de productos y servicios, permite utilizar muchas tecnologías «listas para usar». La enorme cantidad de datos disponibles procedentes de actividades computacionales, así como de sensores conectados en red, ha contribuido a aumentar el potencial de una nueva generación de interacciones IA-cuerpo humano. En los próximos años estas dos tecnologías combinadas tendrán numerosas repercusiones en la sociedad, donde en un proceso circular algoritmos avanzados (por ejemplo, aprendizaje automático y profundo) apoyarán mejoras en el rendimiento de las neurotecnologías.

Sin embargo, es sabido que las decisiones que se adoptan a través de IA pueden privilegiar a determinados grupos y perjudicar a otros, por los sesgos y prejuicios que contienen los datos en que se apoyan y, en este sentido, existen ya numerosos estudios (Eubanks, 2021; O´Neil, 2018; Noble, 2018) que han puesto de manifiesto la existencia de los mismos en procesos de toma de decisiones automatizadas, tanto por que los desarrolladores trasladen los suyos propios, como por los datos así afectados de los que se nutre, a lo que cabe añadir, además, el riesgo de que estos sesgos refuercen los de los de los propios usuarios.

Dado que las neurotecnologías, por lo general, están asistidas por una programación algorítmica que procesa y aprende de la información de nuestra actividad cerebral, es necesario prestar atención a cómo interactúan ambas tecnologías, puesto que es posible que su combinación reproduzca, incluso amplifique sesgos, de ahí que el derecho a la no discriminación debería ser la norma rectora. Y es que la convergencia de estas dos tecnologías ofrece algo cualitativamente diferente, al vincularse directamente el cerebro de las personas a la inteligencia de la máquina «eludiendo las funciones sensitivo motoras normales del cerebro y el cuerpo» (YUSTE & GOERING, 2017).

No obstante, hay que hacer un inciso para tener en cuenta que el problema principal, como ha señalado COECKELBERGH (2023: 57-58), no es solo que los algoritmos estén sesgados, sino que «estas tecnologías interactúan con, y apoyan a, las estructuras jerárquicas existentes en la sociedad y las concepciones e ideologías problemáticas que las alimentan (...) De manera que ello requiere plantearse qué tipo de igualdad y justicia estarían en juego y qué tipo de igualdad y justicia queremos».

Esta interacción entre neurotecnología e IA podría amplificar algunos problemas que de por sí presentan los propios algoritmos, como los relacionados con la opacidad o el sesgo, al intervenir en cada una de las fases de extracción, clasificación y control del terminal tecnológico.

Enlazando con ello, la Recomendación sobre la Ética de la IA (UNESCO, 2021) insta a considerar las cuestiones éticas relacionadas con los sistemas neurotecnológicos habilitados por la IA y las interfaces cerebro-ordenador, para salvaguardar la dignidad humana y la autonomía. Teniendo en cuenta el potencial de la IA para manipular y explotar los sesgos cognitivos humanos, la Recomendación pide que se elaboren directrices para las interacciones entre humanos y robots que presten especial atención a «la posibilidad de utilizar la IA para manipular y abusar de los sesgos cognitivos humanos». También subraya la importancia de concienciar sobre las tecnologías de IA que reconocen e imitan las emociones humanas, especialmente cuando se trata de niños. Teniendo en cuenta que estas interfaces o implantes funcionarán con programaciones algorítmicas, no es descartable que reflejen los sesgos inconscientes de sus propios diseñadores, por lo que la interacción de la IA en tales dispositivos debe ser evaluada con mucha cautela ya que, en caso de contenerlos, podrían ser implementados directamente en el cerebro humano con consecuencias desconocidas. Esta advertencia se contiene también en el informe ICO (2023), donde se define este riesgo como «neurodiscriminación», que podría darse tanto por parte de las organizaciones como a través de los dispositivos. En el primer caso, en la medida en que las organizaciones obtienen y analizan conjuntos de datos cada vez más amplios, sin una verificación sólida e independiente de estos modelos podrían surgir nuevas formas de discriminación con el riesgo de enfoques sesgados sobre las personas y las comunidades. En concreto, las personas neurodivergentes correrían el riesgo de ser discriminadas por sistemas y bases de datos imprecisos que han sido entrenados en patrones neuronormativos. Del mismo modo, las organizaciones podrían rechazar determinados neuropatrones e información, de manera que las personas experimentarían un trato injusto en el trabajo, o los servicios que se les ofrecen, en función de estados emocionales percibidos, o incluso de afecciones físicas o mentales no reconocidas o no diagnosticadas previamente. En el segundo supuesto, los riesgos pueden surgir especialmente cuando se han sometido a evaluación previa en una amplia variedad de personas para garantizar que la recopilación de datos sigue siendo precisa y fiable, aumentando así la posibilidad de que los conjuntos de datos sean sesgados e incompletos. Por eso se recomienda que el diseño de los algoritmos utilizados en neurotecnología incluya las aportaciones de grupos de usuarios (Ruiz, 2023).

Incluso en la aplicación de neurotecnologías rehabilitadoras como la neuromodulación, para tratar a personas con problemas de adicción o necesidades psicológicas complejas e influir en su comportamiento a largo plazo, podrían verse afectadas tanto la exactitud como la imparcialidad, ya que si los neurodatos se recogen o interpretan de forma errónea debido a problemas con un dispositivo o a un sesgo algorítmico, llegarían a producirse daños significativos debido a un tratamiento médico inadecuado o incluso a la denegación del mismo (ICO, 2023).

F) Mejoras y aumento de la desigualdad

Las posibilidades de que las personas puedan, de manera voluntaria, mejorarse física o cognitivamente a través de este tipo de neurotecnologías son uno de los presupuestos sobre los que se sustentan corrientes como el transhumanismo, que aboga por el uso libre de la tecnología para el mejoramiento del ser humano, tanto físico como mental, con la ayuda de la ingeniería genética o máquinas inteligentes, y la finalidad de acabar con el sufrimiento, las limitaciones biológicas que lo producen, e incluso vencer al envejecimiento y la muerte. En un paso más, el posthumanismo aboga por que estas mejoras supongan una evolución de una o varias especies nuevas a partir de la nuestra. Pero lo cierto es que son numerosos los desafíos éticos que se presentan. En primer lugar, porque estas prácticas abrirían las puertas a una lógica de la competitividad sin límites, como ya destacara Rodotà (2018:91-93): «La nueva revolución desvela así un alma antigua y muestra inquietantes continuidades con la lógica de un mercado competitivo incontrolado». Se ve entonces el transhumanismo como una forma de «antihumanismo», al eliminar como «algo que carece de valor, al hombre vulnerable y frágil, sin tener en cuenta que precisamente la fragilidad del cuerpo humano, su limitación en el tiempo y en el espacio, es signo de su grandeza. Pero una toma de conciencia de este tipo solo es posible desde un punto de vista no materialista, no reduccionista, que no reduzca a materia la naturaleza humana y la persona. Habrá que partir, por contrario, de una visión antropológica en la que prevalezca la dimensión filosófico-sapiencial sobre la tecnológica e instrumental, tan solo así se podrá captar la grandeza de lo humano, que nunca será reductible a mero objeto» (Postigo Solana 2011:10).

Una postura intermedia es la que adopta Diéguez (2017) es partidario más bien de evaluar de forma equilibrada estas modificaciones de la naturaleza humana en ponderación con la propia dignidad y los derechos humanos. En la misma línea se posiciona DE ASÍS ROIG (2019), al analizar la contraposición entre «terapia», entendida como una serie de medidas para superar enfermedades, y «mejora» como el conjunto de las destinadas a mejorar a una persona, planteándose que uno de los grandes problemas del concepto es la relatividad de lo que resultaría normal o anormal o patológico, y que no está claro que, de existir, posea valor moral. En cualquier caso, debería ser prioritaria la lucha contra las barreras, no la lucha contra las llamadas «deficiencias». No obstante, aun cuando fuésemos capaces de dilucidar si estamos ante terapia o mejora, y si ésta es aceptable desde el punto de vista ético, el análisis fundamentado en los derechos llamaría la atención sobre la cuestión de las barreras sociales y la discriminación. Y es que otro de los problemas éticos tiene que ver con la desigualdad y, por ende, con la posibilidad de aumentar la brecha entre ricos y pobres, puesto que, si se comercializan, dependiendo de la capacidad económica de los usuarios, podría surgir una división entre aquellos que están neuromejorados y poseen mayores habilidades y los que no lo están. Este riesgo se ha advertido también en YUSTE & GOERING (2017), quienes denuncian que la posibilidad de las personas de ampliar radicalmente su resistencia o sus capacidades sensoriales o mentales sería capaz de cambiar las normas sociales, plantear problemas de acceso equitativo y generar nuevas formas de desigualdad y discriminación. Las neurotecnologías, como vimos, se están desarrollando con fines de mejora en ámbitos como el deporte profesional, o el militar y de defensa, por lo que es preciso determinar legalmente cuándo es posible hacerlo y en qué términos, a la vez que se deben delimitar aquellos ámbitos donde no es posible hacerlo para evitar ventajas competitivas.

G) Seguridad

Como ya se ha expuesto anteriormente, las técnicas de pirateo cerebral mediante la manipulación de datos expone a los usuarios de BCI al riesgo de perder la vigilancia sobre su seguridad personal y financiera, y este descubierto en la información privada y confidencial implícita del usuario lo expone también a una inseguridad física y psicológica (IENCA & HASELAGER, 2016). Así, dado que el tipo de información potencialmente extraíble de la mente de un usuario no se limitaría a la económica, sino que podría extenderse a otras sobre su estado de salud, su profesión, ubicación, capacidades psicológicas, preferencias sexuales, religión, creencias, actividades rutinarias, ello afectaría directamente a la seguridad personal. Este tipo de información es potencialmente de interés no solo para los delincuentes involucrados en actividades como el chantaje, sino también para los empleadores y las compañías de seguros. Por ejemplo, las dedicadas a la salud se verían capacitadas para extraer información sobre los registros médicos del usuario con el fin de aceptar o rechazar su inscripción en un plan de seguro o para determinar sus primas. De manera similar, los empleadores tendrían la posibilidad de extraer información sobre las opiniones políticas o las preferencias sexuales y discriminar en tales sentidos.

Para finalizar, la aplicación de neurotecnologías resulta igualmente controvertida por afectar a ciertas garantías procesales de los sujetos implicados en un proceso judicial, como se expone a continuación.

H) Derecho a la tutela judicial efectiva, presunción de inocencia, derecho a no declarar contra uno mismo y a no confesarse culpable

La práctica de diligencias de pruebas neurocientíficas, análogas a otras como los test alcoholimétricos, o las radiografías en los controles aduaneros, no se consideraría, en principio, una declaración en sentido estricto, consistiendo más bien en «diligencias de prevención, de indagación o de prueba», ya que estas técnicas solo muestran una representación del funcionamiento cerebral sobre la base de los estímulos externos suministrados[45]. La cuestión decisiva, como señala Ruiz Martínez-Cañavate (2022:119-120), es si entrañaría una efectiva vulneración de derechos la utilización de estas técnicas para aprovechar su potencialidad de auxiliar al órgano judicial en la detección de la mentira en un testimonio. En el contexto europeo y americano, una vez analizada la casuística de los pronunciamientos jurisprudenciales, el autor concluye que no puede resolverse de modo definitivo si esas respuestas psicológicas entrañarían una verdadera declaración, máxime teniendo en cuenta el derecho a no declarar contra uno mismo. En todo caso sí plantean algunas objeciones éticas puesto que, para un sector doctrinal, estas tecnologías estarían abiertas a la subjetividad de quienes interpretan los resultados obtenidos, que podrían ser poco fiables (Díaz Soto & Borbón, 2022). Puesto que la neurociencia es una disciplina en desarrollo en muchos países, recomiendan que se proceda con cautela, ya que la neuropredicción con fines punitivos o de sentencia, así como la detección de mentiras en el proceso, no ofrecen certezas sino probabilidades, de manera que su uso debería regularse de forma estricta cuestionándose incluso en qué medida podría obligarse a los posibles infractores de la ley a someterse a pruebas neurocientíficas en contra de su voluntad con el pretexto de la seguridad pública.

En un paso más, Borbón & Borbón (2022) consideran que deberían limitarse definitivamente usos indignos de la neurotecnología, como su implementación coercitiva —por vulnerar la dignidad humana—, constituyendo un principio rector en cualquier sociedad democrática que respete el Estado de derecho, y planteado de este modo su abolición en el derecho penal, una propuesta que denominan «neuroabolicionismo penal», fundamentada en que la brutalidad intrínseca de esta disciplina se vería exacerbada si el Estado adquiere nuevas herramientas neurotecnológicas con fines punitivos. En cualquier caso, habría que contemplar las pautas ya

45. Así, como ha señalado nuestro Tribunal Supremo en la Sentencia de la Sala de lo Penal, 20/2001, de 28 de marzo, estas diligencias de investigación, al no ostentar un contenido discriminatorio, no estarían cubiertas por las garantías procesales.

marcadas por el derecho internacional y el Tribunal Europeo de Derechos Humanos[46].

El análisis de compatibilidad entre las técnicas neurocientíficas y el derecho a un proceso debido radicaría entonces en si garantías procesales como la presunción de inocencia o el derecho a no autoinculparse impedirían al órgano judicial imponer contra la voluntad del investigado la obligación, por ejemplo, de superar un test neurológico al efecto de obtener material incriminatorio a través de su declaración cerebral. Frente a las posturas de quienes lo consideran compatible con el derecho a la tutela judicial efectiva, puesto que su obtención no constituiría declaración en sentido estricto, otros autores defienden que los procesos cognitivos no operan al margen de la voluntad y la memoria de la persona, sino que estarían íntimamente ligados al propio ser, de manera que la memoria sobre unos hechos depende de la voluntad personal. Aquí la cuestión clave, según sostiene Ruiz Martínez-Cañavate (2022: 121-122), radicaría en si el sujeto mantiene un control consciente efectivo sobre su declaración. Pero, yendo más allá, creemos que el consentimiento o la voluntad podrían fácilmente verse viciados, por ejemplo por la promesa de una reducción de pena, o la perspectiva de una absolución, de ahí que sería una obligación estatal en el uso de estos métodos, a la vez que un límite claro, la de respetar los derechos fundamentales de las personas al margen de la voluntad individual.

Claro que el impacto de las innovaciones tecnológicas no se limita a las consecuencias directas sobre los distintos aspectos de la vida humana que hemos expuesto, sino que tiene un alcance mayor que afecta al entorno natural en el que aquella se desarrolla. En efecto, cada vez son más las noticias e informes que alertan sobre el uso indiscriminado de recursos naturales para el funcionamiento de tecnologías como la IA. Un estudio reciente (Luccioni *et al.*, 2023) revela que el uso de modelos de IA generativa con ambiciones

46. En este sentido el artículo 6 del Convenio de Roma consagra el derecho a un juicio justo, por lo que conforme a una interpretación extensiva del mismo del TEDH, se entiende que estas garantías procesales estarían comprendidas dentro de la noción de audiencia pública, razonamiento recogido en el Asunto Funke v. Francia n.º 10828/84, de 25 de febrero de 1993, donde se declara que el derecho a guardar silencio se aplica a personas acusadas de haber cometido un hecho delictivo y, en cuanto a los requisitos para considerarse afectada esta garantía, se debe atender a la naturaleza y el grado de compulsión empleado para obtener una evidencia (entendido como: «coerción idónea para dejar sin efecto el derecho a no declarar contra uno mismo»), a si existen garantías frente a un eventual mal uso de los poderes por parte del Estado, a cómo se ha utilizado la evidencia, así como que el medio probatorio «dependa de la voluntad del investigado». Para el TEDH el derecho a guardar silencio no sería aplicable en aquellas ocasiones en que el medio probatorio concreto existe con independencia de la voluntad del encausado por lo que resultará de especial importancia el juicio de proporcionalidad a la hora de valorar la injerencia en los derechos de la persona a la hora de obtener la evidencia. En caso contrario, la práctica entrañaría una vulneración del derecho a no declarar contra uno mismo. Lo que ocurre es que a veces no resulta sencillo diferenciar cuando una evidencia o medio de prueba depende de la voluntad personal (Ruiz Martínez-Cañavate, 2022:187).

de «generalidad», en particular los que crean imágenes (DALL-E, Midjourney, Stable Diffusion...), que han empezado a hacerse muy populares, tienen un fuerte impacto en el medio ambiente debido a la cantidad de energía que requieren, así como al CO2 que emiten. Por lo tanto, concluyen, es necesario reflexionar sobre si la difusión de estos sistemas polivalentes de IA generativa, y su utilidad, son compatibles con el aumento de los costes en términos de energía y emisiones, y en qué medida. Al mismo tiempo, la «huella hídrica secreta» de los modelos de IA revela que estos sistemas requieren alrededor de medio litro de agua para una simple conversación de 20-50 preguntas y respuestas. Con unos 100 millones de usuarios activos, el consumo de agua de ChatGPT es enorme (Li *et al.*, 2023), lo que es aún más cierto si se tiene en cuenta que estos centros de datos con multitud de ordenadores funcionan a plena potencia día y noche, por lo que deben refrigerarse para evitar el sobrecalentamiento. Como consecuencia, el consumo de agua de las grandes empresas tecnológicas ha aumentado considerablemente[47], a pesar de que se trata de un recurso cada vez más escaso para el consumo humano en muchas partes del mundo[48].

Sin embargo, al mismo tiempo, como destaca la Comisión Europea en su Comunicación de 11 de diciembre de 2019 titulada «El Pacto Verde Europeo», «las tecnologías digitales y los nuevos métodos y procesos son factores esenciales para alcanzar los objetivos de sostenibilidad del Pacto Verde Europeo, el Acuerdo de París adoptado en virtud de la Convención Marco de las Naciones Unidas sobre el Cambio Climático y los Objetivos de Desarrollo Sostenible de las Naciones Unidas en muchos ámbitos diferentes».

Se trata, pues, de una relación compleja y ambivalente la que mantienen la naturaleza y las nuevas tecnologías. Por un lado, pueden desempeñar un papel crucial en la protección del medio ambiente de diversas maneras: desarrollo de energías renovables, técnicas de vigilancia del mismo, tecnologías ecológicas, sostenibles y eficientes desde el punto de vista energético, inteligencia artificial aplicada a la identificación de pautas de comportamiento de las especies, la predicción de cambios en los ecosistemas o la mejora de la eficacia de las estrategias de conservación, tecnologías de gestión y reciclado de residuos, sistemas de riego inteligentes, etc. Por otro lado, en cambio, es imprescindible abordar los efectos negativos derivados de la extracción intensiva de minerales para la fabricación de dispositivos tecnológicos, la contaminación debida a la producción de residuos electrónicos que liberan sustancias tóxicas, la huella de carbono, el consumo excesivo de

47. Google aumentó su consumo de agua un 20 % en 2022 y Microsoft un 34 % en el mismo periodo Disponible en: https://elpais.com/tecnologia/2023-11-14/la-inteligencia-artificial-se-bebe-miles-de-millones-de-litros-de-agua.html

48. Más de 663 millones de personas en todo el mundo siguen sin tener acceso a fuentes mejoradas de agua potable. Disponible en: https://www.bancomundial.org/es/topic/watersupply#1

recursos naturales cada vez más escasos para el ser humano, o la fragmentación del hábitat para permitir la construcción de infraestructuras tecnológicas con consecuencias negativas para la biodiversidad, etc. A esto se añade la excesiva dependencia de las personas de tecnologías que las desconectan de la naturaleza, lo que a su vez contribuye a disminuir la conciencia sobre la importancia de cuidarla y preservarla.

Todo ello nos conduce a la necesidad de que los Estados, la sociedad y las empresas tomen conciencia de los efectos de la tecnología sobre el cambio climático y el medio ambiente y traten de minimizar los impactos negativos y maximizar los beneficios de la conservación y la sostenibilidad. De este modo, la aplicación ética y sostenible de las nuevas tecnologías es esencial para lograr un equilibrio adecuado entre el progreso tecnológico y la conservación de la naturaleza.

Una vez expuestos los riesgos éticos a que nos someten las neurotecnologías, en el siguiente Capítulo abordaremos los intentos regulatorios que se han venido sucediendo en los últimos tiempos. En su conjunto dan fe de la creciente preocupación por unas amenazas que no son ficticias ni responden a meras especulaciones. Estos riesgos éticos apuntan a una futura vulnerabilidad de una parte sustancial de nuestros derechos fundamentales, así como del medio ambiente donde habitamos, por lo que la respuesta jurídica habrá de estar a la altura.

II

RÉGIMEN JURÍDICO MULTINIVEL DE LOS NEURODERECHOS Y LAS NEUROTECNOLOGÍAS

En el capítulo precedente hemos dado cuenta del desarrollo exponencial, gracias a los avances de la neurociencia y los estudios sobre el cerebro humano, de toda una serie de neurotecnologías que tendrán una multiplicidad de aplicaciones tanto en el ámbito médico y terapéutico, como en otros numerosos sectores. Hasta ahora se había prestado una menor atención a estas tecnologías desde la perspectiva de los derechos humanos por estar restringidas al ámbito médico o a ciertas prácticas probatorias en los procesos judiciales, pero lo cierto es que, como hemos visto, distintos aspectos de la persona podrían verse afectados si empiezan a comercializarse sin las debidas salvaguardas. Por ello, en este Capítulo se dará cuenta del proceso en desarrollo de una gobernanza multinivel donde se pretende regular o limitar el uso de las neurotecnologías. En el tercer Capítulo, con posterioridad, se reflexionará sobre el debate académico existente en cuanto a la conveniencia o no de reconocer nuevos derechos, o más bien reconceptualizar algunos de los ya existentes, para proteger y garantizar ese último reducto del ser humano, nuestra mente.

En efecto, a lo largo de los últimos cuatro años se han venido sucediendo textos normativos en diferentes niveles del ordenamiento jurídico, y con diversos grados de exigibilidad: desde los aprobados por distintos países a título individual a los articulados por parte de organizaciones internacionales como la Unión Europea, el Consejo de Europa, la ONU, la UNESCO, la OEA, o la OCDE.

La amplia gama de actores intervinientes y herramientas jurídicas utilizadas plantea una serie de cuestiones, como la de cuál es el respectivo papel de los Estados o las organizaciones en un mundo caracterizado por la globalización tecnológica y las grandes corporaciones que operan en ámbitos transnacionales de mercado; o cuál es la manera más eficaz de regular, si ha de hacerse de arriba abajo, esto es, de la Constitución a su posterior desarrollo legal y reglamentario; o bien optar directamente por este último, con su mayor amplitud y concreción, ya sea mediante la elaboración de nuevos textos o la modificación de los existentes, pero quizá en todo caso a riesgo de perder fuerza aplicativa en su confrontación con otros derechos. A este respecto FILIPOVA (2022) aboga por que la respuesta legal, que considera «obligada» por el creciente nivel de desarrollo de las neurotecnologías «en todas las áreas de la actividad humana», tenga lugar en la totalidad de los niveles y materias del ordenamiento jurídico implicados: mediante la introducción de neuroderechos en la Constitución contra la «lectura no autorizada del cerebro»; en la legislación penal, incluida la procesal y penitenciaria, con el objeto de regular la monitorización de las personas que hayan cometido un delito a través de esta clase de tecnologías; en la normativa civil deberán regularse aspectos discernibles asimismo a través de ellas, como el reparto de responsabilidades civiles, o la evaluación del daño moral; la normativa laboral deberá limitar la capacidad de los empleadores de utilizar las neurotecnologías en el proceso de trabajo, particularmente en aquellas cuestiones capaces de privar a las personas trabajadoras de su derecho a la privacidad, entre otros; el ordenamiento jurídico administrativo tiene ante sí perspectivas regulatorias en el mantenimiento de bases de datos sobre el control del uso de neuroprótesis complejas y la legalidad del empleo de productos neurofarmacéuticos; finalmente, en la regulación procesal habrá que decidir sobre la admisibilidad de medios de prueba de neuroimagen.

Como se verá, esta respuesta legal ya se está produciendo, si bien no debemos perder de vista que es obligatorio, al abordar jurídicamente esta clase de regulación, hacerlo desde la perspectiva de los derechos fundamentales afectados por las nuevas tecnologías que hemos descrito, de ahí que parezca plausible que se haga de una manera completa, racional y coordinada en los distintos niveles y sectores de los ordenamientos jurídicos, tanto nacionales como internacionales.

En cualquier caso, la variedad de actuaciones que expondremos a lo largo de este Capítulo da fe, por un lado, de la creciente preocupación que suscitan y la relevancia que han adquirido las neurotecnologías en su relación con el ser humano y, por otro, de la dificultad técnica de someterlas al derecho, máxime cuando su propia potencialidad evolutiva es capaz de provocar una rápida obsolescencia de las normas. En este sentido, tal vez la gran pregunta que debemos hacernos es si la ciudadanía puede permitirse un largo período de ensayos y errores, o de meras declaraciones de principios, en la regulación de todos estos aspectos. Resulta indudable que las iniciativas desarrolladas hasta el momento se traducen en un aprendizaje de particular interés para encarar nuevas propuestas en cualquiera de los niveles normativos, y de hecho comprobaremos cómo muchas de ellas se reconocen inspiradas por las precedentes, pero quizá haya llegado el momento de avanzar decididamente de manera global y coherente desde el punto de vista jurídico.

1. Iniciativas desde las organizaciones internacionales y regionales

A lo largo del siglo XX no fueron muchas las menciones a la tecnología y a la ciencia en los tratados internacionales, más allá de aquellos destinados a la especialidad médica, y a pesar del amplio desarrollo que habían alcanzado durante ese tiempo. Un primer antecedente lo encontramos en el artículo 27 de la Declaración Universal de Derechos Humanos (DUDH), donde se afirma el derecho de toda persona «a participar en el progreso científico y en los beneficios que de él resulten». Otros documentos como la Recomendación relativa a la Situación de los Investigadores Científicos de la Organización de las Naciones Unidas para la Educación, la Ciencia y la Cultura (UNESCO)[49], de 1974, están encaminados a la protección de las personas ante los adelantos científico-técnicos, al afirmar en su artículo 4 que todos los avances en el conocimiento científico y tecnológico deberían estar destinados únicamente a asegurar el bienestar de los ciudadanos del mundo, exhortando a los Estados miembros a que desarrollen los protocolos necesarios y las políticas para vigilar y garantizar esos objetivos. Más reciente es la Declaración sobre la Ciencia y el Uso del Conocimiento Científico y Programa en Pro de la Ciencia: Marco General de Acción de la UNESCO, de 1999[50], que en su artículo 33, «la ciencia al servicio del desarrollo», establece que: «hoy, más que nunca, la ciencia y sus aplicaciones son indispensables al desarrollo. Mediante los apropiados programas de educación e investigación, las autoridades, sea cual fuere su ámbito de actuación, y el sector privado deben prestar más apoyo a la construcción de una capacidad científica y tecnológica adecuada y compartida de manera equitativa, fundamento indispensable de un desarrollo económico, social, cultural, y ambiental racional. Esta necesidad es especialmente apremiante en los países en desarrollo».

A finales de los años noventa, la comunidad internacional realizó importantes esfuerzos, especialmente en el marco de la UNESCO, para abordar los entonces nuevos retos planteados por la tecnología genética adoptando declaraciones internacionales específicas como la Declaración Internacional sobre los Datos Genéticos Humanos: recolección, tratamiento, utilización, conservación, de 2004[51], cuyo objeto es «velar por el respeto de la dignidad humana y la protección de los derechos humanos y las libertades fundamentales en la recolección, el tratamiento, la utilización y la conservación de los datos genéticos humanos...» (Artículo 1). A su vez, en la Decla-

49. Disponible en: https://unesdoc.unesco.org/ark:/48223/pf0000224403_spa

50. Disponible en: https://unesdoc.unesco.org/ark:/48223/pf0000116994_spa

51. Disponible en: https://unesdoc.unesco.org/ark:/48223/pf0000136112_spa

ración Universal sobre Bioética y Derechos Humanos[52] de 2005, los Estados Miembros se comprometerán por primera vez en la historia a respetar y aplicar los principios fundamentales de la bioética reunidos en un único texto, involucrando con ello a la comunidad internacional: «Al abordar los problemas éticos que plantean la medicina, las ciencias de la vida y las tecnologías conexas en sus vertientes relacionadas con el ser humano, la Declaración, como se infiere del propio título, fundamenta los principios en ella consagrados en las normas que rigen el respeto de la dignidad de la persona, los derechos humanos y las libertades fundamentales».

Sin embargo las respuestas vinculadas a la bioética resultan insuficientes ante la revolución tecnológica reciente. Tal como hemos venido exponiendo, en los últimos años asistimos a un salto cualitativo en el campo de la neurociencia, que busca descifrar el funcionamiento del cerebro humano a través de estudios que conllevan el desarrollo por corporaciones públicas y privadas de neurotecnologías, capaces no solo de extraer información cerebral, sino de modificarla. Este contexto supone un verdadero reto normativo, en la medida, recordemos, que frente a la garantía de carácter médico que conllevan las neurotecnologías invasivas —esto es, las que exigen intervención quirúrgica—, aquellas que no lo son quedarían fuera de esta clase de regulación garantista. Por otro lado, la amplia difusión que unas y otras pueden alcanzar entre la ciudadanía configura una realidad muy diferente de la que existía en los albores de la bioética, donde se afrontaban procesos de experimentación mucho más concretos, protocolizados y, en cierto modo, controlables.

De este modo, a lo largo de los últimos años han sido varias las organizaciones internacionales, como la Organización para la Cooperación y el Desarrollo Económicos (OCDE), el Comité Internacional de Bioética de la UNESCO, el Comité Jurídico Interamericano de la Organización de Estados Americanos (OEA), e incluso la ONU, a través de su Secretario General y del Consejo de Derechos Humanos, las que se han pronunciado mediante informes, resoluciones o recomendaciones que alertan sobre las implicaciones éticas consustanciales al desarrollo de estas tecnologías, los posibles riesgos para los derechos humanos, así como de la necesidad de alcanzar consensos a nivel internacional para establecer, al menos, un mínimo común básico que facilite las iniciativas de regulación.

A continuación se expondrá brevemente el contenido de los documentos más relevantes con el fin de analizar sus directrices fundamentales. Podemos ya anticipar que, más allá de su alcance y contenido, y de sus limitaciones territoriales y/o sectoriales, lo cierto es que han conseguido configurar un *corpus* de valores, principios y propuestas de actuación de franca utilidad como inspiración directa para las normativas nacionales.

---

52. Disponible en: https://unesdoc.unesco.org/ark:/48223/pf0000146180_spa

1.1. OCDE: Recomendación sobre Innovación Responsable en Neurotecnologías

La Recomendación[53], de 11 de diciembre de 2019, es uno de los primeros documentos relevantes que se aprueban en esta materia, y es fruto del proyecto de investigación «Neurotecnología y Sociedad», desarrollado durante los dos años anteriores, en el que se trató de establecer un diálogo entre los actores intervinientes en el sector, desde autoridades públicas a empresas, investigadores o profesionales de la salud.

La Recomendación invita a todos esos agentes a anticiparse y afrontar los déficits éticos, jurídicos y sociales que puedan surgir en relación con las neurotecnologías, promoviendo que la innovación en este ámbito minimice los riesgos y proporcionando orientación en cada etapa del proceso: investigación, transferencia de tecnología, inversión, comercialización, regulación, etc. Se enfatiza en la importancia de observar una serie de principios fundamentales como la gestión responsable, la confianza, la seguridad, el respeto a la privacidad en este nuevo contexto tecnológico, el desarrollo de las capacidades de instituciones líderes, como órganos de prospectiva y seguimiento o consultivos, así como la invitación a la articulación por parte de países miembros y no miembros de debates sociales, y el establecimiento de mecanismos legales de protección de los datos cerebrales, como pudiera ser el reconocimiento de derechos específicos o de límites legales frente a estas tecnologías. También se introducen algunas definiciones en ese ámbito, por ejemplo, la de «datos cerebrales personales» como «aquellos relacionados con el funcionamiento o la estructura del cerebro de un individuo identificado o identificable, incluida información única sobre su fisiología, salud o estado mental». No obstante, la Recomendación no realiza valoraciones sobre cómo abordar la posible incidencia que las neurotecnologías podrían tener en ciertos derechos humanos, ni tampoco concreta las obligaciones y responsabilidades estatales derivadas de los daños que éstas puedan causar por un uso indebido. Se trata, por tanto, de un instrumento de limitado alcance, más indicativo de la existencia de una inquietud que verdaderamente significativo, y cuyo principal valor consistiría, para Herrán Ortiz (2023), en esa integración en la sociedad del progreso neurotecnológico a través de la deliberación social, así como en su aspiración de «generar confianza» en el mismo tanto desde el sector público como el privado, fundamentalmente mediante compromisos deontológicos.

53. Disponible en: https://bit.ly/3MI2IN8

1.2. ONU: Informes del Secretario General y del Comité Consultivo del Consejo de Derechos Humanos

Resulta innegable que la ONU es un agente fundamental en la adopción de cualquier estrategia global que pretenda dar solución a las grandes inquietudes de la humanidad en relación con el desarrollo tecnológico. No solo constituye el gran foro mundial en el que articular consensos, sino un agente con excepcional capacidad de impulso en la información y coordinación de iniciativas sobre estas materias, a través de sus distintas autoridades y organismos especializados.

En relación al tema que nos ocupa, ya PIZZETTI (2017) formulaba en el plano teórico una propuesta de *lege ferenda* para una futura «Declaración Universal sobre Neurociencia y Derechos Humanos», que refleja la aspiración de avanzar hacia una ordenación global inspirada por las Naciones Unidas, impulsada por la acción de la UNESCO, ante el impacto de las neurociencias en un marco jurídico internacional que el autor califica como «ausente».[54]

No será, sin embargo, hasta septiembre de 2021 cuando en el informe «Nuestra agenda común» [55] el Secretario General de la ONU aluda por primera vez a las neurotecnologías como uno de los temas frontera que representará desafíos para los derechos humanos. Así, en el punto 35, se declaraba expresamente la necesidad de revisar «nuestra forma de concebir los derechos humanos. En este sentido, debería considerarse, por ejemplo, la posibilidad de actualizar o aclarar la forma en que aplicamos los marcos y normas de derechos humanos para abordar cuestiones de vanguardia y prevenir daños en los espacios digital y tecnológico, incluso en relación con la libertad de expresión, el discurso de odio y el acoso, la privacidad, el «derecho al olvido» y la neurotecnología».

Por otra parte, el Comité Consultivo del Consejo de Derechos Humanos de la ONU, elaboró el informe «Evaluación del impacto de la neurotecnología en los derechos humanos: hacia el reconocimiento de los neuroderechos»[56], de septiembre de 2022, donde propone realizar un estudio que ofrezca

54. A tal efecto elabora un esbozo de Declaración que debería contener, en primer lugar, una reafirmación del «valor de la dignidad humana y la identidad personal», con fundamento en la «unicidad de cada ser humano»; asimismo el «derecho a la autodeterminación y al desarrollo de la personalidad», el «principio de autonomía y consentimiento informado», el derecho a la salud, la libertad corporal y la integridad física, la protección de datos personales y, por último, «el principio del debido proceso». A estos derechos principales añadiría otros como la «libertad de pensamiento», con el fin de proteger al cerebro de manipulaciones no deseadas, así como los de no discriminación y acceso justo a las neurotecnologías cuyo uso debería promoverse para mejorar las condiciones de vida de la población en general.

55. Disponible en: https://bit.ly/3gkyjCS

56. Ref. (A_HRC_AC_28_2) Disponible en: https://bit.ly/3yTaIVN

una visión general de las principales implicaciones de las neurotecnologías para los derechos humanos, centrándose en las consecuencias sociales de las distintas aplicaciones que se están desarrollando, sobre todo fuera del ámbito médico. El informe incluye un análisis exhaustivo del marco de las normas, principios y estándares aplicables, así como de las lagunas existentes y los retos, y una evaluación de la necesidad y oportunidad de reconocer un conjunto adicional de derechos, en particular, los denominados «neuroderechos». En el mismo se explora qué tipo de instrumento normativo podría desarrollarse, al tiempo que ofrece otras alternativas, como la posibilidad de interpretar de forma evolutiva los derechos en riesgo más relevantes. Para concluir, aborda la cuestión de cómo construir un sistema coherente de gobernanza y rendición de cuentas. De esta forma, el estudio fomenta la comprensión por parte de los Estados de las implicaciones para los derechos humanos de esta compleja cuestión, y permitiría la inclusión de este tema en la agenda del Consejo de Derechos Humanos de la ONU. Se recomienda asimismo un debate público sobre el asunto para identificar qué tipo de acciones deben emprenderse en el futuro con el fin de evitar que estas tecnologías se utilicen en contra de los principios y objetivos de la DUDH.

Finalmente, la Resolución sobre «Neurotecnologías y Derechos Humanos»[57], de 6 de octubre de 2022, solicita al Comité Asesor la realización del estudio propuesto en el informe de septiembre de 2022. Al mismo tiempo pide se recaben las opiniones y aportaciones de todas las partes interesadas, desde los Estados miembros y las organizaciones internacionales a la sociedad civil y los sectores económicos implicados. En cumplimiento de este mandato, el Comité prevé presentar el estudio en septiembre de 2024, y a tales efectos ha elaborado un cuestionario que ha cumplimentado ya el Grupo Académico Interdisciplinar de Neurociencia y Derecho (Argentina, España, Francia, México y Suiza)[58], una respuesta de particular interés, por cuanto no solo da cuenta de las iniciativas y medidas relacionadas con la neurotecnología que se han adoptado en cada uno de esos países, sino que informa también sobre los proyectos que en el ámbito público y privado se están desarrollando en ese campo, y realiza una valoración del grado de concienciación existente en los distintos Estados, así como de su preparación para afrontar los retos relacionados con ello. En el campo de los derechos, explican los que podrían verse afectados y en qué medida los ordenamientos jurídicos nacionales resultan adecuados en el presente momento. Ese último extremo es en el que la opinión de los expertos resulta prácticamente idéntica para todos los países a que se refiere: la normativa interna no está lo suficientemente desarrollada para encarar las neurotecnologías, y pueden apreciarse importantes lagunas y carencias.

57. Resolución del Consejo de Derechos Humanos, 51er período de sesiones. Ref. (A/HRC/51/L.3) Disponible en: https://bit.ly/3eNKLdR

58. Disponible en: https://www.ohchr.org/sites/default/files/documents/hrbodies/hrcouncil/advisorycommittee/neurotechnology/04-academia/ac-submission-academia-grupo-gaind.pdf

La Resolución de octubre de 2022, por último, invita al «Alto Comisionado de las Naciones Unidas para los Derechos Humanos, a los órganos creados en virtud de tratados y a los procedimientos especiales del Consejo de Derechos Humanos a que, en el marco de sus respectivos mandatos, presten la debida consideración a las repercusiones de la neurotecnología en el pleno disfrute de todos los derechos humanos y las libertades fundamentales».

Como vemos, los documentos descritos anteriormente constatan con rotundidad la existencia de importantes riesgos para los derechos humanos, por el mal o indebido uso de estas tecnologías, riesgos que no se encontrarían lo suficientemente cubiertos con los tratados vigentes en esta materia. Así lo confirma igualmente el informe[59] elaborado por la Fundación Neuroright, «International Human Rights Protection Gaps in the Age of Neurotechnology» (Genser *et al.*, 2022), donde se realiza un análisis de los principales tratados internacionales actuales en materia de derechos humanos. El documento utiliza una metodología en la que se han examinado, por una parte, aquellos artículos actuales que sí protegerían contra la mayoría de los usos indebidos y abusos de la neurotecnología, aquellos que estarían necesitados de una reinterpretación y, finalmente, otros cuya redacción actual no protegería contra tales riesgos. De este análisis exhaustivo se concluye que los tratados internacionales de derechos humanos existentes no estarían suficientemente preparados, ya que aunque podrían cubrir parcialmente los problemas que plantean las neurotecnologías —por ejemplo, las definiciones amplias contempladas en la Convención contra la Tortura y Otros Tratos o Penas Crueles, Inhumanos o Degradantes—, este resultaría incompleto e impreciso, por lo que sería imprescindible conceptualizar las violaciones de derechos humanos que un mal uso o el abuso de las mismas podrían causar en la autonomía individual y la privacidad mental de las personas, al tiempo que se promueve su uso seguro, transparente y eficaz.

Los autores del informe, un año antes, daban traslado de una propuesta de marco de protección, los «neuroderechos» (Yuste, *et al.*, 2021), al Secretario General y a la Alta Comisionada para los Derechos Humanos de la ONU, con el fin de que sea esta organización la que desempeñe un papel de liderazgo a nivel mundial protegiendo los derechos humanos y garantizando un desarrollo ético de la neurotecnología. Asimismo, plantean a la ONU una serie de

59. Disponible en: https://static1.squarespace.com/static/60e5c0c4c4f37276f4d458cf/t/6275130256dd5e2e11d4bd1b/1651839747023/Neurorights+Foundation+PUBLIC+Analysis+5.6.22.pdf

Los tratados analizados en el informe son: el Pacto Internacional por los Derechos Civiles y Políticos, la Convención Internacional contra la Tortura y otros Tratos o Penas Crueles, Inhumanos o Degradantes, el Pacto Internacional por los Derechos Económicos, Sociales y Culturales, la Convención sobre los Derechos de las Personas con Discapacidad, la Convención Internacional sobre la Eliminación de todas las Formas de Discriminación Racial, la Convención sobre la Eliminación de todas las Formas de Discriminación contra la Mujer, y la Convención sobre los Derechos del Niño y la Niña.

medidas a corto y medio plazo. Entre las primeras, la creación de una «Comisión Internacional de Expertos en Derecho y Ciencia sobre Neuroderechos», integrada por juristas con experiencia en derecho internacional de los derechos humanos, y científicos con experiencia en neurociencia y neuroética; el nombramiento de personas expertas que sirvan como asesores especiales, identificando las prácticas regulatorias en países de todo el mundo, investigando las innovaciones, así como los supuestos usos indebidos de las neurotecnologías, y colaborando con los órganos creados en virtud de tratados y en los procedimientos especiales para facilitar el desarrollo a largo plazo de un marco para la protección de los neuroderechos; junto con la celebración de consultas periódicas de la Comisión y las personas expertas con países clave que tienen programas avanzados de investigación en neurotecnología o IA, como Estados Unidos, Reino Unido, Canadá, Australia, Rusia, China, Japón, Corea del Sur y los Estados miembros de la UE aplicables, así como los países con regulación de neuroprotección existente. Ello requeriría, además, de medidas a medio plazo como: el desarrollo de una nueva regulación internacional, por ejemplo, un nuevo tratado sobre neuroderechos, o la creación de un protocolo adicional a los tratados existentes, para incorporar estos derechos, por parte de la Asamblea General de la ONU, el Consejo de Derechos Humanos y otros organismos relevantes.

Finalmente, proponen al Consejo de Derechos Humanos de la ONU la creación de mecanismos para monitorear las actividades de los países que desarrollen neurotecnologías, o las violaciones de los neuroderechos, como el nombramiento de un relator especial que vigile su progreso y que publicaría informes de sus hallazgos; o la creación de una agencia especializada para coordinar las actividades globales de neuroderechos y ayudar a codificarlos en un tratado internacional de derechos humanos.

A medida que la ciencia se globaliza, la respuesta jurídica coherente y eficaz a los nuevos retos que plantea debe ser también global. Podemos concluir por tanto que en un ámbito jurídico de tanta relevancia como la ONU se ha tomado ya conciencia de la importancia de abordar este tema a la mayor brevedad. De hecho, parece haber un consenso generalizado en torno a la necesidad de proteger cuanto antes los derechos humanos frente a las neurotecnologías. Ahora bien, es poco probable, a la vista del desarrollo actual, que se diseñen normas vinculantes en este ámbito, si bien ello no significa que este *soft law* no sea valioso. Esta acción internacional podría mitigar, inclusive unificar las diferencias entre las regulaciones de los Estados, facilitando la armonización y la igualdad mediante vínculos entre neurociencia, salud, educación, economía, política, tecnología y psicología (UNESCO, 2023b)[60].

60. Informe: *The risks and challenges of neurotecnologies and human rights* (UNESCO, University of Milan-Bicocca – Department of Business and Law andState University of New York (SUNY) Downstate.

Con posterioridad a la conferencia Internacional de la UNESCO Sobre Ética de la Neurotecnología celebrada en julio de 2023 en París, y que abordaremos en el siguiente apartado, el presidente de la Fundación Neurorights, Rafael Yuste, intervino en la reunión consultiva del CDH de la ONU en Ginebra sobre neuroderechos. El 15 de agosto, Rafael Yuste y Jared Genser abordaron la temática de los neuroderechos en la 110.ª sesión del Comité de las Naciones Unidas para la Eliminación de la Discriminación Racial (CERD). Y, finalmente, el 17 de noviembre de 2023 intervinieron en la 78.ª sesión del Comité Contra la Tortura (CAT) de las Naciones Unidas para analizar las consecuencias de la neurotecnología para los derechos humanos.

Sin poner en duda su legitimación en la materia, la Fundación Neurorigths y su grupo de colaboradores se han erigido en los interlocutores y agentes principales en la dirección de su propuesta política y normativa en el ámbito de Naciones Unidas, al que se le pide que lo lidere con el apoyo de múltiples expertos y comisiones entre las que se encuentra esta Fundación. Ahora bien, creemos que el proceso deliberativo tiene que estar abierto a las numerosas voces críticas con estas propuestas, así como al resto de países, puesto que hasta el momento todos los informes realizados por encargo de estas organizaciones tanto internacionales como regionales impulsadas por la Fundación Neurorights tienen una estructura similar: después de enumerar una serie de peligros que acechan a los derechos humanos, a continuación se pasa a afirmar la necesidad de reconocer nuevos derechos, los cinco que se han propuesto desde la Fundación con apoyo en la afirmación de que el marco internacional actual resulta insuficiente y por tanto es preciso aprobar nuevos tratados o protocolos a los ya existentes. Pero, como decimos, no está claro, al menos por ahora, que ello tenga que ser necesariamente así, tal y como hemos estudiado en el Capítulo tercero. Finalmente, coincidiendo en el importante papel rector que, tanto de la ONU como la UNESCO, pueden tener, lo cierto es que no hay que olvidar de que se trata de mecanismos subsidiarios y que no van a incorporarse al menos hasta un medio plazo, por lo que conforme al informe realizado por Andorno (2023) por encargo de la UNESCO, es más sensato por parte de los Estados empezar a pensar en las formas de intervenir estas tecnologías puesto que la responsabilidad final les compete principalmente a ellos.

1.3. UNESCO: Informes del Comité de Bioética y otros documentos relevantes

La Organización de las Naciones Unidas para la Educación, la Ciencia y la Cultura (UNESCO) trabaja para crear las condiciones que propicien «el diálogo entre las civilizaciones, las culturas y los pueblos, fundado en el respeto de los valores comunes. Asimismo, contribuye a la conservación de la paz y a la seguridad mundial, mediante la promoción de la cooperación entre las naciones a través de la educación, la ciencia, la cultura, la comunicación y la información». Como organismo especializado de la ONU, a través de su Comité de Bioética, fue pionero en reflejar la preocupación internacional por las neurotecnologías en su informe «Ética y neurociencia»[61], de 1995, donde alertaba sobre la posibilidad de que esta se convirtiese en «instrumento de usurpación de la libertad y la dignidad humana», pese al incipiente estado de desarrollo que presentaba por entonces.

Esta inquietud ha tenido continuidad de manera más sistematizada en fechas recientes. Así, en un primer Informe preliminar[62], de septiembre de 2020, se identifican algunos principios éticos en juego (dignidad humana, libertad y responsabilidad, identidad personal, autonomía, privacidad, accesibilidad y justicia social), además de diferentes formas de mejoramiento humano a las que se podría acceder con las neurotecnologías. A continuación, se analiza el impacto de la neurociencia en el desarrollo del derecho a la libertad de pensamiento y, finalmente, se aborda el tema de la gobernanza de estas tecnologías. En lo referido a las recomendaciones, se propone la elaboración de un nuevo convenio o bien la adición de un capítulo específico en la DUDH para proteger los neuroderechos. Al mismo tiempo se sugiere la aprobación de un código de conducta en la industria y la academia. Entre los derechos que deberían incluirse, siguiendo el criterio de los científicos que participan en los diferentes «proyectos cerebro», se recogen los siguientes: derecho a la identidad personal, al libre albedrío, a la privacidad mental, al acceso equitativo de tecnologías de mejoramiento humano, protección frente a los sesgos y la discriminación, derecho de los miembros de un grupo o institución (escuelas, ejército, empresas o cualquier otra) a rechazar el uso de neurotecnologías y pese a ello no ser excluidos o devaluados, derecho a tener alternativas de acceso a los bienes de la sociedad contemporánea que no son neurotecnología y que ofrecen la misma eficacia, y derecho a no ser hostigado socialmente por el marketing de la neurotecnología para promover una supuesta mejora humana.

Dando continuación a este interés, en noviembre de 2021, la UNESCO aprobó la Recomendación sobre la ética de la Inteligencia Artificial[63], que incluye un apartado, el 126, en el que declara que «las cuestiones éticas relativas a los sistemas basados en la IA utilizados en las neurotecnologías y las interfaces cerebro-ordenador deberían tenerse en cuenta a fin de preservar la dignidad y la autonomía humanas».

---

61. UNESCO. International Bioethics Committee. Ethics and Neurosciences, CIP/BIO/95/CONF.002/3, Paris, 15 October 1995.

62. *Preliminary draft report of the IBC on ethical issues of neurotechnology*. Disponible en: https://bit.ly/3CPm3Sq

63. Disponible en: https://www.unesco.org/es/legal-affairs/recommendation-ethics-artificial-intelligence

De forma prácticamente simultánea, en diciembre de 2021, se aprueba el Informe definitivo sobre «cuestiones éticas de la neurotecnología»[64], donde el Comité de Bioética realiza igualmente una serie de recomendaciones: en primer lugar a la UNESCO, para que utilice su mandato mundial en el ámbito de la ética de la ciencia y la tecnología y aborde los retos que se plantean, aportando nuevas ideas sobre la interpretación y aplicación de los instrumentos de derechos humanos existentes por parte de los órganos legislativos y los tribunales en relación con los nuevos retos; que proponga la adaptación de los instrumentos de derechos humanos existentes y proclame otros; así como que organice diálogos mundiales con vistas a alcanzar un consenso sobre la naturaleza y el contenido de los neuroderechos. A continuación, se aconseja a los Estados miembros que positivicen y garanticen los neuroderechos, a fin de que la ciudadanía pueda reclamar su respeto, así como que se desarrollen regulaciones respecto de su producción y uso. En tercer lugar, se formulan igualmente recomendaciones a la comunidad investigadora, para que apoye el desarrollo responsable de la investigación en neurotecnologías por los enormes beneficios que podrían derivarse del conocimiento del funcionamiento del cerebro humano. También se hace un llamamiento a la industria, para que realice una innovación responsable, conforme a las directrices de la OCDE, como la transparencia en el desarrollo de algoritmos que eviten la discriminación, o velando por la privacidad de los datos, así como en su tratamiento, evitando dar a los usuarios falsas expectativas, y asimismo se les solicita que desarrollen productos no sexistas que garanticen enfoques inclusivos. En quinto lugar, se dirige a los medios de comunicación para que sensibilicen a la ciudadanía ante estas nuevas tecnologías emergentes, ayudando a comprenderlas e informando con imparcialidad sobre sus ventajas y sus dificultades. Finalmente, se requiere a los poderes públicos para que desarrollen marcos nacionales mejorados y más sistemáticos relacionados con la educación, el compromiso y la capacitación en neurotecnología. El informe finaliza con un anexo que contiene un glosario de definiciones que proporciona una comprensión del lenguaje y la terminología empleados en el mismo.

Para Herrán Ortiz (2023), el informe plantea un debate en torno a los aspectos éticos de la neurotecnología que no llega a resolver, a tenor de la ambigüedad de su lenguaje y ciertas incoherencias, como la de considerar a los neuroderechos, en ocasiones, ya consagrados en cuanto derechos humanos, mientras que en otros lugares del mismo texto afirma que precisan ser reconocidos *ex novo*, sin que llegue a aclarar cuáles en concreto estarían en el primer caso y cuáles en el segundo. Asimismo, la autora advierte que se desconocen en el informe las normativas nacionales que ya recogen precisamente algunos de los aspectos que insta a regular, y que se confunde

64. *Report of the international bioethics Committee of UNESCO (IBC) on the ethical issues of neurotechnology*. Disponible en: https://bit.ly/3TRLb23

con legislación deficiente lo que en realidad obedece a «malas prácticas, actuaciones ilícitas e incumplimientos normativos de quienes estando llamados a cumplir las normas de protección de datos personales, del derecho a la intimidad o al secreto de las comunicaciones». Valora positivamente, no obstante, sus recomendaciones a la comunidad científica y la industria. Y es que, en general, resulta más acertado en el grado de detalle y profundidad en la identificación de los problemas, amén de las referidas interpelaciones a todos los agentes intervinientes, que en la respuesta jurídica capaz de contrarrestar los riesgos del uso de la tecnología que describe.

La labor de la UNESCO se ha materializado de manera más reciente en otra serie de trabajos que, con carácter genérico o sectorial, contribuyen a consolidar unas fuentes de conocimiento del máximo interés para responsables públicos e investigadores:

En primer lugar, el Informe[65] preparado por Andorno (2023) por encargo de la Oficina Regional de la UNESCO para la Ciencia y la Tecnología para América Latina y el Caribe, publicado en 2023, y cuyo propósito último consiste en proponer «diez principios a tener en cuenta en la elaboración de políticas públicas en la materia». Para ello realiza un análisis de las premisas que los hacen necesarios: el avance de la neurociencia y la neurotecnología, los desafíos éticos que conlleva y los neuroderechos que se plantean como respuesta; a continuación estudia la situación en América Latina y el Caribe, así como las principales iniciativas regulatorias internacionales, para llegar a una conclusión que manifiesta una postura inequívoca: «en última instancia, la responsabilidad más directa e inmediata en la tarea de promover y proteger los derechos humanos dentro de un determinado territorio recae sobre el Estado correspondiente, no sobre la comunidad internacional, que actúa de modo más bien subsidiario. Por ello, incumbe primordialmente a los Estados la adopción de normas más detalladas sobre el uso de las neurotecnologías, incluyendo normas sobre derechos fundamentales, así como normas civiles, penales y procesales, que deben estar adaptadas al propio sistema jurídico y al contexto socioeconómico de cada país».

Y es que, ciertamente, a lo largo de este mismo trabajo comprobaremos que existe una profusión de documentos relativos a la cuestión que nos ocupa en el nivel internacional del ordenamiento, hasta tal punto que, salvando pequeñas discrepancias de matiz que pueden plantearse en torno a cuestiones concretas, contamos ya con un conjunto de principios y líneas de actuación que cabe calificar de consolidado. La adaptación de ese bagaje ético y jurídico a los distintos países se encuentra, sin embargo, lejos de ser generalizado y coherente.

65. «Neurotecnologías y derechos humanos en América Latina y el Caribe: desafíos y propuestas de política pública». Disponible en: https://unesdoc.unesco.org/ark:/48223/pf0000387079

Tal vez por ello el informe termina proponiendo un listado de principios cuyo principal mérito es el esfuerzo del autor por abarcar todas las cuestiones relevantes y traducirlas en mandatos muy específicos. A saber: adaptación de las normas legales para responder adecuadamente a los desafíos de las neurotecnologías; exigencia del consentimiento informado y reconocimiento de los datos neuronales como datos personales sensibles; derecho a la privacidad mental; libertad de autodeterminación y libertad de pensamiento; derecho a la integridad personal; prevención de la neurodiscriminación y los sesgos algorítmicos; cautela en la autorización de neurotecnologías con fines de potenciamiento de las capacidades cognitivas *(neuroenhancement)*; acceso equitativo a los beneficios de las neurotecnologías en el campo de la salud; y establecimiento de mecanismos de tutela efectiva de los derechos asociados.

En segundo lugar, encontramos el informe *«Unveiling the neurotechnology landscape: scientific advancements innovations and major trends»*[66] de muy distinta naturaleza. Elaborado por un equipo interdisciplinar de investigadores (Hain *et al.*, 2023), se ocupa fundamentalmente de ofrecer un panorama actualizado de los avances científicos y las principales tendencias globales en materia de neurotecnología, analizando no solo las principales publicaciones científicas, sino las innovaciones convertidas en patentes. Comencemos por decir que expone un dato altamente significativo: más del 80 % de las publicaciones de alto impacto sobre neurociencia proceden de únicamente diez países; mientras que solo seis han registrado el 87 % de las patentes. Asimismo, da cuenta de algunos avances tecnológicos que hasta no hace muchos años nos habrían parecido de ciencia-ficción, como las interfaces cerebro-computadora, o las investigaciones sobre epilepsia, neuroimagen o estimulación cerebral profunda (DBS). Una sus principales conclusiones es que, pese al significativo crecimiento del sector de la neurotecnología experimentado en las últimas dos décadas, con notable aumento de inversiones, publicaciones y patentes, «solo unos pocos países emergen como principales impulsores», por lo que ese desarrollo resulta muy desigual. Asimismo llaman la atención sobre el hecho de que «en los últimos años se está poniendo mayor énfasis en las tecnologías informáticas y médicas, en comparación con trayectorias tradicionalmente dominantes relacionadas con la biotecnología y los productos farmacéuticos», mientras que la mayor especialización y el rápido avance de esos sectores contrasta con unos contextos regulatorios en los diversos países que califican como inexistentes o errados en lo que a su propósito se refiere, con el consiguiente riesgo para elementos cruciales de la existencia humana como la integridad mental, la dignidad, la identidad personal, la privacidad, la autonomía y la libertad de pensamiento. Citando una conocida sentencia de Albert Einstein[67], los auto-

66. Disponible en: https://unesdoc.unesco.org/ark:/48223/pf0000386137

67. «Si tuviera una hora para resolver un problema, dedicaría 55 minutos a pensar en el problema y cinco minutos a pensar en las soluciones». «Este informe es parte de los 55 minutos de definición cuidadosa del problema», explican los autores.

res del informe reconocen que se trata de un mero punto de partida de lo que debería ser un esfuerzo internacional compartido para proporcionar una imagen real del desarrollo neurotecnológico capaz de inspirar las políticas públicas que se adopten al efecto. El trabajo se acompaña de unos valiosos anexos donde se listan las principales patentes registradas y las materias fundamentales en las que se está trabajando. De este modo constituye, por su carácter especializado, y a diferencia de otros instrumentos de perfil más teórico, un reflejo útil y certero del actual estado de cosas, proporcionando así la premisa insoslayable que debiera provocar una respuesta regulatoria en el escenario global. Este informe se presentó el 13 de julio de 2023 en la Conferencia Internacional sobre la Ética de la Neurotecnología organizada por la UNESCO en París, denominada: «Hacia un marco ético para la protección y el fomento de los derechos humanos y las libertades». En ella se reunieron los principales expertos mundiales en la materia, junto con políticos, miembros de la industria y público, con la pretensión de que sirviese «de base para una acción concreta encaminada a hacer progresar las estructuras de gobernanza en favor de un enfoque ético de la neurotecnología». Aunque no se formularon declaraciones o conclusiones en cuanto tales, las distintas intervenciones pusieron de manifiesto, la «total desprotección» sobre los datos cerebrales, así como la necesidad de «un marco normativo sólido que impulse a los gobiernos a crear un mercado en el que se incentive a las empresas a aplicar los valores humanos», como destacó la catedrática de la Universidad de Duke, N. A. Farahany[68].

Además de la presentación al público del informe a que hemos hecho referencia, la conferencia refleja el afán de la UNESCO por asumir un liderazgo internacional en la difusión del estado actual de la materia, las áreas de preocupación que plantea y la necesaria intervención de los poderes públicos para encauzarlos. Todo ello apoyado en una información rigurosa avalada por todos los agentes intervinientes en el sector. Volviendo al informe de Andorno que hemos reseñado anteriormente, no cabe sino asentir con su postura relativa a que, planteado así el escenario, la responsabilidad final compete principalmente a los Estados.

1.4. OEA: Declaración de Principios Interamericanos en materia de Neurociencias, Neurotecnologías y Derechos Humanos

La Organización de los Estados Americanos (OEA) conocida como «sistema interamericano», es el sistema institucional internacional más antiguo fundado con el objetivo de lograr en sus Estados Miembros, como lo estipula el Artículo 1 de la Carta, «un orden de paz y de justicia, fomentar su soli-

68. Disponible en: https://www.unesco.org/es/articles/etica-de-la-neurotecnologia-la-unesco-lideres-y-expertos-de-alto-nivel-reclaman-una-gobernanza

daridad, robustecer su colaboración y defender su soberanía, su integridad territorial y su independencia». Hoy en día, reúne a los 35 Estados independientes de las Américas y constituye el principal foro gubernamental político, jurídico y social del Hemisferio. Además, ha otorgado el estatus de Observador Permanente a 70 Estados, así como a la Unión Europea (UE). Para lograr sus más importantes propósitos, la OEA se basa en sus principales pilares que son la democracia, los derechos humanos, la seguridad y el desarrollo[69].

Esta Organización también ha prestado especial atención a la implicación de las neurotecnologías. Así, la Declaración aprobada sobre «Neurociencia, Neurotecnologías y Derechos Humanos: Nuevos Desafíos Jurídicos para las Américas»[70], de 11 de agosto de 2021, identifica puntos conflictivos en relación con el uso de neurotecnologías, principalmente las no invasivas y de carácter no médico, destacando, entre otros, el condicionamiento de la personalidad y la pérdida de autonomía por el riesgo de manipulación ilegítima de emociones, sentimientos y decisiones por quienes produzcan estas tecnologías; una previsión que para Herrán Ortiz (2023) resulta excesiva en el momento actual de desarrollo de las neurotecnologías, y no tiene en cuenta los instrumentos jurídicos ya existentes en muchos países, y las posibilidades que a ese respecto supone la reinterpretación y reconceptualización de derechos ya consagrados. La Declaración alerta asimismo sobre otros riesgos, como las intervenciones ilegítimas en materia de salud, integridad física y mental, al no contar con estándares claros que diferencien entre enfermedad, mejora de defectos o insuficiencias, o potenciación o aumento cognitivo; la vulneración de la privacidad mental y protección de datos neuronales obtenidos a partir del uso de neurotecnologías; las brechas en su uso, con la consiguiente discriminación de aquellos que no puedan acceder a las mismas; o la ausencia de transparencia y desinformación sobre su diseño y riesgos. Finalmente, se realizan recomendaciones para los Estados, el sector privado, la academia y el mundo científico con el fin de instarlos a participar en el proceso de adopción de medidas concretas que permitan que estas innovaciones contribuyan al bienestar de la ciudadanía.

A su vez, el «Informe de Avance sobre el Proyecto de Principios Interamericanos en materia de Neurociencia, Neurotecnologías y Derechos Humanos»[71], de 25 de agosto de 2022, presentado por Ramiro Orias, se adopta con la finalidad de avanzar en la construcción de consensos para la elaboración de unos principios básicos en este ámbito.

Previamente, en el mes de junio de 2022 se celebró la Audiencia temática sobre «Neurotecnologías y Derechos Humanos»[72], ante la Comisión Intera-

69. Disponible en: https://www.oas.org/es/acerca/quienes_somos.asp

70. Disponible en: Ref. CJI-DEC_01_XCIX-O-2. Disponible en: https://bit.ly/3DWp6a0

71. Ref. CJI-doc_673-22. Disponible en: https://bit.ly/3MLdjRN

72. Disponible en: https://bit.ly/3s9E74U

mericana de Derechos Humanos de la OEA; se trata de la primera vez que la Comisión pone en su agenda regional el tema de los neuroderechos. En representación de la sociedad civil, el abogado Ciro Colombara realiza una serie de peticiones a la Comisión[73]. Primero, a la Relatoría Especial sobre los Derechos Económicos, Sociales, Culturales y Ambientales para que inicie un proceso de estudio y monitoreo sobre la temática de neurotecnología y derechos humanos; segundo, para que se formule un diálogo con la UNESCO y con otros actores clave en la articulación de actividades sobre neurotecnología, inteligencia artificial, ética y derechos humanos; tercero, para que se convoque el diálogo con especialistas en esta materia a fin de analizar los impactos en cuanto a los derechos económicos, sociales, culturales y ambientales; cuarto, para que se comience a monitorear los impactos de las neurotecnologías en las personas con discapacidad, generando un proceso participativo para debatir e informar sobre avances y riesgos en materia de derechos; y, quinto y último, que los hallazgos de tales procesos y diálogos sean oportunamente comunicados valorando la posibilidad de emitir resoluciones o elaborar informes temáticos sobre la materia.

Ya en 2023, el 9 de marzo el Comité Jurídico Interamericano de la OEA aprueba por unanimidad la «Declaración de Principios Interamericanos en materia de Neurociencias, Neurotecnologías y Derechos Humanos»[74]. En su elaboración se parte del marco internacional existente en materia de derechos humanos adaptándolo al ámbito de las neurotecnologías con la finalidad de que los avances que se produzcan se realicen de forma que «las personas puedan aprovechar con plenitud las ventajas y beneficios de los avances científicos y sus aplicaciones en el campo de la neurociencia y desarrollo de las neurotecnologías en la seguridad de que no habrá menoscabo de sus derechos humanos». Pese a su carácter no vinculante, la Declaración establece diez principios que buscan orientar y armonizar las futuras regulaciones de los Estados. A tal efecto, se enuncian en su Anexo I los siguientes, así como su contenido:

1) Identidad, autonomía y privacidad de la actividad neuronal.
2) Protección de los derechos humanos desde el diseño de las neurotecnologías.
3) Los datos neuronales como datos personales sensibles.
4) Consentimiento expreso e informado de los datos neuronales.
5) Igualdad, no discriminación y acceso equitativo a las neurotecnologías.
6) Aplicación terapéutica exclusiva respecto al aumento de las capacidades cognitivas.

73. Resumen de la Audiencia disponible en: https://kamanau.org/los-neuroderechos-se-deba-ten-en-la-comision-interamericana-de-derechos-humanos/

74. Disponible en: https://saib.es/wp-content/uploads/CJI-RES_281_CII-O-23_corr1_ESP.pdf

7) Integridad neurocognitiva.

8) Gobernanza transparente de las neurotecnologías.

9) Supervisión y fiscalización de las neurotecnologías.

10) Acceso a la tutela efectiva y acceso a remedios asociados al desarrollo y uso de las neurotecnologías.

El Anexo II contiene toda una serie de anotaciones a cada uno de los diez principios teniendo en cuenta las aportaciones recibidas en el proceso de elaboración.

Esta formulación no puede ser entendida como un *numerus clausus* de principios, puesto que la propia evolución de la tecnología, con sus riesgos aparejados, exige una labor constante de adaptación. Ello ha llevado a algunos autores a proponer la inclusión del principio de «precaución», «con el fin de otorgarle un papel proactivo y anticipatorio de la intervención del Estado respecto al uso de estas tecnologías» (Tole Martínez, & Rosero Huertas, 2024). Este principio, citando palabras de Embid (2009) posibilita la transición de «una ética basada en la confianza ciega en los productos de la ciencia y el progreso, a una ética reflexiva, consciente de los problemas causados por los avances técnicos, que aborda las cuestiones planteadas por ellos con tenacidad y cautela». Incorporado por primera vez en la Declaración de Río sobre el Medio Ambiente y el Desarrollo de, 1992, supone, en definitiva, que el Estado deba intervenir para proteger los derechos fundamentales de los usuarios de las tecnologías, particularmente en el caso de los más vulnerables, aunque aún no exista certeza plena de los riesgos que conllevan en cada momento. Su incorporación a la declaración de la OEA, para Tole Martínez, & Rosero Huertas (2024), serviría para orientar, influir y alentar a las autoridades en su toma de decisiones, dado que aún no se conoce con exactitud el daño que se podría ocasionar en la actividad neuronal.

Con independencia de ello, cabe valorar la Declaración como un documento interesante que revela el compromiso y afán de liderazgo de los Estados Americanos en esta cuestión, no solo contribuyendo al debate, visibilizando, y advirtiendo sobre los aspectos más problemáticos, sino al mismo tiempo encauzando la producción normativa de los Estados conforme a unos principios que respeten los derechos humanos y marcando límites al desarrollo de la industria del sector, teniendo en cuenta que, «además de ser mandatos de optimización, tienen un carácter básico y son los pilares sobre los cuales se construye la sociedad interamericana. En esa medida, en cuanto a su interpretación y aplicación, son interdependientes, razón por la cual deben relacionarse entre sí e interpretarse cada uno en el contexto de los otros» (Bermúdez *et al.*, 2006). Es de esperar, no obstante, que se terminen traduciendo en regulaciones concretas en cada uno de los ordenamientos jurídicos con inspiración en este marco que, como rasgo de mayor relevancia, sitúa a los derechos humanos en el mismo centro de su contenido.

1.5. PARLATINO: Ley Modelo de Neuroderechos

El Parlamento Latinoamericano y Caribeño, o Parlatino, es un organismo regional, permanente y unicameral, integrado por los parlamentos nacionales de los países de América Latina y el Caribe, en virtud del Tratado de Institucionalización de 16 de noviembre de 1987, firmado en Lima, Perú. Una de las acciones más importantes es la referente a la armonización legislativa, indispensable para el logro de la integración. Así, a través de sus Comisiones, y con apoyo de otros organismos internacionales, ha elaborado anteproyectos, proyectos y propuestas de Leyes Modelo que han sido aprobadas por los órganos de la institución.

En materia de neurotecnologías, el 20 de marzo de 2023, el Parlatino promulgó una «Ley Modelo sobre Neuroderechos»[75] destinada a crear las bases para que los países miembros de la organización pudiesen legislar en la materia, y que reconoce como una de sus fuentes inspiradoras el conjunto de trabajos realizados por el Senado de la República de Chile, al que más adelante haremos referencia.

El Preámbulo de la norma comienza por diagnosticar la necesidad que la inspira: «Hoy en día millones de personas se someten inconscientemente a la entrega de contenido a los algoritmos que decodifican la mente humana, en un intercambio de datos en dos direcciones, la persona recibe el contenido de su preferencia y la maquina recibe las preferencias del usuario. A gran escala y en conjunto con las tecnologías que se han desarrollado, este intercambio acelerará la próxima revolución industrial, en la que se pondrá en riesgo la noción de persona y las bases mismas del libre albedrío». A continuación incluye tres capítulos de disposiciones (preliminares, generales y finales) y finaliza con un anexo que comprende una detallada conceptualización, amén de los fundamentos éticos y los derechos afectados, junto con una referencia de las fuentes consultadas.

La norma describe su objeto en el artículo 1 como el de proporcionar a los países miembros «elementos de juicio básicos para legislar sobre neuroderechos, sea en la creación de leyes, en la actualización de las existentes o en la reglamentación de éstas», sin embargo en el artículo 5 establece un listado abierto de derechos fundamentales que la «ley de neuroderechos» debe «incluir y preservar»[76] . Con ello se obvia la necesidad previsible de

75. Disponible en: https://parlatino.org/wp-content/uploads/2017/09/leym-neuroderechos-7-3-2023.pdf

76. «a) Derecho a la privacidad mental (los datos cerebrales de las personas).
b) Derecho a la identidad y autonomía personal.
c) Derecho al libre albedrío y a la autodeterminación.
d) Derecho al acceso equitativo a la aumentación cognitiva o al desarrollo cognitivo.
e) Derecho a la protección de sesgos de algoritmos o procesos automatizados de toma de decisiones.

modificar las Constituciones de cada uno de los países, pues del tenor del precepto parece que sea a través de una ley como se deba definir la fundamentalidad de los derechos. Esta cuestionable técnica normativa, incluso aunque se trate de configurar un referente adaptable a los diversos ordenamientos implicados, lastra desde su mismo inicio las posibilidades reales de servir a su propósito.

Mayor interés presenta el establecimiento de una «Autoridad Competente», artículos 6 y 7, y la descripción de sus misiones y funciones, que abarcan muy distintos elementos: desde la planificación de las políticas públicas y la imposición de sanciones administrativas por infracciones de la ley, a acciones divulgativas y de formación y capacitación. Estas últimas resultan pertinentes cuando aparecen destinadas a los operadores, tanto públicos como privados, del sector, o a los servicios penitenciarios; más discutible parece, a falta de mayores precisiones, la de «promover el conocimiento y práctica de los neuroderechos en la primera infancia» (apartado 5 del artículo 7), partiendo de que la propia conceptualización de los neuroderechos se encuentra aún sujeta a discusión, por lo que el «conocimiento y práctica» sobre los mismos no puede estimarse realista en esas edades. Sí que lo son, en cambio, las previsiones relativas a los procesos judiciales, con la obligación para esta Autoridad de «realizar las actividades que correspondan para que dentro de los sistemas de libertad probatoria, los 'elementos de prueba' no puedan obtenerse, escrutarse o recogerse invadiendo la integridad psíquica de las personas, ni sus capacidades y funciones, ni sus procesos y estructuras cerebrales, ni sus estados, procesos y contenidos mentales, conscientes e inconscientes», amén de fomentar las acciones de protección legal a ejercer por parte de los usuarios y su derecho a una reparación integral de los daños eventualmente producidos. Para todo ello se compele a los países destinatarios a «realizar las adecuaciones administrativas y legislativas necesarias para cumplir con los objetivos de la presente ley».

Podemos afirmar que su principal mérito consiste en establecer un cierto marco jurídico referencial y terminológico para inspirar las regulaciones en los diferentes países miembros, permitiendo un margen suficiente de adaptación a cada ordenamiento que no obstante, como decimos, requeriría de

f) El derecho inalienable a no ser objeto de cualquier forma de intervención de las conexiones neuronales o cualquier forma de intrusión a nivel cerebral mediante el uso de neurotecnología, interfaz cerebro computadora o cualquier otro sistema o dispositivo, sin contar con el consentimiento libre, expreso e informado, de la persona o usuario del dispositivo, inclusive en circunstancias médicas. Aun cuando la neurotecnología posea la capacidad de intervenir en ausencia de la conciencia misma de la persona.

g) En general, el derecho a no ser sujeto involuntario o no informado, de cualquier proceso o actividad que pueda de alguna manera interferir en los procesos cognitivos del individuo. Esto incluye otras prácticas no necesariamente relacionadas directamente con las neurotecnología, como la hipnosis y la sugestión».

modificaciones constitucionales. Sin embargo, algunos investigadores han cuestionado el contenido de la norma y llegan a recomendar que no se adopte por los países destinatarios, subrayando el contraste entre lo que califican como el «boom mediático» inspirado por la ley y el alcance real de la misma (Borbón, Diego *et al.*, 2023). Son varios los reproches que se formulan:

En primer lugar, la confusión conceptual consistente en «afirmar que los neuroderechos son derechos atribuibles al cerebro, cuando lo son, realmente, a la persona como un todo», y van más allá de los derechos a la privacidad mental e identidad destacados en el preámbulo. En general se señala que adolece de falta de rigor académico y que obvia el disenso en torno a la propia categorización de los neuroderechos, cuestión en la que se coincide plenamente como se verá en el Capítulo tercero. Asimismo, señalan la redacción demasiado amplia y ambigua, guiada por la pretensión de ser flexible para adaptarse por todos los países y a las nuevas realidades tecnológicas, lo que, por un lado, conduciría a una uniformidad poco respetuosa con la diversidad cultural y social de sus miembros, y por otro a la necesidad de una sucesión de reformas y modificaciones poco menos que permanente. Estas voces críticas abogan, en cambio, por «legislar materias concretas con base en los riesgos reales, actuales e inminentes de la neurotecnología», poniendo como ejemplo la reforma procesal argentina a la que más adelante haremos referencia.

Tales discrepancias resultan altamente ejemplificativas de ciertas particularidades que concurren en la regulación de una materia tan compleja y novedosa, sometida a cuestionamiento desde sus mismos principios y definiciones conceptuales. Y es que en la valoración sobre la oportunidad y el contenido de la normativa intervienen criterios subjetivos como los que parecen inspirar a los autores a los que nos referimos, que plantean el debate de principio sobre la realidad y el alcance de las amenazas que suponen las neurotecnologías, es decir, si en determinadas medidas preventivas no se transparenta un cierto alarmismo sin justificación. Son discusiones que, ciertamente, acompañan cada vez más a otras materias sobre las que existía consenso en tiempos no tan alejados, como el cambio climático, y que tienen mucho que ver con la creciente polarización ideológica en las sociedades contemporáneas. Por otra parte, no resulta desdeñable la crítica en torno a las regulaciones apresuradas y poco rigurosas, que buscarían un efecto publicitario más que una efectividad real, una tentación política que suele acompañar a las cuestiones novedosas como la que nos ocupa. Todo ello nos lleva a la conclusión de que la aprobación de normas en estas materias debería suscitar el mayor consenso posible entre los diversos actores intervinientes en el mercado tecnológico, las autoridades académicas y la sociedad civil que en último término resultaría afectada por los eventuales perjuicios ocasionados por las neurotecnologías, sin perder de vista no obstante el deber tuitivo de los gobiernos en las democracias avanzadas y los derechos fundamentales en riesgo.

1.6. CUMBRE IBEROAMERICANA DE JEFES DE ESTADO Y DE GOBIERNO: Carta Iberoamericana de Principios y Derechos en Entornos Digitales

El 25 de marzo de 2023, se aprobó la Carta Iberoamericana de Principios y Derechos en Entornos Digitales, en el marco de la XXVIII Cumbre Iberoamericana de Jefes y Jefas de Estado y de Gobierno realizada en Santo Domingo, República Dominicana.

Al igual que en el anterior texto, pretende determinar unos principios comunes que sirvan de guía a los Estados para abordar su propia normativa, bien *ex novo* o mediante la modificación de la existente. Se trata de un documento de adhesión voluntaria que resalta «la importancia de contar con los recursos necesarios para garantizar el desarrollo digital, incluido el fortalecimiento de la capacidad de los países en desarrollo, a fin de reducir la brecha digital y alcanzar una sociedad digital inclusiva, justa, segura, resiliente y sostenible».

Aun quedándose en el nivel de declaración de principios, contiene algún elemento destacable, como la proclamada «centralidad de la persona» que vertebra todo su contenido, con garantía de los derechos, seguridad y ausencia de discriminación en el acceso a la tecnología digital, favoreciendo la participación y la inclusión desde el poder público, con especial atención a los sujetos más vulnerables (niñez y adolescencia). En esta línea declara que dicha centralidad no debe perderse incluso ante lo que denomina «tecnologías emergentes», entre las que se encuentran las neurotecnologías, mención que parece recogerse solo para anunciar que la Carta será «revisada y actualizada» según corresponda para «adecuarla a las nuevas realidades».

Más allá de su mero propósito enunciativo e inspirador, el texto resulta limitado en relación con otros instrumentos aprobados en los últimos tiempos, empleando una terminología básica y excesivamente genérica, centrada incluso en lo «digital», que precisaría de una mayor actualización.

1.7. RED IBEROAMERICANA DE PROTECCIÓN DE DATOS: Declaración sobre Neurodatos

Constituida en 2003 a iniciativa de la Agencia Española de Protección de Datos, la Red Iberoamericana de Protección de Datos (RIPD) ha venido elaborando una serie de guías, recomendaciones y declaraciones que, unidas a actividades de formación, han contribuido al desarrollo en la región de la normativa de Protección de Datos con arreglo a unos «Estándares Iberoamericanos» aprobados en 2016.

De manera reciente, en el Encuentro del XX aniversario de la RIPD, celebrado entre el 25 y el 27 de septiembre de 2023 en La Antigua, Guatemala, se ha aprobado una Declaración sobre Neurodatos en la que los países miembros acuerdan «adherirse a las Declaraciones del Comité Jurídico Interamericano de la OEA: Declaración sobre «Neurociencia, Neurotecnologías y Derechos Humanos: Nuevos desafíos jurídicos para las Américas» de agosto de 2021, y «Declaración de Principios interamericanos en materia de neurociencias, neurotecnologías y derechos humanos» de marzo de 2023. Igualmente convienen en «la creación de un Grupo de Trabajo sectorial para analizar las bases jurídicas de los tratamientos en función de su finalidad, así como los principios, límites y garantías aplicables en el marco de la normativa de protección de datos personales al tratamiento de los neurodatos». En el marco del mismo encuentro se acordó solicitar opinión consultiva a la Comisión Interamericana de Derechos Humanos (CIDH) sobre el derecho a la protección de datos, así como realizar una monitorización y seguimiento de temas de fuerte impacto social: ChatGPT, Worldcoin, Neurodatos, etc.

Por una parte, respecto del concepto de dato cerebral o neurodato, la Declaración define el mismo en torno a ciertas características, como su carácter particular y exclusivo de la información cerebral de cada individuo, lo que constituye una seña de identidad, de forma que puede utilizarse para la identificación de los sujetos, o, de manera predictiva, para inferir características o predisposiciones que incluso pueden no ser conocidas por el individuo, incluso «conocer los procesos cerebrales en «tiempo real», lo que permite el registro directo de procesos asociados con la personalidad, el estado de ánimo, los comportamientos, los pensamientos o los sentimientos».

Por tanto, desde la perspectiva del derecho a la protección de datos personales, a la hora de su clasificación es necesario considerar variables como: el contexto del tratamiento —las BCI son utilizadas en 3 escenarios diferentes: monitorización, evaluación/diagnóstico e interacción/intervención—, la finalidad del mismo, y el riesgo que supone para los derechos y libertades fundamentales de las personas físicas. Con base a ello se concluye que los neurodatos deben calificarse como categorías especiales de datos «per se» tanto por ser datos biométricos dirigidos a identificar de manera unívoca, como por ser datos relativos a la salud. Además, los tratamientos de estos datos han de ser considerados de alto riesgo por el grado de intrusión que pueden conseguir en la esfera más íntima de las personas, así como el potencial de manipulación directamente con técnicas neurológicas, o indirectamente a partir de la información obtenida.

Respecto del sistema de garantías, en escenarios de monitorización no relacionados con la atención médica, en ausencia de una regulación sectorial específica, se considera que la normativa de protección de datos personales puede ofrecer garantías adecuadas para dichos tratamientos.

Aunque es interesante el intento de descripción de la problemática de los datos cerebrales, decepciona que no se realicen mandatos concretos hacia las leyes de protección de datos personales en torno a introducir reformas específicas sobre la propia naturaleza de los datos o la calificación de los procesos de tratamiento. También destaca la ausencia de alguna referencia al consentimiento individual y su papel en la protección de dichos datos. Al tratarse de un documento de adhesión de la Declaración de Principios de la OEA habrá que remitirse por tanto a la misma como norma orientadora a consultar por los países y que establece, más allá de la calificación de estos datos como altamente sensibles (artículo 3) la adopción de medidas de privacidad y de seguridad reforzada por parte de los responsables del tratamiento, «asegurando límites en la aplicación de las técnicas de descodificación que permitan identificar a una persona o hacerla identificable» sobre todo en «aquellas bases de datos o conjuntos de información que sean compartidos con terceras partes. Los Estados fomentarán medidas para garantizar el dominio, la seguridad, confidencialidad e integridad de los datos neuronales». Como se observa, más allá de la mera calificación, tampoco la OEA ofrece respuestas claras para velar por la privacidad en el tratamiento de estos datos, con un mero mandato a los estados a «fomentar» medidas, lo que no obliga por tanto a adoptarlas.

Tal como decíamos al comienzo de este apartado, aunque todos estos instrumentos de *soft law* pueden despertar cierto escepticismo por su carácter no vinculante y sus declaraciones excesivamente genéricas, debemos tener en cuenta que realizan un esfuerzo por formular una serie de principios aplicables en cada uno de los países de la región, y que de alguna manera, unidos a los de otras organizaciones internacionales, van constituyendo un cuerpo teórico y de valores que termina por resultar ineludible. Una visión de conjunto de los documentos aprobados en la región latinoamericana permite apreciar cómo se van complementando en su diverso contenido hasta configurar una serie de estrategias capaz de inspirar regulaciones acertadas en torno a esta materia. Y es que, aun partiendo del necesario respeto a la autonomía política de los distintos países, no dejan de señalar la responsabilidad de cada uno de ellos en la adopción de una serie de medidas cuya necesidad y contenido ya han sido suficientemente iluminados por esta clase de manifestaciones de voluntad colectiva. Este sistema ético, a su vez, posibilitará la exigencia ciudadana de una rendición de cuentas a los poderes públicos en los mecanismos de protección de sus derechos.

2. El marco europeo: un abordaje principalmente desde la Inteligencia Artificial y la protección de datos

Como veremos a continuación, el ordenamiento europeo cuenta ya con una serie de instrumentos jurídicos que, si bien no han sido pensados específicamente para afrontar los retos de las neurotecnologías, podrían constituir un primer e interesante nivel de protección de los derechos en los países miembros de estas instituciones. Adicionalmente, comienzan a adoptarse, sobre todo en el último año, algunas recomendaciones y menciones sobre la necesidad de abordar de manera específica este fenómeno, de forma complementaria a las aprobadas en el ámbito internacional.

2.1. CONSEJO DE EUROPA: la perspectiva de los Derechos Humanos, la Democracia y el Estado de Derecho

Nos encontramos ante una organización intergubernamental de la que forman parte 46 Estados con la finalidad de «salvaguardar y promover los ideales y los principios que constituyen su patrimonio común y favorecer su progreso económico y social». Estos ideales y principios se estructuran en torno a los pilares de Derechos Humanos, Democracia y Estado de derecho, para cuyo logro, los medios a emplear son: «el examen de los asuntos de interés común, la conclusión de acuerdos y la adopción de una acción conjunta en los campos económico, social, cultural, científico, jurídico y administrativo, así como la salvaguarda y la mayor efectividad de los derechos humanos y las libertades fundamentales». Hasta el momento, la cooperación intergubernamental se ha desarrollado a través de sus tratados internacionales junto con todo un conjunto de mecanismos orientados a la supervisión y asistencia para el respeto de sus tres pilares.

De manera concreta, en relación con los riesgos de la Bioética, el Consejo de Europa aprobó el Convenio para la Protección de los Derechos Humanos y la Dignidad del ser Humano Respecto de las Aplicaciones de la Biología y la Medicina[77], en Oviedo, el 4 de abril de 1997, con la intención de adoptar las medidas adecuadas, en el ámbito de las aplicaciones de la biología y la medicina, para garantizar la dignidad del ser humano y los derechos y libertades fundamentales de la persona.

Años más tarde, será Rödiger (2012), quien advirtiendo los dilemas éticos que plantean ciertos descubrimientos incidentales en las investigaciones con neurotecnologías, abogue por la necesidad de que el Consejo de Europa elabore un protocolo adicional al Convenio de Oviedo, centrado en la investigación neurocientífica, un instrumento que tendría un potencial a escala internacional, pudiendo servir como directrices el actual Convenio sobre los Derechos Humanos y la Biomedicina y el Protocolo Adicional sobre Investigación Biomédica, para la elaboración de un nuevo documento que aborde la investigación neurocientífica. Este protocolo, además, podría significar el primer paso para una regulación mundial en el seno de la ONU (Amoedo-Souto, 2018:100).

Sin embargo, estas sugerencias no fueron recogidas ni tuvieron impacto en las actuaciones del Consejo de Europa aunque, como a continuación veremos, estas mismas propuestas se repiten años más tarde.

77. Disponible en: https://www.cndh.org.mx/noticia/convenio-para-la-proteccion-de-los-derechos-humanos-y-la-dignidad-del-ser-humano-respecto

2.1.1. Informe del Comité de Bioética: Retos comunes en materia de derechos humanos que plantean las distintas aplicaciones de las neurotecnologías en el ámbito biomédico

Ya en 2021, el Comité de Bioética del Consejo de Europa, hizo público un primer informe: *«Common Human Rights Challenges Raised by Different Applications of Neurotechnologies in the Biomedical Field»* [78] elaborado por IENCA (2021), un documento similar a los que ya hemos estudiado aprobados por otros organismos como la UNESCO o la OEA, en el sentido de que realiza una prospección, después de un análisis exhaustivo de la literatura existente, sobre los desarrollos tecnológicos y científicos y su posible afectación a los derechos humanos. A partir de ahí, sostiene que las propuestas de neuroderechos, entendidas como especificaciones normativas relacionadas con la protección del dominio cerebral y mental de la persona, no serían una mera repetición de los marcos de derechos humanos existentes, sino que añaden un nuevo nivel fundamental de protección. Estos derechos contendrían disposiciones morales y jurídicas destinadas a garantizar que los avances neurocientíficos y neurotecnológicos se utilicen para empoderar a las personas y mejorar el bienestar humano, siendo los derechos y libertades fundamentales relacionados con el cerebro y la mente el sustrato principal de todos los demás derechos y libertades. Sobre la conceptualización de los neuroderechos abundaremos en el Capítulo tercero de este trabajo. Por ahora, basta decir que la taxonomía que realiza Ienca clasifica los derechos neuronales en torno a tres familias principales: la privacidad mental, la integridad mental, y la reinterpretación evolutiva de derechos como la libertad de pensamiento, la libertad cognitiva y el derecho a la identidad personal.

Pero además de la propuesta de introducción de estas nuevas familias en el marco de los derechos humanos, el informe plantea la necesidad de adicionar nuevos protocolos a los instrumentos existentes, incluso la creación de otros dedicados exclusivamente a la neuroética y el neuroderecho. Concretamente, el Convenio de Oviedo para la protección de los derechos humanos y la dignidad del ser humano con respecto a las aplicaciones de la Biología y la Medicina, de 4 de abril de 1997, sería un buen punto de partida, ya que ofrece, en opinión del autor, una base normativa idónea para consagrar los derechos neuronales mediante protocolos *ad hoc* o servir de base a futuros instrumentos.

78. Disponible en: https://bit.ly/3Thz3qX

2.1.2. Borrador del Convenio sobre Inteligencia Artificial, Derechos Humanos, Democracia y Estado de Derecho

Sin embargo, con independencia de las propuestas relativas al ámbito internacional donde el debate de los neuroderechos tiene aún un largo recorrido, o la valoración de un protocolo adicional al Convenio de Oviedo, que sin duda facilitaría el camino al no partir de cero, resulta esperanzador el futuro «Convenio Marco sobre Inteligencia Artificial, Derechos Humanos, Democracia y Estado de Derecho» elaborado por el Comité de Inteligencia Artificial (CIA)[79] del Consejo de Europa. Un instrumento jurídicamente vinculante de carácter transversal, basado en esos ideales y principios del Consejo de Europa en materia de derechos humanos, democracia y Estado de derecho, centrado en principios comunes generales, favorable a la innovación y abierto a la participación de terceros Estados, además de tener en cuenta los demás marcos jurídicos internacionales pertinentes, vigentes o en desarrollo.

No obstante, la última versión conocida del Proyecto de Convenio Marco sobre Inteligencia Artificial, Derechos Humanos, Democracia y Estado de Derecho, el 18 de diciembre de 2023 CAI(2023)28[80], introduce variaciones significativas y preocupantes respecto del borrador 0. Por una parte, en cuanto al ámbito de aplicación de la norma, ha sido polémica la negociación prácticamente bilateral entre la Comisión Europea y la delegación estadounidense, de manera que el acuerdo refleja que, por defecto, el Convenio cubrirá las actividades dentro del ciclo de vida de los sistemas de IA, pero sólo cuando las lleven a cabo organismos públicos o agentes privados que actúen en su nombre. De esta forma, se deja en manos de cada estado firmante el análisis de los riesgos e impactos sobre los derechos de las personas derivados del uso de sistemas de IA por parte de las empresas privadas que no trabajen para el sector público. Así, cada Estado tendrá que declarar si tiene intención de aplicar las obligaciones del Convenio a los agentes privados o tomar otras medidas apropiadas, un aspecto que lo limita aún más, al otorgarles la posiblidad de que puedan modificar sus declaraciones en cualquier momento, por lo que no estarían realmente obligados a cumplir sus compromisos.

El ámbito de aplicación se limita aún más respecto del borrador 0 en lo que respecta a la seguridad nacional, ya que exime a los países firmantes de su aplicación a los sistemas de IA relacionados con la protección de sus intereses de seguridad nacional, con la única limitación de que estas actividades se lleven a cabo dentro de los límites del derecho internacional y con respeto a los procesos democráticos.

---

79. Disponible en: https://www.coe.int/en/web/artificial-intelligence/cai

80. Disponible en: https://www.coe.int/en/web/artificial-intelligence/cai

En este sentido, el Supervisor Europeo de Protección de Datos (SEPD) ha mostrando su decepción con el contenido excesivamente generalista y declarativo, puesto que la exención de dicho marco a las entidades privadas, sería contradictorio con el objetivo político general del Convenio, que es proporcionar salvaguardas claras y sólidas a las personas afectadas..

En cuanto a su contenido, en primer lugar, sus disposiciones «pretenden garantizar que las actividades dentro del ciclo de vida de los sistemas de inteligencia artificial sean plenamente coherentes con los derechos humanos, la democracia y el Estado de Derecho» aplicándose a «las actividades del ciclo de vida de los sistemas de inteligencia artificial que puedan interferir con los derechos humanos, la democracia y el Estado de Derecho». Se define a sus efectos por: «sistema de inteligencia artificial» aquel «basado en una máquina que, con objetivos explícitos o implícitos, infiere, a partir de la entrada que recibe, cómo generar salidas tales como predicciones, contenidos, recomendaciones o decisiones que pueden influir en entornos físicos o virtuales». Estos distintos sistemas de inteligencia artificial varían en sus niveles de autonomía y adaptabilidad tras su despliegue.

El contenido de los artículos 4 y 5 establece las obligaciones generales del Convenio. Así, el artículo 4 establece expresamente la obligación para las Partes de adoptar o mantener medidas para que las actividades de los sistemas de IA sean compatibles con las obligaciones de protección de los derechos humanos, así como de los derechos fundamentales consagrados en su derecho interno. Y, en el artículo 5, las Partes tendrán que adoptar los mismos sistemas de protección para garantizar la integridad de los procesos democráticos y de respeto del Estado de Derecho, de manera que los sistemas de IA «no se utilicen para socavar la integridad, independencia y eficacia de las instituciones y procesos democráticos, incluido el principio de separación de poderes, el respeto de la independencia judicial y el acceso a la justicia».

Para ello se establecen una serie de Principios relacionados con las actividades del ciclo de vida de los sistemas de IA (Capítulo III) que cada Parte deberá aplicar conforme a su ordenamiento jurídico interno y demás obligaciones del Convenio[81].

A su vez, deja a cada Parte la adopción, conforme a su ordenamiento jurídico interno, y en compatibilidad con las obligaciones internacionales con-

81. Artículo 6 - Dignidad humana y autonomía individual.
Artículo 7 - Transparencia y supervisión.
Artículo 8 - Rendición de cuentas y responsabilidad.
Artículo 9 - Igualdad y no discriminación.
Artículo 10 - Privacidad y protección de datos personales.
Artículo 11 - Preservación de la salud y del medio ambiente.
Artículo 12 - Fiabilidad y confianza.
Artículo 13 - Innovación segura.

traídas, de medidas o recursos (Capítulo IV) que garanticen su disponibilidad, accesibilidad y efectividad a la hora de hacer frente a las violaciones de derechos humanos así como los daños o perjuicios a los derechos de las personas físicas y jurídicas resultantes de las actividades dentro del ciclo de vida de los sistemas de IA[82].

A continuación, se establece la obligación de que existan garantías procesales, de manera que cada Parte habrá de velar por que las personas afectadas dispongan de ellas, así como de las salvaguardias y derechos efectivos, de conformidad con el derecho nacional e internacional aplicable. Al mismo tiempo, y esto es importante, cada Parte procurará garantizar que, cuando un sistema de IA informe o adopte decisiones que afecten sustancialmente a los derechos humanos, a menos que resulte obvio por las circunstancias y el contexto de uso, se informe a las personas que interactúen con un sistema de IA que no lo están haciendo con un humano sino con una máquina.

El Capítulo V introduce una serie de pautas para la identificación, evaluación, prevención y mitigación de riesgos e impactos para los derechos humanos, la democracia y el Estado, en todos los ciclos de vida de la IA, desde el diseño, desarrollo, utilización y desmantelamiento de los sistemas.

Por otro lado, las Partes deberán aplicar el Convenio sin discriminación por ningún motivo (se elimina la extensa lista de supuestos del Borrador 0) conforme al Derecho internacional, debiendo tenerse en cuenta especialmente los derechos de las personas con discapacidad, de los niños así como cualesquiera necesidades y vulnerabilidades específicas.

Se incorporan otra serie de obligaciones a las Partes de lo más pertinentes, como la protección a los denunciantes de irregularidades, la obligación de las Partes de someter estas cuestiones a consulta pública, o la necesaria alfabetización y competencias digitales de la ciudadanía. Así también se

82. Se establecen al efecto los siguientes:

«a) medidas para garantizar que los sistemas de inteligencia artificial que puedan interferir en afectar significativamente a los derechos humanos estén debidamente documentados, y que se facilite información adecuada sobre el uso de todas las operaciones realizadas durante su ciclo de vida. Todas las operaciones realizadas durante el ciclo de vida/el uso pertinente del sistema de inteligencia artificial se registre, se facilite a los organismos autorizados de conformidad con su Derecho interno para acceder a dicha información y, cuando proceda y sea aplicable, se ponga a disposición o se comunique a las personas afectadas;

b) medidas para garantizar que la información a que se refiere la letra a) sea suficiente y proporcionada para una posibilidad efectiva de que las personas afectadas impugnen la decisión o decisiones adoptadas o sustancialmente informadas por el uso del sistema, incluida, en su caso, la utilización del sistema.

c.) una posibilidad efectiva para las personas afectadas de presentar una reclamación ante las autoridades públicas, incluido, en su caso, ante el mecanismo de supervisión a que se refiere el artículo 26, de conformidad con su Derecho interno».

establece un principio de interpretación más favorable, de manera que, en su relación con otros instrumentos jurídicos, el Convenio nunca se interpretará para limitar, derogar o afectar a ninguno de los derechos humanos u otros derechos y obligaciones ya garantizados en virtud de la legislación interna o de cualquier otro acuerdo internacional del que sea Parte. O el establecimiento de mecanismos de seguimiento y cooperación para la aplicación efectiva de sus disposiciones (Capítulo VII).

Finalmente, tras la entrada en vigor[83], se prevé la posibilidad de que Estados no miembros puedan, previa consulta a las partes, invitar a cualquier Estado no miembro del Consejo de Europa que no haya participado en la elaboración del Convenio a adherirse al mismo, mediante decisión adoptada por la mayoría prevista en el artículo 20.d del Estatuto del Consejo de Europa y por unanimidad de los representantes de las Partes con derecho a formar parte del Comité de Ministros.

2.2. UNIÓN EUROPEA: el difícil equilibrio entre los derechos y la innovación tecnológica

Dentro de la Unión Europea se han ido aprobando a lo largo de los últimos años una serie de normas, relativas al ámbito que estudiamos, si bien, como veremos, o bien presentan lagunas en su contenido —por ejemplo, en la debida protección de los datos neuronales—, o bien adolecen de determinadas regulaciones específicas. No obstante, dado que, como hemos visto, las neurotecnologías están fuertemente relacionadas con la IA, todas las iniciativas que hasta la fecha se han acometido para abordarla serán obviamente de aplicación para aquéllas.

2.2.1. Reglamento General de Protección de Datos

Como estamos viendo, una de las preocupaciones éticas relacionadas con la privacidad es la relacionada con la protección de los datos neuronales o cerebrales. Estos datos que pueden recoger los dispositivos de neurotecnología son las ondas del cerebro tanto consciente como inconsciente, lo que ya plantea a priori un primer problema puesto que no podemos conocer qué clase de información del inconsciente es capaz de recogerse y ser suscep-

83 El acuerdo se ha alcanzado después de casi 2 años de negociaciones entre los 46 Estados miembros del Consejo de Europa, Argentina, Australia, Canadá, Costa Rica, Estados Unidos de América, Israel, Japón, México, Perú, la Santa Sede y Uruguay. Además, ha contado con la participación de más de 70 organizaciones de la sociedad civil, representantes de la industria y organizaciones internacionales pertinentes con un mandato en materia de IA. Ahora el documento queda pendiente de aprobación por los representantes de los estados miembros, para pasar a quedar abierto a la firma, tanto por los países miembros del Consejo como de terceros interesados.

tible de tratamiento. Ello supone un obstáculo importante puesto que no parece posible consentir sobre algo que no se conoce. Un segundo problema tiene que ver con el tratamiento algorítmico que este tipo de interfaces realizan con los datos cerebrales, puesto que generan un tercer tipo de información derivado de ese tratamiento, sería por tanto información inferida, por ejemplo, sobre determinadas preferencias del usuario.

Como puede observarse, la propia particularidad y exclusividad de estos datos capaces de identificar a la persona, así como la falta de control del usuario sobre datos inconscientes o inferidos por algoritmos, hace que la protección de los mismos suponga un gran reto para las normas vigentes hasta el momento en el ámbito de la UE.

Para empezar, el Reglamento General de Protección de Datos (RGPD), en vigor desde mayo de 2016, propugna el principio de que la digitalización de aquellos elementos que permiten identificar a una persona física esté condicionada, principalmente, a un consentimiento previo de la misma con conocimiento de causa, amén de posibilitarle oponerse a los tratamientos automatizados, incluida la elaboración de perfiles. Sin embargo, autores como Rainey (2020) se han preguntado si el mero consentimiento sería suficiente para abordar las preocupaciones emergentes relacionadas con los datos neuronales, precisamente por la especificidad de la información que puede recabar una interfaz cerebro-computador, y sus implicaciones en la protección de dicha información. Aunque estos datos serían, en principio, tan sensibles como los datos de salud, su categorización, cuando no se han obtenido a través de dispositivos médicos, no estaría clara en el Reglamento, por lo que una adecuada interpretación debiera diferenciar el grado de sensibilidad de estos datos neuronales en función de la potencialidad que tienen para revelar aspectos personales mediante su procesamiento o reutilización, no en función de su finalidad. Por tanto, deberían considerarse en la categoría de protección especial, al mismo nivel que los datos médicos, y tratarse siempre como confidenciales, puesto que su potencial para identificar personas y revelar características sensibles a través de su procesamiento es muy alta. Esto proporcionaría una primera «capa de seguridad», sobre todo cuando converge la grabación de datos neuronales con su tratamiento algorítmico. Aun así, Rainey considera que el Reglamento podría no ser suficiente, ya que con toda probabilidad el modelo de negocio de los datos neuronales se basa en el consentimiento, al igual que con el uso de teléfonos móviles, redes sociales, etc., donde los usuarios, si obtienen algo útil a cambio, podrían no tener mayor inconveniente en cederlos, implicando un grave riesgo por su alta sensibilidad. En este sentido, el autor hace un llamamiento a los responsables políticos para que, con apoyo en la experiencia obtenida sobre el uso de la información en las redes sociales, se anticipen a formular políticas que regulen la neurotecnología, aun a riesgo de limitar la innovación en este ámbito. Además, un enfoque preventivo podría servir para minimizar la necesidad de formular «neuroderechos» legales novedosos como reacción a la tecnología emergente.

Pese a que nos parece discutible esta última afirmación, por cuanto parece obviar la vinculación entre el empleo de esta tecnología y la afectación a otros derechos de la persona, al margen de la privacidad, confiando en que la mera adopción de medidas preventivas los haría innecesarios, sí que resulta pertinente la alusión al consentimiento en aquellos ámbitos relacionados con el ocio y el consumo. Pocas dudas puede haber en torno a que será precisamente ese sector el que con más intensidad se verá asediado por ofertas atrayentes que alcanzarán gran difusión. Depositar en el consentimiento de los consumidores la garantía en la utilización de esas herramientas resulta, a nuestro entender, y desde la perspectiva del poder público, irresponsable.

Otros investigadores como Ienca *et al.* (2022) han identificado igualmente una serie de brechas en el ordenamiento jurídico europeo ante la creciente disponibilidad de datos cerebrales combinada con el tratamiento de IA, por la ausencia de un marco de gobernanza obligatorio centrado en los datos cerebrales, pese al RGPD, o la *Data Governance Act,* aprobada finalmente en mayo de 2022. Aunque en esos instrumentos los datos personales se definen como cualquier información relacionada con una persona física identificada o identificable, esta presentaría una serie de limitaciones en el contexto de los datos cerebrales. Así, por ejemplo, el RGPD no sería de aplicación si los datos se anonimizan, y tampoco sería efectivo por las características específicas de los mismos ya que, al incluir contenido del inconsciente, el controlador podría retener información que no conocemos y que no hemos consentido. En algunos casos, cuando se procesen datos con fines de investigación o estadísticos permitiría, incluso si se trata de una empresa privada, establecer excepciones a las principales reglas del Reglamento[84]. A su vez, los datos cerebrales podrían socavar el principio de la limitación del propósito que rige los datos confidenciales, ya que la tecnología actual no está preparada para diferenciar entre esos elementos específicos de las señales cerebrales. A ello debemos añadir, siguiendo a Mozo Seoane (2021), que los mecanismos de protección diseñados por el RGPD «se quedan cortos, por no decir anticuados», ya que sigue enfocado en la dimensión individual de la protección de datos, aunque «las nuevas tecnologías operan principalmente sobre grupos sociales, segmentos o categorías de sujetos, de los que extraen patrones o pautas de comportamiento».

Otro problema se plantearía cuando los datos generados por neurotecnologías de consumo se sometan a protecciones más bajas que los obtenidos por tecnologías médicas, puesto que los dispositivos no se regulan con los mismos regímenes. En consecuencia, algunas de las propuestas que hemos analizado anteriormente van en la línea de la consideración de todos los datos cerebrales como una categoría especial de datos sensibles; amén de disposiciones para establecer las condiciones de su recopilación y proce-

84 Esta excepción fue la que alegó la empresa Emotiv en el asunto Girardi resuelto por la Corte Suprema de Chile en agosto de 2023, como más adelante veremos.

samiento en el espacio no médico, estableciendo su prohibición cuando el interés del controlador entre en conflicto con los derechos y libertades fundamentales del interesado; incluso sería necesaria una regulación específica en el ámbito militar para proteger a los soldados contra el uso indebido sus datos cerebrales.

Con todo, pese a las lagunas que plantean los neurodatos en cuanto a su encaje en el RGPD, lo cierto es que no deja de ser una herramienta valiosa que en el ámbito de la UE confiere un importante nivel de protección frente a la privacidad. Así lo sostiene Herrán Ortiz (2023:144), para la que «en sus disposiciones pueden encontrar amparo los ciudadanos ante el tratamiento de datos personales en el marco del desarrollo de la neurotecnología», tanto en lo que se refiere a los que revelan perfiles de la persona —ya sean de salud o genéticos— como en los destinados a la investigación médica.

Adicionalmente, el RGPD incluye un elemento interesante en su artículo 97, como es la previsión de que la Comisión Europea presente periódicamente informes relacionados con transferencias de datos personales a países terceros u organizaciones internacionales, y en particular revise las decisiones de adecuación de la normativa dictadas con arreglo a la precedente Directiva 95/46/CE. Con ello se pretende avalar los niveles de protección adoptados por países u organizaciones ajenos al marco europeo, pero establecidos con inspiración en este. Se trata, pues, de una relevante tarea de unificación normativa favorablemente valorada por esos terceros interesados, que promueven el examen de su legislación.

2.2.2. Reglamento Europeo sobre los productos sanitarios y su Reglamento de ejecución

En el ámbito europeo el problema de los diferentes estándares de protección entre tecnologías médicas y de consumo se encuentra en parte mitigado por dos normas relevantes:

Por un lado, el Reglamento 2017/745 del Parlamento Europeo y del Consejo, sobre los productos sanitarios, por el que se modifican la Directiva 2001/83/CE, el Reglamento (CE) 178/2002 y el Reglamento (CE) 1223/2009 y por el que se derogan las Directivas 90/385/CEE y 93/42/CEE del Consejo[85]. Aunque su propósito se resume en «garantizar el buen funcionamiento del mercado interior por lo que se refiere a los productos sanitarios, tomando como base un elevado nivel de protección de la salud de pacientes y usuarios y teniendo en cuenta los intereses de las pequeñas y medianas empresas», el apartado segundo del artículo 1 señala que «será también aplicable, a partir de la fecha de aplicación de las especificaciones comunes adoptadas con arreglo al artículo 9, a los grupos de productos que no persiguen fines

85. Disponible en: https://www.boe.es/buscar/doc.php?id=DOUE-L-2017-80916

médicos enumerados en el anexo XVI», entre los cuales se encuentran los «equipos destinados a la estimulación cerebral que aplican corrientes eléctricas o campos magnéticos o electromagnéticos que penetran en el cráneo para modificar la actividad neuronal del cerebro» (apartado sexto). El criterio de equiparación entre dispositivos médicos y no médicos viene establecido en el considerando sexto de la norma, y se fundamenta en que ambos sean similares «en cuanto a funcionamiento y riesgos».

Esta previsión se ha visto completada por el Reglamento de ejecución 2022/2346, de la Comisión, de 1 de diciembre de 2022[86], que pretende aclarar y desarrollar la aplicación del Reglamento de 2017 a los productos sin finalidad médica prevista. El punto primero de los considerandos la concreta al remitirse a ciertos preceptos del anterior reglamento que establecían los estándares de gestión de riesgos en la fabricación de los productos médicos, mientras que en los siguientes apartados, de forma más específica, se ocupan de las fases de diseño, comercialización y utilización por los usuarios, previa información y/o formación de los mismos. El principio básico que inspira esta regulación es el deber de reducir los riesgos al mínimo, aunque puede resultar un tanto inconcreto al compatibilizarse con el beneficio potencial del empleo de los dispositivos y apoyarse asimismo en la «aceptabilidad del riesgo» (punto 3.e)., aspectos que requerirían de un consentimiento del usuario verdaderamente consciente y plenamente informado; para ello se establece la obligación de que el fabricante ha de tener en cuenta «los conocimientos técnicos, la experiencia, la educación, formación y entorno de uso, cuando proceda, así como el estado médico y físico de los usuarios previstos (diseño para usuarios profanos, profesionales, con discapacidad u otros)»; y, más aún, en el punto noveno se indica que en cualquier caso el uso de estas tecnologías debe tener como referencia «un alto nivel de protección de la seguridad y la salud de las personas».

Este incremento de la exigencia tuitiva resulta acorde con la distinta utilidad de unos y otros dispositivos, pues, más allá de las matizaciones que podamos realizar en cuanto a los límites del consentimiento en general, no cabe duda de que las intervenciones de carácter médico exigen una ponderación de riesgos y beneficios que pueda hacer más laxos los requisitos de su utilización por el fin último de la curación. En el resto de los sectores, mediatizados por decisiones de consumo de carácter más subjetivo, la protección de la seguridad y la salud deben suponer un plus que impida cualquier daño amparado precisamente en ese consentimiento comercial.

En lo que atañe específicamente a las neurotecnologías, o que al menos les resulta de aplicación, el Anexo VII del Reglamento de Ejecución se aplica a los equipos que «incluyen dispositivos para la estimulación de corriente alterna transcraneal, la estimulación de corriente continua transcraneal, la estimulación magnética transcraneal y la estimulación de ruido aleatorio

86. Disponible en: https://eur-lex.europa.eu/legal-content/ES/TXT/PDF/?uri=CELEX:32022R2346&from=EN

transcraneal», estableciendo sin embargo la exclusión expresa de los dispositivos invasivos. A lo largo de los siete preceptos del Anexo se recogen toda una serie de previsiones destinadas, fundamentalmente, a la evitación de daños físicos o psicológicos, y particularmente neuronales, por el empleo de tales dispositivos, en atención a los antecedentes de los usuarios y los eventuales efectos secundarios de su uso.

La regulación contenida en estos dos reglamentos configura un régimen de protección que puede considerarse adecuado, si bien ceñido a un tipo de dispositivos muy concreto, por lo que no puede considerarse extensible a otra clase de neurotecnología como las que hemos descrito en este trabajo, capaces de extraer información cerebral y emplearla posteriormente con diversos fines. Aun así, este tipo de configuración normativa, preventiva y eminentemente técnica, puede considerarse un buen complemento de la destinada de manera más específica a garantizar los derechos fundamentales implicados en el empleo de cualesquiera novedosas tecnologías.

2.2.3. Resoluciones del Parlamento Europeo sobre Inteligencia Artificial y su conexión con los neuroderechos

En octubre de 2020 se aprobó la «Resolución del Parlamento Europeo con recomendaciones destinadas a la Comisión sobre un marco de los aspectos éticos de la inteligencia artificial, la robótica y las tecnologías conexas»[87], que plantea una serie de principios y objetivos tales como la generación de confianza, el apoyo al desarrollo, despliegue, y uso de la inteligencia artificial, la robótica y las tecnologías conexas, proporcionando un marco regulador adecuado y equilibrado que fomente al mismo tiempo tanto la innovación como la seguridad jurídica; así como que se garantice el Derecho de la Unión, los derechos fundamentales y la protección de los consumidores, junto con los principios éticos contenidos en la propuesta de Reglamento, que reseñaremos a continuación. En este sentido, como ha señalado Presno Linera (2022), se amplían en la Resolución los obligados por el respeto a los derechos fundamentales en relación con la IA, al tratarse no solo de los legisladores y órganos de gobierno, sino también de sujetos jurídicos privados como las empresas, especialmente en los sectores del consumo o el medio ambiente. Se establece, además, que la subcontratación por parte de las autoridades públicas a agentes privados no deberá hacer peligrar en modo alguno la protección de los valores públicos y los derechos fundamentales. Finalmente, se mencionan como obligadas aquellas personas físicas o jurídicas que operen como desarrolladoras o usuarias, las cuales deberán asumir obligaciones, tanto por lo que hagan como por lo que omitan, respondiendo de cualquier lesión o daño causado a las personas o a la sociedad.

---

87. Disponible en: https://www.europarl.europa.eu/doceo/document/TA-9-2020-0275_ES.html

De manera más reciente, en mayo de 2022, se aprobó la Resolución del Parlamento Europeo sobre Inteligencia Artificial en la era digital[88], que en su introducción señala que la «IA puede contribuir al rápido desarrollo de las nuevas tecnologías, como la obtención de imágenes cerebrales, que ya tienen aplicaciones importantes en la medicina, pero también entrañan riesgos sustanciales para la voluntad humana y la expresión de los derechos fundamentales sin necesidad de consentimiento; muestra su preocupación por la falta de legislación sobre los datos neurológicos y opina que la Unión debe aspirar a convertirse en líder mundial del desarrollo de tecnologías neurológicas seguras», por lo que «pide a la Comisión que estudie la posibilidad de presentar una iniciativa relativa a los neuroderechos, con el objetivo de proteger el cerebro humano contra la injerencia, la manipulación y el control por parte de la neurotecnología impulsada por la IA; anima a la Comisión a que defienda una agenda de neuroderechos a nivel de las Naciones Unidas con el fin de incluir estos derechos en la Declaración Universal de Derechos Humanos, concretamente en lo que respecta a los derechos a la identidad, al libre albedrío, a la privacidad mental, a la igualdad de acceso a los avances en materia de aumento del cerebro y a la protección frente al sesgo algorítmico». Herrán Ortiz (2023) se hace eco de algunas críticas doctrinales sobre esa solicitud de reconocimiento de los neuroderechos como derechos humanos sin un debate y reflexión jurídica previos, y ella misma le reprocha que queden sin plantear, no ya resolver, cuestiones tales como la articulación formal de la propuesta, ya sea a través de la reformulación de los derechos existentes o mediante un apéndice u otro texto específico.

2.2.4. Reglamento de Inteligencia Artificial de la UE

Ya en 2019, en el marco de la Comisión Europea, el Grupo Independiente de Expertos de Alto Nivel sobre Inteligencia Artificial publicaba unas «Directrices éticas para una IA fiable»[89], con una serie de principios que, igualmente, pueden delimitar el uso de las neurotecnologías, y «evitar el sesgo injusto, estigmatizante o discriminatorio, no limitar la libertad de elección, asegurar su precisión y seguridad técnica y exigir transparencia» (Herrán Ortiz, 2023:145). Y es que las Directrices se basan en que «entendidos como derechos legalmente exigibles, los derechos fundamentales forman parte, por tanto, del primer componente de la IA fiable (la IA lícita), que garantiza el cumplimiento de la legislación. Entendidos como derechos de cualquier persona, arraigados en la condición moral inherente a los seres humanos, también sustentan el segundo componente de la IA fiable (la IA ética), que se ocupa de las normas éticas que, pese a no ser necesariamente jurídicamente

---

88. Disponible en: https://www.europarl.europa.eu/doceo/document/TA-9-2022-0140_ES.html

89. Disponible en: https://op.europa.eu/es/publication-detail/-/publication/d3988569-0434-11ea-8c1f-01aa75ed71a1

vinculantes, son cruciales para garantizar la fiabilidad». El documento parte, en consecuencia, del respeto de la dignidad humana, la libertad individual, la democracia, la justicia y el Estado de Derecho, la igualdad, no discriminación y solidaridad, y los derechos de los ciudadanos, para formular cuatro principios éticos «que los profesionales de la IA deben esforzarse en todo momento por observar», a saber: respeto a la autonomía humana, prevención del daño, equidad y explicabilidad. Este documento proyectará su influencia en la elaboración de la primera norma vinculante en el ámbito de la UE sobre IA.

En efecto, en abril de 2021, la Comisión Europea presentó la propuesta de Reglamento de Inteligencia Artificial, COM (2021) 206 final. En cuanto al contenido y el objeto de su regulación establece en el art. 1: reglas armonizadas relativas a la introducción en el mercado, la puesta en servicio y el uso de sistemas de inteligencia artificial en la UE; la prohibición de un reducido conjunto de usos que se considera que generan riesgos inadmisibles; los requisitos específicos para los sistemas de inteligencia artificial de alto riesgo, así como las obligaciones a los proveedores de tales sistemas; las obligaciones específicas de transparencia respecto de ciertos sistemas que generan un riesgo limitado; y asimismo las normas para garantizar su cumplimiento. La Propuesta se estructura en torno a la clasificación de riesgos en que se funda: inadmisible, alto, limitado y mínimo, y considera inaceptables aquellos que faciliten la vulneración de derechos fundamentales. El Título II (art. 5) prohíbe algunos de esos sistemas[90], pero no se hace ninguna mención a las neurotecnologías en su relación con la inteligencia artificial en el procesamiento de datos cerebrales. En este sentido, las reacciones de las entidades civiles y de protección de los derechos humanos han considerado el texto demasiado ambiguo, y han reclamado a las autoridades europeas que las prohibiciones sean reales y concretas, eliminando lo que consideran un exceso de excepciones[91]. En cualquier caso, resulta llamativa esta ausencia de mención a las neurotecnologías en la propuesta ya que, desde el año 2013, como vimos en el Capítulo I, la UE está financiando notablemente, junto con otros actores, el denominado «Proyecto Cerebro Humano» (HBP)[92], uno de los existentes en todo el mundo dedicados a su estudio, y que tiene como objetivo profundizar en su funcionamiento y plasticidad para aplicar

90. Comprende, entre otros, el empleo de técnicas subliminales que pueden conducir a la manipulación de personas generando el riesgo de causar daños físicos o psicológicos a la persona en cuestión o terceros; los sistemas que pretenden aprovecharse de la especial vulnerabilidad de determinados grupos de personas; ciertos sistemas de puntuación social por parte de autoridades públicas; así como determinados sistemas de identificación biométrica remota en directo en espacios públicos con fines policiales. La prohibición va referida a la introducción en el mercado, la puesta en servicio y el uso de los sistemas de IA en cuestión en el conjunto de la Unión.

91. Manifestaciones que ha realizado la European Digital Rights (EDRi). Disponible en: https://edri.org/wp-content/uploads/2021/04/Open-letter-AI-and-fundamental-rights-EDRi.pdf

92. Disponible en: https://www.humanbrainproject.eu/en/

este conocimiento al progreso tecnológico, concretamente en IA. Si bien, a diferencia de la iniciativa americana[93], que busca mapear el cerebro, el HBP[94] pretende reproducir computacionalmente la complejidad del cerebro humano desarrollando nuevas tecnologías que ayuden a entenderlo, esto es, redes neuronales artificiales.

No obstante, algunas de las respuestas jurídicas que se articulan en la propuesta sí resultarían aplicables al ámbito de la neurotecnología (Herrán Ortiz, 2023: 146), como la clasificación de diferentes técnicas en atención a sus riesgos, lo que conlleva distintas obligaciones y responsabilidades; la creación de un Comité europeo específico o la creación de una base de datos que recoja oficialmente los sistemas de neurociencia que puedan incidir en los derechos fundamentales.

No obstante, el 9 de mayo de 2023, el Parlamento Europeo hizo público el Proyecto de enmiendas de la propuesta de Reglamento del Parlamento Europeo y del Consejo sobre normas armonizadas en materia de inteligencia artificial *(Artificial Intelligence Act)*, por el que se modifican determinados actos legislativos de la Unión (COM(2021)0206 –C9 0146/2021 –2021/ 0106 (COD))[95], que modifica aspectos sustanciales respecto del borrador inicial del Reglamento.

A grandes rasgos, incorpora una serie de principios éticos: agencia humana y supervisión, igualdad y no discriminación, solidez técnica y seguridad, privacidad y gobernanza de los datos, transparencia, bienestar social y medioambiental, y diversidad, buscando fortalecer el documento inicial, ya que estos habrán de contemplarse en la elaboración de normas técnicas y documentos de orientación. Además, se establecen obligaciones más rigurosas para aquellas programaciones algorítmicas de propósito general; se revisan los conceptos de sistemas de IA prohibidos y de alto riesgo, y se introducen para estos últimos obligaciones en materia de sostenibilidad. Respecto de las prácticas prohibidas, se amplía la prohibición al uso del sof-

93. Disponible en: https://braininitiative.nih.gov/

94. El HBP ha desarrollado una plataforma de investigación, EBRAINS, que se encuentra a disposición de la comunidad científica para ayudar a avanzar en la neurociencia, la medicina, la informática y las tecnologías inspiradas en el cerebro. Esta plataforma ofrece herramientas y servicios inspirados en el cerebro para comprender y aprovechar las capacidades computacionales de las redes neuronales artificiales. A diferencia de las redes neuronales profundas estándar, que consumen cantidades considerables de energía, las redes neuronales artificiales son clave para comprender la capacidad del cerebro humano para aprender continuamente y expresar funciones cognitivas superiores mientras consume solo 20 W. El proyecto se orienta en avanzar en tres áreas científicas centrales: redes cerebrales, su papel en la conciencia y redes neuronales artificiales. También se trabaja sobre los aspectos éticos y sociales y su impacto en materia de derechos humanos.

95. Disponible en: https://www.europarl.europa.eu/meetdocs/2014_2019/plmrep/COMMITTEES/CJ40/DV/2023/05-11/ConsolidatedCA_IMCOLIBE_AI_ACT_EN.pdf

tware de identificación biométrica no solo en tiempo real, sino limitando su empleo a posteriori a casos de delitos graves y con autorización judicial previa. Además, el uso de software de reconocimiento de emociones basado en IA queda vedado en los ámbitos policial, de gestión de fronteras, laboral y educativo. Finalmente, se amplía la prohibición de la policía predictiva, no solo para los delitos penales sino también para los ilícitos administrativos.

Es en la modificación del considerando 16, que aborda la prohibición de determinados sistemas cuyo objetivo sea distorsionar materialmente el comportamiento humano, donde aparece una mención expresa a las neurotecnologías: «Debe entenderse que esta limitación incluye las neurotecnologías asistidas por sistemas de IA que se utilizan para supervisar, utilizar o influir en los datos neuronales recogidos a través de interfaces cerebro-ordenador, en la medida en que distorsionan materialmente el comportamiento de una persona física de manera que cause o pueda causar a esa persona o a otra un daño significativo». Sin embargo, esta prohibición específica no se materializa en las enmiendas al articulado que regula dichas prohibiciones, concretamente el artículo 5.º; incluso su apartado a), por ejemplo, pasa a redactarse en términos más imprecisos[96] al condicionar la prohibición de técnicas subliminales a que causen una afectación «apreciable» y «un daño significativo» en la persona, conceptos con un alto grado de indeterminación y que dejarían fuera aquellas manipulaciones, de las que el individuo no es consciente y que por tanto no son constatables, que podrían provocar precisamente neurotecnologías de uso no médico.

Finalmente, a través de un comunicado de prensa[97], el 9 de diciembre de 2023, el Consejo de la UE anunció el acuerdo provisional alcanzado con el Parlamento sobre el proyecto de Reglamento, con el añadido de nuevos elementos respecto de la propuesta inicial que pueden resumirse del siguiente modo:

- normas sobre modelos de IA de uso general de gran impacto que pueden causar un riesgo sistémico en el futuro, así como sobre los sistemas de IA de alto riesgo;

96. En negrita las modificaciones: Artículo 5 a): «La puesta en el mercado, la puesta en servicio o el uso de un sistema de IA que despliega técnicas subliminales más allá de la conciencia de una persona **o técnicas intencionalmente manipuladoras o engañosas, con el objetivo o el efecto de distorsionar materialmente el comportamiento de una persona o de un grupo de personas al perjudicar de manera apreciable la capacidad de la persona para tomar una decisión informada, lo que hace que la persona tome una decisión que de otro modo no habría tomado de una manera que cause o pueda causar a esa persona, otra persona o grupo de personas un daño significativo; La prohibición de un sistema de IA que utilice técnicas subliminales a que se refiere el párrafo primero no se aplicará a los sistemas de IA destinados a ser utilizados para fines terapéuticos aprobados sobre la base del consentimiento informado específico de las personas expuestas a ellos o, en su caso, de su tutor legal**».

97. Disponible en: https://www.consilium.europa.eu/es/press/press-releases/2023/12/09/artificial-intelligence-act-council-and-parliament-strike-a-deal-on-the-first-worldwide-rules-for-ai/

- un sistema revisado de gobernanza con algunas competencias de ejecución a escala de la UE;
- ampliación de la lista de prohibiciones, pero con la posibilidad de utilizar la identificación biométrica remota por parte de las autoridades policiales en espacios públicos, con sujeción a salvaguardias;
- una mejor protección de los derechos mediante la obligación de que los implementadores de sistemas de IA de alto riesgo lleven a cabo una evaluación del impacto en los derechos fundamentales antes de poner en marcha un sistema de IA.

Asimismo se armoniza la definición de IA y se especifica que «el Reglamento no se aplica a ámbitos fuera del ámbito de aplicación del Derecho de la UE y que, en cualquier caso, no debe afectar a las competencias de los Estados miembros en materia de seguridad nacional ni a ninguna entidad a la que se hayan encomendado tareas en este ámbito. Además, el Reglamento de IA no se aplicará a los sistemas utilizados exclusivamente con fines militares o de defensa. Del mismo modo, el acuerdo dispone que el Reglamento no se aplicará a los sistemas de IA utilizados únicamente con fines de investigación e innovación, ni a las personas que utilicen la IA por motivos no profesionales». Como vemos, el marco de excepciones a la aplicación es lo suficientemente amplio y presenta contornos conceptuales difusos, que previsiblemente ampararán zonas de inseguridad para la ciudadanía.

No obstante se establecen unos criterios horizontales de protección que se concretan, de manera más específica que en la propuesta inicial, en la clasificación de sistemas de alto riesgo, mientras que los de riesgo limitado estarían únicamente sometidos a meras obligaciones de transparencia, como la de informar que un contenido se ha generado por IA. En cuanto a los primeros, se establecen una serie de requisitos y obligaciones para que una extensa gama de ellos puedan acceder al mercado; al contrario, los que se consideran inaceptables —por ejemplo, «la manipulación cognitiva conductual, el rastreo indiscriminado de imágenes faciales sacadas de internet o de circuitos cerrados de televisión, el reconocimiento de emociones en los lugares de trabajo y en las instituciones de enseñanza, la puntuación ciudadana, la categorización biométrica para deducir datos sensibles, como la orientación sexual o las creencias religiosas, y algunos casos de vigilancia policial predictiva de personas»— tendrían vedada su utilización en el marco de la UE. Por otro lado, se regulan casos específicos en los que los sistemas de IA pueden tener muchos fines diferentes — «IA de uso general»—, y también su posible integración posterior en los sistemas de alto riesgo, así como los llamados «modelos fundacionales», esto es, «sistemas de gran magnitud capaces de realizar de manera competente una amplia gama de tareas diferenciadas, como la generación de vídeo, texto e imágenes, la conversión en lenguaje lateral, la informática o la generación de códigos informáticos», respecto de los cuales se articulan obligaciones específicas en materia de transparencia, particularmente para los calificados como de «gran impacto».

Desde el punto de vista de la protección, se establece una evaluación del efecto en los derechos fundamentales antes de que un sistema de IA de alto riesgo sea introducido en el mercado, así como un refuerzo en materia de transparencia en tales casos, con la obligación de registrarse en una base de datos de la UE. Asimismo se exige informar previamente a los usuarios que se expongan a un sistema de reconocimiento de emociones.

Todas las obligaciones y prohibiciones tendrían poca virtualidad si no se estableciese con claridad la asignación de responsabilidades y las funciones de los distintos agentes en el desarrollo y distribución de los sistemas de IA; el acuerdo anuncia un esfuerzo de aclaración en ese sentido, al igual que en la coordinación entre las obligaciones que implemente el Reglamento y otras procedentes de actos legislativos anteriores, ya sean sectoriales o en materia de protección de datos. De igual modo, se prevé la imposición de sanciones por infracciones del Reglamento[98].

En el ámbito policial, particularmente delicado por su potencial fricción con otros derechos fundamentales, al tiempo que se prevé un mecanismo específico para el aseguramiento de estos últimos, se introduce un «procedimiento de emergencia que permite a los organismos policiales desplegar en caso de urgencia una herramienta de IA de alto riesgo que no haya superado el procedimiento de evaluación de la conformidad». Por lo que respecta al uso de sistemas de identificación biométrica remota en tiempo real en espacios de acceso público, el acuerdo aclara los objetivos, relacionados con la aplicación de la ley, para cuya consecución son necesarios y a qué autoridades encargadas de la aplicación de la norma se les debe, por tanto, permitir excepcionalmente el empleo de dichos sistemas, limitándose a los casos de víctimas de determinados delitos, de prevención de amenazas reales, presentes o previsibles, como los atentados terroristas, y de búsqueda de personas sospechosas de los delitos más graves.

Finalmente se regulan los espacios controlados de pruebas y las condiciones reales para practicarlas que ofrezcan garantías, y asimismo se recogen una serie de medidas de apoyo a la innovación y alivio de la carga económica que favorezcan la actividad económica en este campo.

En cuanto al inicio de su aplicación, el Reglamento dispone que será dos años después de su entrada en vigor, con algunas excepciones para disposiciones específicas.

98 Las sanciones, en el caso de pymes y empresas emergentes presentan una proporcionalidad adecuada, mientras que cuando se trata de grandes corporaciones con amplia capacidad de intervención se determinan del siguiente modo: 35 millones de euros, o el 7 % del volumen de negocio por las infracciones de aplicaciones de IA prohibidas; 15 millones de euros o el 3 % por el incumplimiento de las obligaciones del Reglamento de Inteligencia Artificial; y 7,5 millones de euros o el 1,5 % por la presentación de información inexacta.

2.2.5. Declaración sobre los Derechos y Principios Digitales para la Década Digital

En fechas recientes se ha aprobado una serie de planes estratégicos y declaraciones para poner de manifiesto la voluntad renovada de la UE de monitorizar los avances de la sociedad digital. Aunque estos documentos no suponen en sí un avance específico en el plano normativo relacionado con las neuroteconologías, sí que manifiestan la voluntad europea de no perder de vista la evolución tecnológica y sus implicaciones para los derechos de la ciudadanía.

En diciembre de 2022 se aprobó a iniciativa del Consejo un plan estratégico denominado «Itinerario hacia la Década Digital para 2030»[99], que prevé un mecanismo de cooperación consistente en un sistema de seguimiento basado en el índice de Economía y Sociedad Digitales (DESI), un informe anual en el que los Estados darán cuenta de las medidas que hayan adoptado o planeado, y un organismo de apoyo a la ejecución de proyectos plurinacionales, el Consorcio de Infraestructuras Digitales Europeas. Los Estados miembros deberán facilitar «las estadísticas y los datos necesarios para el seguimiento eficaz de la transformación digital y del grado de consecución de las metas digitales».

El Plan comprende todos los aspectos fundamentales de la sociedad digital: competencias, infraestructuras, el papel de los servicios públicos y la articulación de los referidos proyectos plurinacionales, pero teniendo como referente, en todo caso «el respeto de los derechos fundamentales, el Estado de Derecho y la democracia», es decir, se trata de conjugar el desarrollo económico que llevará aparejado el mercado digital con los principios y derechos sociales que constituyen pilares europeos.

Pese a que se echan en falta referencias concretas a las neurotecnologías o la propia IA, que apenas aparece mencionada, el objeto del documento y su carácter abierto y evolutivo hace previsible que constituya un instrumento útil para impulsar la toma de decisiones en este tema con fundamento en una información fehaciente y continua. Así, en septiembre de 2023 se ha publicado el primer Informe sobre el Estado de la Década Digital[100], con una serie de anexos dedicados específicamente a cada uno de los países miembros, y en el que se subraya nuevamente que «uno de los objetivos generales establecidos en la Decisión sobre la Década Digital es promover un entorno digital centrado en el ser humano».

En general tanto el Plan como el primer informe se centran en los aspectos económicos y sociales del desarrollo digital, identificando amenazas como la desinformación y polarización política a ella asociada, pero sin atender a

99. Disponible en: https://eur-lex.europa.eu/legal-content/EN/TXT/?uri=CELEX%3A32022D2481

100. Disponible en: https://digital-strategy.ec.europa.eu/es/library/2023-report-state-digital-decade

que, dentro de esa transformación en todos los aspectos del mundo contemporáneo, lo «neuro» ocupará un lugar central; pues aunque no se trate de su objeto específico de análisis, resulta ineludible como hemos comprobado a lo largo del presente trabajo. Habrá, pues, que analizar los próximos informes e iniciativas vinculadas con esta estrategia para evaluar su alcance.

En la misma línea de interés, a comienzos de 2023 el Parlamento Europeo, el Consejo y la Comisión han proclamado la «Declaración conjunta sobre los Derechos y Principios Digitales para la Década Digital»[101], un conjunto de principios para una transformación digital, centrada en el ser humano que pretende ser un marco de referencia para las personas y una guía para las empresas y los responsables políticos. Aunque en este documento, nuevamente, no se hace mención expresa a los neuroderechos, ni al uso de neurotecnologías y sus riesgos para los derechos humanos, sí se introducen algunos compromisos de actuación en cuando al desarrollo de productos tecnológicos o el uso de la IA, marcando un serie indicaciones en todo el ámbito de la Unión relativas al respeto de los derechos fundamentales en el desarrollo de soluciones tecnológicas, particularmente las relacionadas con la IA, así como que en ningún caso se utilicen para «anticiparse a las decisiones de las personas en ámbitos como, por ejemplo, la salud, la educación, el empleo y la vida privada» (artículo 2).

2.2.6. Declaración de León sobre la Neurotecnología Europea

Finalmente, la «Declaración de León sobre la Neurotecnología Europea: un enfoque centrado en lo humano y orientado a los derechos»[102] adoptada en octubre de 2023, con el impulso de la presidencia española del Consejo de la UE, por los ministros de telecomunicaciones y digital, destaca precisamente la importancia de «ser proactivo y actuar ahora para que la UE se convierta en un actor importante en los mercados incipientes relacionados con las neurotecnologías, fomentando la innovación y promoviendo las inversiones, en consonancia con los valores y normas de la UE, incluida la Carta de los Derechos Fundamentales, así como la recientemente firmada Declaración Europea sobre Derechos y Principios Digitales, y garantizando así un enfoque centrado en la persona y basado en los derechos humanos para proteger y capacitar».

Entre los razonamientos que motivan la declaración se encuentra un dato altamente significativo: «el análisis de los contratos con consumidores de las

101. Disponible en: https://digital-strategy.ec.europa.eu/es/library/european-declaration-digital-rights-and-principles

102. Disponible en: https://spanish-presidency.consilium.europa.eu/media/q22hn0a4/declaracio%C3%B3n-de-le%C3%B3n-esp.pdf

30 mayores empresas de neurotecnología del mundo muestra que todas procesaban los datos cerebrales de los usuarios mediante mecanismos de consentimiento, y todas menos una tenían permiso para compartirlos con terceros». De ahí que el documento, fruto seguramente del perfil representativo de sus autores, apueste por «fomentar el ecosistema de neurotecnologías» con una aspiración de situarse a la vanguardia en este ámbito, pero tratando de conciliar el desarrollo económico y social que pueden llevar aparejado con el necesario respeto a los derechos humanos en juego, para que en último término resulte «fiable, transparente y responsable».

Se trata, pues, de una actualización de los propósitos e inquietudes expresadas en otros instrumentos precedentes que continúa siendo expresiva de la necesidad de una regulación ampliamente consensuada y rigurosa, en permanente estado de elaboración y adaptación a las innovaciones del sector. Una tarea compleja pero ineludible.

3. Heterogeneidad de las acciones estatales

En el ámbito de los ordenamientos estatales los intentos de regulación de los usos de las neurotecnologías se han abordado de muy diferentes formas: desde las que presentan carácter jurídicamente vinculante, como la reforma de la Constitución, el desarrollo de proyectos de ley específicos, o la modificación de normas concretas como el código penal o la ley de protección de datos, a las meras solicitudes de informes de órganos consultivos expertos —normalmente con carácter previo a su regulación—, o la incorporación de menciones a los neuroderechos en cartas de derechos digitales, acompañadas en ocasiones de un mandato al legislador.

Esta diversidad de instrumentos resulta expresiva no solo de la dificultad técnica para emprender una regulación de este tipo, sino, y sobre todo, de la medida en que depende de la voluntad política el hacerlo de un modo realmente efectivo, cuestión que pasa de manera necesaria por su exigibilidad. A todo ello contribuye el hecho de que nos encontramos ante un asunto que aún no cuenta con demanda social tan intensa como otros elementos del ordenamiento jurídico que en su momento resultaron igualmente novedosos, como el derecho medioambiental. Las neurotecnologías, en su vinculación con la IA, se mueven muy frecuentemente entre la indiferencia y el escepticismo que provoca su desconocimiento. De ahí que resulte necesaria una labor previa de información y divulgación pública sobre unas herramientas tecnológicas que, previsiblemente, alcanzarán en poco tiempo una notable implantación social. A ello no cabe duda de que están contribuyendo toda esa serie de declaraciones, cartas y otros mecanismos de *soft law* que hemos analizado en los apartados precedentes. Se hace preciso, de todos modos, que los ordenamientos estatales lideren la tarea en el ámbito competencial que les es propio.

A lo largo de este apartado daremos cuenta de las más relevantes de esta clase de iniciativas individuales. Algunas de ellas se limitan, como hemos dicho, a modificaciones puntuales de textos legales preexistentes, mientras que otras abordan desarrollos normativos de mayor calado; a este respecto es de destacar la ambición de las iniciativas adoptadas en Chile, país pionero en el que nos detendremos con mayor detalle.

En cualquier caso, y pese a su diversidad, todos ellos presentan el máximo interés para tener una visión de conjunto de la materia.

3.1. Reformas constitucionales en torno al derecho a la integridad personal

3.1.1. CHILE: Primera reforma constitucional aprobada. «El desarrollo científico y tecnológico al servicio de las personas»

Los planteamientos teóricos acerca de los neuroderechos encontraron una acogida pionera por parte del Estado chileno, que se sitúa como el primer país en incorporar estas propuestas de la ciencia a la gobernanza.

Hay que remontarse a enero de 2019 cuando Rafael Yuste, neurobiólogo y profesor en la Universidad de Columbia, presentaba su propuesta en el Congreso Futuro y, en abril, en la Pontificia Universidad Católica de Chile. Seguidamente, el 28 de mayo, el senador Girardi anunciaba públicamente la colaboración con la entonces «Iniciativa Neuroright» y, el 2 de octubre de 2019, se concretaba en una propuesta de reforma constitucional. Un año más tarde, los senadores Girardi, Goic, Chahuán, Coloma y De Urresti, presentaban, por un lado, un proyecto de reforma constitucional que modifica el artículo 19, n.º 1, de la Carta Fundamental chilena, para proteger la integridad y la indemnidad mental en relación con el avance de las neurotecnologías (Boletín N.º 13827-19); por otro, un proyecto de ley sobre protección de los neuroderechos y la integridad mental, y el desarrollo de la investigación y las neurotecnologías (Boletín N.º 13828-19). Ambos documentos fueron respaldados por la Comisión de Desafíos del Futuro, Ciencia, Tecnología e Innovación del Senado, a finales de noviembre de 2020. Con 39 votos a favor, se aprobó la propuesta de legislar sobre los dos proyectos.

Centrándonos en este apartado en la primera de ellas, el proyecto de reforma —Boletín n.º 13.827-19[103]—, proponía una modificación del artículo 19 n.º 1, que contemplaba el derecho a la vida y a la integridad física y psíquica.

103. Disponible en: https://www.senado.cl/appsenado/templates/tramitacion/index.php?boletin_ini=13827-19#

El proyecto justifica en la exposición de motivos la necesidad de releer conceptos jurídicos tradicionales a la luz de las nuevas tecnologías considerando oportuno «replantear el ámbito iusfundamental de ciertas garantías fundamentales en aras de dar respuestas satisfactorias frente a las nuevas amenazas que el avance científico y tecnológico envuelve». Considera necesario preservar la dignidad humana desde la protección del cerebro, buscando tutelar «que una regulación sobre este tipo de tecnologías quede en manos de un proceso de discusión social que posibilite a la nación sopesar los alcances cognitivos, emocionales y compartimentales que pueden ocasionar las neurotecnologías en los seres humanos».

Su objetivo, por tanto, es que el concepto de integridad psíquica resuma elementos tales como privacidad, libertad, consentimiento, dignidad e identidad de la persona, y que estos luego sean desarrollados en la ley. Es decir, que los neuroderechos pasen a formar parte del contenido esencial de este nuevo «derecho a la neuroprotección», como se denomina en el proyecto de reforma, y que se vincula directamente con la dignidad humana. En su vertiente de derecho de libertad, se traduce en el derecho de las personas a rechazar ataques o transgresiones arbitrarias; al mismo tiempo, en su vertiente prestacional, prevé toda una serie de acciones por parte del Estado para brindar dicha protección. Sin embargo, la propuesta, como veremos, más que establecer un nuevo derecho o redimensionar otros, aborda una específica tutela del derecho a la integridad frente al desarrollo científico y tecnológico, de ahí la necesidad de delimitar bien su contenido desde el punto de vista de la dogmática de los derechos fundamentales.

Desde su ingreso el 7 de octubre de 2020, el proyecto se sometió a discusión en la Comisión de Desafíos del Futuro del Senado, habiendo sido el texto inicial objeto de sucesivas modificaciones hasta que el 21 de abril de 2021 se aprobó por mayoría el nuevo texto cuyo contenido varió respecto del inicial, remitiéndose a continuación a la Cámara del Congreso para el segundo trámite constitucional. Los principales debates surgidos a lo largo del primer trámite constitucional giraron en torno tanto a la pertinencia de su reconocimiento, el contenido o su ubicación constitucional entre la privacidad y la integridad física y psíquica (Reche Tello, 2021).

Como hemos adelantado, se presentaron una serie de enmiendas a la redacción inicial, modificaciones que fueron aprobadas en un segundo informe en el mes de abril de 2021. Dicho texto, sometido nuevamente a votación, fue aprobado por un total de 39 votos a favor, resultando la redacción final como sigue:

> «Artículo único.- Modifícase el número 1.° del artículo 19 de la Constitución Política de la República, de la siguiente forma:
>
> 1) Reemplázase, en el actual párrafo final, el punto y coma (;) por un punto aparte (.).
>
> 2) Agrégase el siguiente párrafo final, nuevo:

> El desarrollo científico y tecnológico estará al servicio de las personas y se llevará a cabo con respeto a la vida y a la integridad física y psíquica. La ley regulará los requisitos y condiciones para su utilización en las personas, debiendo propender especialmente al resguardo de la actividad cerebral, así como la información proveniente de ella».

Por una parte se introduce un enfoque antropocéntrico que, en cierto modo, se complementa con el artículo 27.1 de la DUDH. A continuación, se remite al legislador con el fin de que regule los requisitos y condiciones para que estos avances científicos y tecnológicos se apliquen en las personas, debiendo «propender especialmente al resguardo de la actividad cerebral, así como la información proveniente de ella». No parece que la elección del término «propender» resulte muy afortunada, puesto que el propio significado del verbo, esto es, inclinarse o tender a algo, casa mal con el deber u obligación y podría ser susceptible de múltiples interpretaciones, considerando que habría sido más pertinente, en este sentido, utilizar el verbo «velar» en su significado de «observar atentamente».

En el segundo trámite constitucional se elaboró por la Comisión de Futuro, Ciencias, Tecnología, Conocimiento e Innovación un informe, de fecha 31 de mayo de 2021, en el que se recogen antecedentes, constancias reglamentarias previas, y un resumen del contenido previo aprobado por el Senado.

Puesto en votación general y particular, el proyecto de reforma constitucional resultó aprobado por unanimidad en la Comisión del Congreso. El 3 de junio de 2021, se remiten las indicaciones presentadas durante la discusión general en Sala por los diputados Tohá y Torres, quedando el texto, con las indicaciones, como sigue:

> «2) Agrégase el siguiente párrafo final, nuevo:
>
> El desarrollo científico y tecnológico estará al servicio de las personas y deberá proteger su vida e integridad física y psíquica, inclusive la actividad cerebral e información proveniente de ella. La Ley establecerá los requisitos y restricciones que permitan asegurar su debido resguardo, así como las condiciones para su utilización en las personas».

En general, consideramos plausible esta redacción, porque su contenido amplio posibilitaría que dicho texto se adapte, no sólo a los descubrimientos relacionados con la neurotecnología, sino también con otras tecnologías que estén por llegar, inclusive la perspectiva humanista que antepone la defensa de los intereses de la persona como límite de cualquier desarrollo tecnológico. El reforzamiento del texto por la Comisión del Congreso, con la incorporación de la obligación de proteger, no sólo la vida y la integridad física y psíquica, sino también la actividad cerebral e información proveniente de ella, como contenido específico de dicha integridad; así como unos mandatos de desarrollo al legislador, más taxativos y firmes, buscan reforzar el texto inicial, que posiblemente será un modelo a seguir en futuras modificaciones constitucionales.

El 29 de julio la Cámara aprobó el proyecto tras las modificaciones introducidas. El 10 de agosto, no obstante, la Comisión de Desafíos del Futuro del Senado rechazó la enmienda introducida por el Congreso. El principal motivo de oposición es la inclusión de la frase «inclusive la actividad cerebral» argumentando que, por una parte, da la impresión de que la actividad cerebral se añade a la integridad y a la vida, al tiempo que podrían interpretarse de manera restrictiva los elementos que estarían incluidos o no en ella, argumento con el que coincidimos plenamente. Se abre así un tercer trámite constitucional, formándose una Comisión Mixta que deberá proponer la forma y el modo de resolver la divergencia entre ambas Cámaras.

Finalmente, el 29 de septiembre la Presidenta del Senado comunicó al Presidente de la República el resultado definitivo, tras el acuerdo de las dos cámaras de aprobar la propuesta de la Comisión Mixta, resultando el texto de la enmienda constitucional como sigue:

> «Artículo único.- Modifícase el número 1.° del artículo 19 de la Constitución Política de la República, de la siguiente forma:
>
> 1) Reemplázase, en el actual párrafo final, el punto y coma por un punto y aparte.
>
> 2) Agrégase el siguiente párrafo final, nuevo:
>
> El desarrollo científico y tecnológico estará al servicio de las personas y se llevará a cabo con respeto a la vida y a la integridad física y psíquica. La ley regulará los requisitos, condiciones y restricciones para su utilización en las personas, debiendo resguardar especialmente la actividad cerebral, así como la información proveniente de ella».

Una única objeción cabe hacer a la redacción y es la falta de concordancia entre el desarrollo científico y tecnológico y su utilización en las personas, puesto que más bien serían los productos derivados de dicho desarrollo los que serían de aplicación o utilización. Es evidente que el texto, evitando mencionar las neurotecnologías -acertadamente- se está refiriendo a ellas al añadir a continuación el especial resguardo de la actividad cerebral, mención innecesaria, en nuestra opinión, por cuanto la integridad de la persona debe tutelarse en su totalidad.

En general, el proceso de reforma chileno no solo resulta relevante por su resultado final, pionero como hemos destacado, sino por el análisis del complejo proceso de aprobación, en el que se puede comprobar que una materia tan novedosa acoge infinidad de discusiones sobre matices en la redacción que pueden, sin embargo, tener gran trascendencia final. En todo caso se trata de una actuación innovadora que, al margen del aprendizaje que ofrece a quienes se encuentren interesados en la materia, sirve de referente para muchos otros países. Creemos que el mayor valor de la reforma constitucional es el ejemplo comprometido sobre cómo abordar eficazmente la que parece ser una nueva amenaza a los derechos, por lo que resulta loable establecer un límite claro al desarrollo tecnológico frente a la dignidad humana y sus derechos. Al mismo tiempo supone una forma indirecta de constitucionalizar a los poderes privados que desarrollan estas tecnologías.

Los procesos constituyentes recientes que se han llevado a cabo en Chile, ambos fracasados, han prestado escasa atención a esta importante reforma que por tanto sigue vigente. En el primero de ellos, desarrollado en 2022, la Convención Constitucional, se limitó a consagrar el derecho a la protección de datos personales, o el derecho a la seguridad informática amén de establecer algunos principios en materia de bioética[104].

Durante el segundo proceso desarrollado en 2023, no se recogieron avances específicos en la materia. Ahora bien, es de destacar el artículo 16. 2 inciso segundo del borrador de nueva Constitución, que incluye el mandato de que el desarrollo científico esté al servicio de los seres humanos y se lleve a cabo con respeto a la dignidad humana; o el mismo artículo 16.12, que reconoce el derecho al respeto y protección de los datos personales y la seguridad informática y digital. En cualquier caso, el texto de la Constitución vigente de 1980, gracias al importante texto incorporado a ella, contiene una tutela más específica y efectiva en materia de neurotecnologías (Walker Silva & Rojas Aguilera, 2023).

3.1.2. BRASIL: Proyecto de reforma de la Constitución federal para garantizar la integridad psíquica y transparencia algorítimica

El 13 de junio de 2023 se presentó en el Congreso Nacional del Brasil un proyecto de reforma para incorporar los neuroderechos a la constitución federal brasileña (Proposta de Emenda à Constituição n.º 29, de 2023[105]). En la justificación de la enmienda se afirma que «Brasil, como uno de los principales graneros, mercados y receptores globales del progreso tecnológico, necesita caminar en este camino de reinserción del giro kantiano en el contexto de los desarrollos tecnológicos y científicos, reafirmando su conocido papel en la defensa de los derechos humanos. ampliando el entendimiento normativo de la dignidad de la persona humana frente al avance de la neu-

104. Sí hubo una propuesta de norma presentada por un grupo de convencionales en materia de neurotecnologías, si bien no prosperó. La propuesta recogía el siguiente texto: «Es deber del Estado velar para que el desarrollo científico y tecnológico esté al servicio de la persona humana, asegurar a todos el acceso equitativo a sus beneficios y proteger a los individuos contra todo daño a su integridad física y psíquica. (2) La ley regulará el uso de las neurotecnologías, protegiendo los derechos de las personas a la individualidad, a la privacidad mental, a la libre decisión, a la equidad del aumento cognitivo y a que los algoritmos usados por la inteligencia artificial estén libres de sesgos».

105. Disponible en: https://www25.senado.leg.br/web/atividade/materias/-/materia/158095

rotecnología y el uso de algoritmos de inteligencia artificial, e internalizando en su conjunto normativo la protección constitucional de este nuevo derecho humano: el neuroderecho». La propuesta de reforma, menos poética que su justificación, se materializa en la inclusión de un inciso en el artículo 5[106] en los siguientes términos:

> «LXXX – el desarrollo científico y tecnológico garantizará la integridad psíquica y la transparencia algorítmica, de conformidad con la ley».

La iniciativa, que afirma encontrar inspiración en la reforma chilena, y la recomendación de la OCDE de 2019, pretende ampliar «la comprensión jurídica y normativa de la dignidad de la persona humana ante el avance de la neurotecnología y el uso de algoritmos de inteligencia artificial», y busca garantizar los derechos humanos en esos contextos habida cuenta de que «los tratados internacionales existentes relacionados con este tema, incluidos aquellos de los que Brasil no es signatario, no cuentan con la protección legal suficiente».

Llama la atención en primer lugar la tremenda incoherencia que supone introducir en el Capítulo de la Constitución dedicado a los derechos, la garantía de un derecho básico como la integridad psíquica junto con la transparencia algorítmica que no deja de ser más que un requisito que puede o no exigirse a una programación algorítmica.

Respecto del contenido, D´Avila López (2024) advierte de que la propuesta obvia algunos de los neuroderechos formulados por la Fundación Neurorights, aunque señala que esos derechos ya están previstos directa o indirectamente en la actual Constitución brasileña[107] —concretamente: artículo 3.°, inciso IV: prohibición de cualquier discriminación; artículo 5.°: igualdad material; inciso X: vida privada; inciso XLIX: integridad física y mental de los presos; inciso LXXIX: protección de los datos personales, incluyendo los digitales—. Ahora bien, aludiendo a la sentencia de la Corte Suprema chilena en el caso Emotiv vs. Girardi, conviene en la necesidad de que se aprueben normas específicas, «pues los alcances de las neurotecnológicas ultrapasan las actuales esferas de protección de los derechos fundamentales tradicionales», ya que la sentencia alerta en ese sentido sobre la necesaria intervención del poder público. El reproche que plantea la autora nos sitúa ante el debate relativo a la manera de regular estos nuevos derechos, en qué nivel y grado de detalle. En este caso se trata sin duda de una reforma «a la moda» que posible-

106. CAPITULO I DE LOS DERECHOS Y DEBERES INDIVIDUALES Y COLECTIVOS que se inicia con el Art. 5 que dice «Todos son iguales ante la ley, sin distinción de cualquier naturaliza, garantizándose a los brasileños y a los extranjeros residentes en el País la inviolabilidad del derecho a la vida, a la libertad, a la igualdad, a la seguridad y a la prioridad, en los siguientes términos»:

107. Disponible en: https://www.planalto.gov.br/ccivil_03/constituicao/constituicao.htm

mente obedezca a otro tipo de intereses que buscan aunar impacto mediático mediante la suma de acciones por parte de países de América Latina y que en todo caso debería someterse a un debate reflexivo y sereno abandonando su actual redacción por una propuesta que aporte una verdadera tutela frente a los nuevos riesgos sin desnaturalizar el contenido constitucional.

3.1.3. ESTADO DE RIO GRANDE DO SUL (BRASIL): Segunda reforma constitucional aprobada. La integridad psíquica contra la manipulación de la neurotecnología.

Junto a la propuesta de reforma en la Constitución federal se ha llevado a efecto una modificación constitucional, aprobada finalmente el veinte de diciembre de 2023 en el Estado brasileño de Rio Grande do Sul, enmienda número 85/2023[108], que en el párrafo único del artículo 235, relativo a la política de investigación científica y tecnológica, establece la protección de la integridad mental contra cualquier investigación que afecte el cerebro y su actividad, sin el consentimiento del individuo, con el siguiente tenor:

> «Toda persona tiene derecho a la integridad psíquica, como protección inalienable contra la manipulación resultante de los avances de la neurociencia y la neurotecnología».

La reforma afirma inspirarse igualmente en las distintas declaraciones internacionales que hemos reseñado, así como en los trabajos de la Universidad de Columbia. Sin embargo creemos que no es acertado hacer mención a la neurociencia y a la neurotecnología en la reforma constitucional puesto que, como estamos advirtiendo a lo largo de este trabajo otras, como la IA o nuevas que en un futuro próximo puedan llegar, podrían igualmente afectar directamente a la integridad personal, debiendo ser a través del desarrollo legal donde se regulen de manera más específica el contenido, los límites o las garantías del derecho fundamental.

Pese a todo, ambas iniciativas, sitúan a Brasil como uno de los países que más decididamente está actuando en la materia, particularmente por la voluntad política de acudir al texto constitucional, aunque, en efecto, habría sido deseable una mayor ambición en el contenido recogido en los textos. Ahora bien, no por ello se debe entender la regulación como un catálogo cerrado, pues no solo, como hemos apuntado, abre las puertas a un desarrollo normativo posterior sino a la interpretación de los altos tribunales con arreglo a la relevancia constitucional de tales derechos. Sobre ello abundaremos en el último apartado de este trabajo.

---

108 Disponible en: http://www.al.rs.gov.br/filerepository/repLegis/arquivos/EC%2089-85.pdf

3.1.4. MÉXICO: Proyecto de reforma para garantizar la integridad y privacidad mental

En agosto de 2023 se ha planteado ante la Cámara de Diputados una reforma a la Constitución, en su artículo cuarto[109], para establecer que toda persona goce del derecho a la protección de su privacidad y a la integridad de su mente y pensamiento. En la exposición de motivos de la propuesta se indica que con ella se busca que «el Estado promueva la investigación y desarrollo de la neurociencia y las tecnologías neuronales de manera ética y responsable, con el objetivo de proteger la integridad mental de los mexicanos y evitar cualquier forma de discriminación o vulneración de derechos basada en datos cerebrales. Se establecerán mecanismos de supervisión y regulación para garantizar el cumplimiento de esta disposición y se promoverá la participación ciudadana en la toma de decisiones relacionadas con el uso y aplicación de tecnologías neuronales». El texto que concretamente se adicionaría sería el siguiente:

> «Toda persona tiene derecho a la identidad individual plena e integral, así como a la integridad física y psíquica como condiciones de su libertad. El estado garantizará el respeto a la privacidad y la integridad mental de las personas. Ninguna autoridad o particular podrá, mediante el uso de cualquier mecanismo tecnológico, modificar, reducir o afectar dicha integridad e identidad».

La motivación de la reforma se ampara, al igual que en los casos anteriores a que hemos hecho referencia, en los antecedentes internacionales y el contexto del desarrollo tecnológico existente. Asimismo refiere el encuentro del Parlatino de junio de 2022, en el que varias Comisiones —Seguridad Ciudadana, Combate y Prevención al Narcotráfico, Terrorismo y Crimen Organizado; Derechos Humanos, Justicia y Políticas Carcelarias; y Salud— se reunieron para analizar la cuestión de los neuroderechos, donde «se discutieron las medidas necesarias para asegurar la protección de estos derechos en el ámbito legislativo, considerando la importancia de salvaguardar la autonomía y dignidad de las personas en el contexto de las neurociencias y las tecnologías neuronales», puesto que «el hecho de que todo lo que hacemos los seres humanos se procesa en el cerebro, es razón más que suficiente para tener serias preocupaciones respecto de cualquier información o dispositivo que pueda invadir nuestra mente y provocar pensamientos, sentimientos o comportamientos que no necesariamente están de acuerdo con nuestros valores y nuestras convicciones surgidas de nuestro desarrollo neuro-psico-sociocultural».

Pese a que de ese encuentro del Parlatino surgió una guía para «generar una propuesta de ley modelo», se afirma que «es menester pues proponer una reforma constitucional que desde lo más alto que son la protección de dere-

109. Disponible en: http://sil.gobernacion.gob.mx/Archivos/Documentos/2023/08/asun_4588906_20230808_1690903141.pdf

chos humanos detone un amplio debate al respecto de los nuevos cambios que se avecinan la segunda fase de vida de la llamada sociedad de la información». De este modo, el ordenamiento jurídico del país contaría con una protección al más alto nivel que amparase una eventual regulación legislativa al respecto y que «debería contemplar el reconocimiento explícito del derecho a la privacidad de los datos cerebrales de los ciudadanos. Se deben establecer salvaguardas legales que protejan la confidencialidad de la información cerebral y aseguren el consentimiento informado y libre de cualquier intervención en el cerebro. Asimismo, se debe regular el acceso, uso y almacenamiento de los datos cerebrales, evitando cualquier forma de discriminación basada en esta información y promoviendo la transparencia en su manejo».

Los dos ejes sobre los que se articula, por tanto, la propuesta son la privacidad —confidencialidad de los datos cerebrales recopilados, consentimiento informado y ausencia de discriminación—, y la integridad e identidad personales, con «un enfoque centrado en el respeto a los derechos humanos».

Al igual que en el caso brasileño, contrasta el desarrollo de los antecedentes y la descripción del contexto de la iniciativa con la regulación finalmente recogida. Concretamente en aquella se hace referencia al amplio consenso internacional en torno a los «cinco derechos humanos de reciente conceptualización» —a la privacidad mental, a la identidad y autonomía personal, al libre albedrío y a la autodeterminación, al acceso equitativo a la aumentación cognitiva y a la protección de sesgos de algoritmos o procesos automatizados de toma de decisiones— mientras que la propuesta de reforma constitucional se limita a las cuestiones referidas. Podría entenderse como un punto de partida para ese desarrollo normativo posterior al que parece dirigida la motivación de la enmienda, lo que no necesariamente, como decíamos, ha de merecer un reproche, en la medida en que busca un consenso mínimo sobre el que construir respuestas futuras tanto legislativas cuanto jurisprudenciales.

3.2. Reformas legales

Algunos países han emprendido el camino de regulación en el nivel legislativo, ya sea de forma paralela a las reformas constitucionales en el mismo sentido, o en ausencia de ellas. En cualquier caso esta clase de normas permite un desarrollo minucioso de los contenidos, amén de adecuarse a los supuestos que, en la práctica, reclaman con mayor urgencia la intervención del legislador.

A lo largo de los siguientes apartados comenzaremos por examinar las iniciativas normativas que se han adoptado en este ámbito del ordenamiento jurídico especialmente necesitado de garantías. Regulaciones en todo caso incipientes, y que precisarán de un contraste casuístico para evaluar su acierto, habida cuenta de la propia naturaleza evolutiva de las neurotecnologías, y entre las que destaca el primer proyecto legislativo que de una manera integral pretender normativizar su utilización, el caso chileno.

3.2.1. CHILE: Proyecto de ley para regular las neurotecnologías

En páginas precedentes nos hemos referido ya al distinto nivel de protección que merecen los derechos fundamentales frente a las neurotecnologías dependiendo de que estas presenten carácter invasivo, con necesidad de neurocirugía, o carezcan de él, pues en el primer caso se les aplica un estándar de garantía similar al del ámbito médico, mientras que en el segundo quedarían fuera del mismo, pese a que las actividades comerciales o de ocio tienen la potencialidad de alcanzar una amplia difusión. Como respondió Yuste a las objeciones al proyecto de ley en el Informe de la Comisión Congreso del Futuro de 4 de diciembre de 2020[110], el espíritu consiste precisamente en incorporar el uso de las neurotecnologías al sistema médico regulado con el Código Sanitario, y aplicándoles también la Ley de Trasplantes y de Donantes de Órganos.

Previamente a comentar su contenido hay que destacar que, desde su anuncio, no existe unanimidad por parte de la comunidad científica sobre la conveniencia, o no, de esta regulación avanzada, tal y como vimos a propósito de la reforma constitucional. Ahora bien, la doctrina sí coincide en afirmar que el contenido del proyecto pone al descubierto su finalidad, esto es, la neuromejoración del individuo (Díaz Fuenzalida y Peredo Rojas, 2021; Zúñiga *et al.* 2020).

En todo caso el cuestionamiento de principio en torno a cualquier proyecto normativo de relevancia tal vez debiera someterse a un análisis previo a su remisión a las Cámaras; el cual, siguiendo a Atienza (1989) habría de llevarse a cabo en diferentes niveles de racionalidad a fin de examinar la eficacia y utilidad social y política de dichas reformas, de modo que acaben sirviendo al bien común.

El proyecto de ley, inicialmente titulado «sobre protección de los neuroderechos y la integridad mental, y el desarrollo de la investigación y las neurotecnologías», Boletín N.° 13.828-19, de 7 de octubre de 2020, se plantea en un inicio, con el objetivo de desarrollar el contenido de la reforma constitu-

110. Informe de la Comisión de Desafíos del Futuro, Ciencia, Tecnología e Innovación, recaído en el proyecto de reforma constitucional, en primer trámite constitucional, que modifica el artículo 19, número 1.°, de la Carta Fundamental, para proteger la integridad y la indemnidad mental con relación al avance de las neurotecnologías. BOLETÍN N.° 13.827-19.

A las objeciones planteadas Yuste respondió: «algunas de ellas se pueden dirimir encajándolas dentro del Código Sanitario, el cual se aplicaría a muchos de estos casos, ya que el espíritu de la ley es cuando se concreta este tipo de conceptos, y el espíritu de esta ley es aplicar el modelo médico, entonces se aplica no sólo a neurotecnologías que serían invasivas, las cuales evidentemente requieren neurocirugía y requiere neuroregulación médica, sino que hay tecnologías que no son invasivas que hoy en día no tienen ninguna regulación medica entonces, a su juicio, soluciona el problema el incorporar estas problemáticas dentro del sistema médico de regulación con el Código Sanitario y también aplicando la Ley de Trasplantes y de Donantes de Órganos».

cional, garantizar la tutela de la integridad física y psíquica de las personas en el desarrollo de las neurociencias, las neurotecnologías y sus aplicaciones clínicas, así como garantizar la información a los usuarios de neurotecnologías sobre sus potenciales consecuencias negativas y efectos secundarios, y establecer una concordancia entre las neurotecnologías y los principios éticos de la investigación para que sean favorables al bien común[111]. Este proyecto, aprobado por la Cámara del Senado, se encuentra desde el pasado 13 de diciembre de 2021 en el segundo trámite constitucional ante la Cámara del Congreso de Diputados[112], después de ser objeto de importantes modificaciones tras el segundo informe de la Comisión de Desafíos del Futuro, Ciencia, Tecnología e Innovación del Senado, de 6 de diciembre de 2021, con aprobación en particular de dicha Cámara.

El proyecto de ley actual, mucho más concreto y preciso que el borrador inicial, se centra únicamente en regular los usos de las neurotecnologías, aplicando el modelo médico a aquellas destinadas para el consumo, a fin de «proteger la vida y la integridad física y psíquica de las personas en el desarrollo de las neurociencias, las neurotecnologías y sus aplicaciones clínicas». Por tanto, pese a su título, a la vista de su contenido no tiene la intención de aprobar o recoger neuroderechos, sino establecer cómo han de regularse en Chile las neurotecnologías. A tal efecto, las define como: «conjunto de dispositivos o instrumentos que permiten una conexión con el sistema nervioso central, para la lectura, el registro o la modificación de la actividad cerebral y de la información proveniente de ella» (artículo 3). Deja fuera, por tanto, aquellos fármacos que se usan con fines de neuromejoramiento del ámbito de aplicación de la ley al no considerarlos como tales.

A propósito de sus usos, se establece, en principio, la libertad de utilizar cualquiera permitida (artículo 4) siempre que respeten los derechos fundamentales reconocidos en la Constitución, así como los tratados internacionales ratificados por Chile (artículo 2), pudiendo la autoridad sanitaria restringir o prohibir su uso cuando estos se menoscaben (artículo 8). Ahora bien, su instalación y funcionamiento en las personas deberá ser reversible, salvo aquellas que tengan un uso terapéutico (artículo 6). Previamente, deberán ser registradas por el Instituto de Salud Pública (artículo 7) y un reglamento regulará los procedimientos, forma y requisitos para su registro (artículo 12).

El proyecto introduce también el concepto de datos neuronales como: «aquella información obtenida de las actividades de las neuronas de las personas, que contienen una representación de la actividad cerebral» (artículo 3). Los mismos serán reservados y su tratamiento será solo para fines legítimos e informados previo consentimiento, debiendo un reglamento estable-

111. Sobre el desarrollo y contenido de la enmienda constitucional, así como del Proyecto de Ley en su versión inicial, *Vid.* (Reche Tello, 2021).

112. Disponible en: https://www.camara.cl/legislacion/ProyectosDeLey/tramitacion.aspx?prmID=14385&prmBOLETIN=13828-19

cer la forma y condiciones de la recopilación, almacenamiento, tratamiento, comunicación y transferencia. Además, se tratarán como datos sensibles conforme a lo previsto en la Ley 19.629 sobre protección de la vida privada (artículo 11). Sin embargo, esta tutela especial de los datos neuronales como si fueran un órgano más plantea algunos problemas al otorgarles la protección de las leyes de trasplante y donación, ya que resulta contradictorio con la ley que en Chile establece por defecto la donación de órganos de mayores de 18 años, De forma que, al respaldar este enfoque orgánico, los datos neuronales de los ciudadanos podrían estar disponibles como una opción legal predeterminada, lo que no resulta acorde con el espíritu de la propuesta normativa (López Silva & Wajnerman, 2022).

En cuanto al consentimiento, el uso requerirá la entrega de forma expresa, explícita y por escrito del mismo, debiendo éste ser revocable en todo momento. Si se trata de neurotecnologías para usos con fines terapéuticos o médicos, el consentimiento será conforme a lo establecido en la ley de salud, mientras que si su uso es en áreas de investigación científica, deberá contemplar las exigencias de la ley de investigación científica en el ser humano. En todo caso, los formularios deberán contener información sobre los posibles efectos respecto de las normas de privacidad de datos neuronales personales, «de acuerdo a la evidencia disponible» (artículo 5). El consentimiento se establece por tanto como la base para que las intervenciones de neurotecnologías sean válidas, así como la obligación expresa de informar previamente sobre sus eventuales efectos, para garantizar así la voluntad libre de quienes se sometan a ellas.

Sobre los productores, proveedores o administradores de estas tecnologías, estos serán responsables solidaria y objetivamente por los daños materiales y morales que ocasionen (artículo 9), a excepción de determinados supuestos específicos. Se establece un régimen sancionador de presidio menor en grado medio o máximo hasta presidio mayor en grado mínimo para aquellos que, haciendo uso de una neurotecnología, alterasen la voluntad de otra persona, o causasen lesiones inclusive la muerte (artículo 10).

Finalmente se señalan como normas supletorias, la Ley N.° 20.120, sobre la investigación científica en el ser humano y su genoma, con la prohibición de la clonación humana, así como la Ley N.° 20.584 que regula los derechos y deberes que tienen las personas en relación con las acciones vinculadas a su atención en salud (artículo 1). Además, se introducen modificaciones en la Ley 20.120, sobre la investigación científica, para incorporar en su articulado términos como neurociencia, neurotecnología o datos neuronales (artículo 13). También se incorpora una modificación en la Ley N.° 19.628, que regula el trato de los datos de carácter personal, para introducir el término «datos neuronales» (artículo 14), y finalmente, se añade un nuevo punto décimo al art. 149 de la Ley N.° 18.700, orgánica constitucional sobre votaciones populares y escrutinios, para penalizar al que impidiere, haciendo uso de una neurotecnología, ejercer el derecho al sufragio libre en cualquier elección.

Así, de aprobarse finalmente esta ley[113] de carácter transversal, se verían modificadas igualmente otras como la ley de protección de datos, la que afecta al régimen electoral, o la que regula la investigación científica. Sin embargo esta técnica legislativa, en nuestra opinión, no es la más acertada, puesto que el encaje de los nuevos retos de la neurotecnología en cada uno de estos ámbitos debería ser objeto de mayor debate y deliberación en las Cámaras de manera independiente, evitando reformas mediante una forzosa y escueta mención a términos como datos neuronales o neurotecnologías.

Cabe insistir en que desde la versión inicial, el proyecto de ley ha sufrido una transformación considerable, abandonando la idea de reconocer nuevos derechos. Ello ha llevado a confusión, sobre todo en ámbitos divulgativos o ajenos al derecho donde se ha afirmado que Chile ha reconocido los neuroderechos, entre otros (Reguera Andrés & Cayón de las Cuevas, 2021). Ello en parte es explicable por el título de la norma: «proyecto de ley sobre protección de los neuroderechos y la integridad mental, y el desarrollo de la investigación y las neurotecnologías» por lo que debería aclararse este extremo para no inducir a equívocos.

Debemos añadir finalmente que la situación política en Chile después de dos procesos constituyentes fallidos en 2022 y 2023 nos hace dudar de que el proyecto llegue a materializarse, aunque, como decimos, en su última versión, nos parece un buen modelo a seguir.

3.2.1.1. El caso Girardi frente a Emotiv Inc. Sentencia de 8 de agosto de 2023 de la Corte Suprema de Chile

Pese a la parálisis legislativa con motivo de los procesos constituyentes, Chile pasó de nuevo a ser el foco de atención mundial al conocerse la Sentencia de la Tercera Sala de la Corte Suprema (causa rol 105.065-2023), de 9 de agosto de 2023, dictada en el asunto conocido como: «Girardi vs. Emotiv Inc».

La sentencia, que analiza los riesgos para «la privacidad y la confidencialidad y los derechos propios de la integridad psíquica y del sujeto de experimentación científica» derivados del uso de un dispositivo de neurotecnología, es importante porque es la primera vez que un tribunal se pronuncia sobre la invasión de la privacidad en este ámbito.

El demandante, ex. Senador Guido Girardi, que recordemos es uno de los principales promotores de la reforma constitucional a iniciativa del Senado de la República, adquirió en marzo de 2022 un dispositivo denominado *Insight* a la empresa californiana Emotiv. Se trata de una especie de diadema con senso-

113. A fecha de 6 de marzo de 2024 el proyecto sigue en tramitación (Segundo trámite constitucional Cámara de Diputados, Cuenta del Mensaje 491-369 que hace presente la urgencia Discusión inmediata, Disponible en: https://www.camara.cl/legislacion/ProyectosDeLey/tramitacion.aspx?prmID=14385&prmBOLETIN=13828-19

res inalámbricos que recaba información sobre la actividad cerebral evaluando los diferentes estados mentales de la persona: interés, excitación, compromiso, enfoque, estrés y relajación. En el blog de la empresa se publicita para su aplicación en ámbitos como la educación, el trabajo, incluso la investigación, a fin de que las personas puedan entrenar y potenciar su agilidad mental, o su resiliencia. De manera que, comprendiendo mejor el cerebro, se obtiene una «visión privilegiada» de cómo reacciona ante determinados acontecimientos a lo largo del día, lo que a su vez optimiza la jornada y aumenta la resistencia. Para su funcionamiento, exige crear una cuenta en la nube de la empresa Emotiv, que graba y accede a los datos cerebrales que recoge el dispositivo, debiendo aceptarse los términos y condiciones de ésta. Además, se debe instalar el programa «Emotiv Launcher» en el ordenador del usuario para gestionar el dispositivo asociado a la cuenta personal, donde nuevamente se aceptan los términos y condiciones. Tratándose de una licencia gratuita, no es posible exportar ni importar ningún registro de la actividad cerebral, sino que esta información queda almacenada y guardada en la nube de la empresa, cosa que sí podría hacerse con el pago de una licencia «PRO».

El Sr. Girardi, cuando decide cerrar su cuenta, pide a la empresa que borre sus datos, a lo que ésta se niega, alegando que los retiene para realizar «investigación científica e histórica» (Considerando 1). Por ello, pese a la prestación de consentimiento, el demandante considera que el uso del dispositivo le ha expuesto a los siguientes riesgos: (i) reidentificación, (ii) piratería o hackeo de datos cerebrales, (iii) reutilización no autorizada de los datos cerebrales, (iv) mercantilización de los datos cerebrales, (v) vigilancia digital, y (vi) captación de datos cerebrales para fines no consentidos por el individuo, por lo que interpone en consecuencia una acción constitucional de protección en su defensa[114]. Alega para ello la vulneración de la ley de protección de datos chilena —artículos 11 de la Ley N.° 19.628, sobre protección de la vida privada, de 28 de agosto de 1999, que regula el cuidado y diligencia en la protección de datos personales a la que se encuentran obligados los responsables de los registros o bases; y 13, acerca del derecho de las personas a la cancelación o bloqueo de sus datos personales, dado que aun cuando la cuenta de usuario se cierre, la empresa retiene la información cerebral para propósitos de investigación científica e histórica—.

Solicita, en consecuencia, que con carácter general se interrumpa su comercialización en Chile hasta que no se modifiquen las políticas de privacidad en lo concerniente a los datos cerebrales de sus usuarios. Y de manera concreta, que se elimine de la base de datos su información cerebral.

---

114. La acción de carácter constitucional diseñada para dar protección rápida y eficaz a los derechos fundamentales establecidos en la Constitución es muy parecida a nuestro constitucional, aunque con diferencias importantes. Se interpone en primer lugar ante los tribunales de alzada (Cortes de Apelaciones en Chile), siendo su sentencia recurrible sólo ante la Corte Suprema por vía de apelación.

La empresa, por su parte, se opuso denunciando la instrumentalización de la demanda. Efectivamente, la acción constitucional responde a un interés legítimo de quien la plantea, ello resulta obvio, pero no impide al demandante ejercer su derecho a la tutela judicial efectiva e interponer la acción de protección como usuario de dicho dispositivo. Al tiempo, la empresa alega cumplir no solo con la normativa estatal, sino también con el RGPD europeo, ya que al tratar separadamente los datos personales de los neuronales, estos últimos no serían identificables, y por tanto tendrían la consideración de meros datos estadísticos, no siendo entonces de aplicación la normativa de protección de datos. Reconoce que el producto es un dispositivo de neurotecnología no invasiva, sin fines terapéuticos, por lo que no se comercializa como un dispositivo médico y no requiere por tanto la autorización del Instituto de Salud Pública.

En cuanto a su política de privacidad, ésta exige la prestación de un consentimiento expreso de manera previa a su utilización, tanto para el tratamiento de los datos personales como de los datos cerebrales. En este proceso utiliza un proceso de anonimización, tratando de manera separada los datos personales que sean atribuidos a un usuario de los demás que no lo son. Se sobreentiende que estos últimos son los datos cerebrales. Respecto de los personales, se conservan solo mientras la cuenta de usuario está abierta. Sin embargo, en lo que atañe a los cerebrales, el usuario solo tiene la posibilidad de revocar su consentimiento al tratamiento, ya que dispone de una licencia gratuita, no siendo posible exportar ni importar ningún registro de la actividad cerebral, sino que la información queda almacenada y guardada en la nube de la empresa.

Concretamente, sobre los datos cerebrales, la empresa confirma su uso «para la investigación científica e histórica», aunque al estar completamente anonimizados, encriptados y conservados de forma segura y separada de los datos personales, tendrían la consideración de meros datos estadísticos, lo que permitiría retener dicha información cerebral para propósitos de investigación científica e histórica, al quedar fuera del ámbito de aplicación de la ley.

La respuesta de la Corte Suprema, que revoca la sentencia apelada de 24 de mayo de 2023, atiende la petición del actor, considerando que la conducta empresarial ha vulnerado el artículo 19.1 y 19.4 de la Constitución de la República de Chile por comercializarse el producto sin haber sido evaluado por las autoridades pertinentes, aunque como se precisa en el fundamento jurídico décimo, la acción se acoge, en realidad, porque el dispositivo no cuenta con la certificación de destinación aduanera. No obstante, con apoyo en la reforma constitucional del artículo 19.1 establece que, en todo caso, estos dispositivos, para ser comercializados en el país, habrán de ser evaluados previamente no solo por la autoridad aduanera, sino también por el Instituto de Salud Pública para que, una vez examinados los antecedentes a efectos de la comercialización y uso del aparato y el manejo de los datos que de él se obtengan, la empresa se ajuste estrictamente a la normativa aplicable. Ahora bien, la sentencia, «deja la sensación de que estas autoridades van a enfrentarse a la incertidumbre de su respuesta que no podrá ser sino negativa a la comercialización y uso del dispositivo Insight y al manejo de datos del mismo derivados, a menos que construyan ellas mismas una regulación basada en reglas, principios y procedimientos, que es difícil que sean de su competencia» (DE LA CUADRA-SALCEDO FERNÁNDEZ DEL CASTILLO, 2024: 90). Tanto el requisito de evaluación previa por el Instituto de Salud Pública, como la aplicación subsidiaria de la Ley sobre la investigación científica del ser humano son cuestiones, como vimos, que se contemplan en el proyecto de ley pendiente de aprobación.

Respecto del consentimiento prestado, la Corte Suprema considera que la empresa Emotiv Inc., al haber tratado los datos cerebrales con fines de investigación, debería haber solicitado al usuario uno específico para este tipo de tratamiento que, tal como establece la norma, ha de ser de carácter previo, expreso, libre e informado, argumentando que una información obtenida con diferentes propósitos no puede tener diversos fines sin la aprobación del titular, ello con apoyo en el principio de precaución, así como en la Ley sobre la investigación científica del ser humano.

La sentencia, como acertadamente señala AMUNÁTEGUI PERELLÓ (2024), es precisa en su alcance, por lo que servirá de base para la jurisprudencia que está por venir. Lo más interesante, en nuestra opinión, es la reflexión sobre el rol del Estado en la atención y el cuidado que debe prestar en torno a nuevas tecnologías, anticipándose a sus posibles efectos negativos y velar por la protección de la integridad humana. Sin embargo, la resolución es débil en algunos de sus razonamientos, lo que «pone de relieve también las dificultades para la Justicia de terminar de definir el alcance de los derechos en nuevos contextos tecnológicos avanzados» (DE LA CUADRA-SALCEDO FERNÁNDEZ DEL CASTILLO, 2024: 90).

Así, en primer lugar, respecto de la naturaleza de los datos cerebrales, la Corte Suprema podría haber aprovechado la oportunidad para teorizar sobre su naturaleza y categoría especialmente sensible, con independencia de la finalidad de su tratamiento. Si la empresa no hubiese reconocido recolectar dichos datos cerebrales con fines de investigación, al tratarse de datos supuestamente anonimizados, no estarían amparados por la ley de protección de datos. Esta cuestión no deja de ser controvertida puesto que, tratándose de la actividad neuronal, tanto consciente como inconsciente, ésta no puede quedar reducida a la mera categoría de dato estadístico. Además, «es indudable que los datos cerebrales son datos personales, tal como se desprende de una adecuada interpretación de las distintas normativas de protección de datos —particularmente del RGPD europeo— y de la posición adoptada por la mayoría de la doctrina. Sin embargo, la Corte no se pronunció de fondo sobre esta situación y prefirió trasladar a otras autoridades la valoración de lo dispuesto en la política de EMOTIV para determinar si podían o no comercializar sus productos en Chile» (CÓRDOBA MARENTES, 2024:70-73). A todo ello cabe añadir, como señala este autor, que el proceso descrito por la empresa como de anonimización, en realidad lo fue de seudonimización, ya que permitiría identificar al individuo si se logra vincular la información seudonimizada y su cuenta de usuario. Una diferencia importante puesto que, a efectos de tratamiento, los datos seudonimizados son datos personales, al contrario de los verdaderamente anonimizados, que deben cumplir con ciertos criterios rigurosos que aseguren que no se pueda revertir el proceso de anonimización. Otra paradoja que el tribunal no entró a valorar.

Una segunda cuestión tiene que ver con la ausencia de una reflexión sobre el consentimiento individual, que pese a cumplir con los más estrictos requisitos podría no ser suficiente teniendo en cuenta los riesgos que se presentan, no solo para la privacidad, sino también para la propia integridad por su capacidad de extraer información mental y de reescribirla sin nuestro conocimiento, provocándonos un daño o alterando nuestra propia voluntad, incluso sobre si nuestras normativas en materia protección de datos son lo suficientemente tuitivas para afrontar estos nuevos retos.

Una tercera cuestión, aunque menos importante, tendría que ver con la enumeración en el fundamento jurídico sexto de toda una serie de instrumentos internacionales que reconocen la relación entre ciencia y derechos humanos, pero que se enuncian en abstracto, sin ninguna conexión con los argumentos jurídicos que determinan el fallo. Además, a día de hoy, existen otros más precisos relativos a las neurotecnologías, según hemos visto en el apartado dedicado al ámbito internacional. En todos estos instrumentos se contienen principios, recomendaciones, definiciones perfectamente aplicables al caso concreto, y que podrían haber fortalecido el fallo.

En resumen, la sentencia «es sólo un principio que coloca en las espaldas del legislador construir una nueva regulación adecuada a los momentos que vivimos que cohonesten las ventajas de las tecnologías con la garantía de los derechos» (de la cuadra-Salcedo Fernández del Castillo, 2024: 96).

3.2.2. FRANCIA: Reformas de los Códigos Penal, Civil y de Salud Pública

A través de la Ley n.º 2021-1017, del 2 de agosto de 2021, sobre bioética, fundamentalmente con los artículos 18 y 19, se introdujeron modificaciones en diversos textos legales de naturaleza penal y civil en torno a la materia que nos ocupa.

Deteniéndonos en el primero de los aspectos, el artículo 18 establece lo siguiente:

> «La segunda frase del 1° del artículo 225-3 del Código Penal se completa con las palabras:
>
> "o datos procedentes de técnicas de imagen cerebral".
>
> La redacción queda finalmente de siguiente modo:

> Artículo 225-3 "Lo dispuesto en el artículo anterior no se aplicará a:
>
> 1.o La discriminación basada en el estado de salud, cuando consista en operaciones destinadas a prevenir y cubrir el riesgo de muerte, los riesgos que afecten a la integridad física de la persona o los riesgos de incapacidad laboral o invalidez. No obstante, dicha discriminación será sancionada con las penas previstas en el artículo anterior cuando se base en la consideración de pruebas genéticas predictivas de una enfermedad aún no declarada o en una predisposición genética a una enfermedad o cuando se base en la toma en consideración de las consecuencias sobre el estado de salud de la extracción de un órgano tal como se define en el artículo L. 1231-1 del Código de Salud Pública o datos de técnicas de imagen cerebral"».

Esta referencia a las técnicas de imagen cerebral se añade al artículo 225.3, párrafo primero, un precepto que establece ciertas excepciones a las penas por discriminación que se describen en el artículo 225.2 del Código Penal.

Esta modificación articula una «excepción de la excepción» con la que atribuye la gravedad precisa a los comportamientos discriminatorios que, en lo que nos ocupa, no tienen justificación médica o de otro tipo, sino que se basan en datos extraídos de la actividad cerebral, lo cual se equipara con el conocimiento de otras informaciones relativas a la salud que, en previsión de eventuales circunstancias relacionadas con ella, llevasen a la toma de decisiones por cualesquiera operadores jurídicos o de mercado que comportasen una discriminación. Se trata sin duda de una regulación avanzada, que se adelanta a situaciones que cada vez resultarán más comunes, como las relativas a la búsqueda de empleo, contratación de seguros o préstamos, etc., en las que la ciudadanía no puede verse discriminada por datos predictivos o de carácter estrictamente íntimo. Su incorporación al texto penal supone, a su vez, atribuirle un carácter punitivo acorde con la gravedad de tales comportamientos.

Además de esta modificación de carácter penal, la Ley n.º 2021-1017, de 2 de agosto, realiza dos más que tienen que ver con regulaciones de otros ámbitos del ordenamiento. Por un lado, el mismo artículo 18 modifica la primera frase del artículo 16-14 del Código Civil, que queda redactado de la siguiente manera:

> «Las técnicas de imagen cerebral sólo podrán utilizarse con fines de investigación médica o científica o en el contexto de la pericia forense, con la excepción, en este contexto, de la imagen cerebral funcional».

En el informe de la Comisión Especial encargada de examinar el proyecto, de 14 de septiembre de 2019[115], se alertaba sobre la ambigüedad de la redacción inicial, puesto que en el uso de imágenes cerebrales en el contexto de la pericia forense no se especificaba la finalidad del examen ni el tipo de imágenes que pudiesen utilizarse. Como se refiere en el informe, previa-

115. Disponible en: Rapport n°2243 - Tome I - 15e législature - Assemblée nationale (assemblee-nationale.fr)

mente —en 2018—, la Oficina Parlamentaria para la Evaluación de las Opciones Científicas y Tecnológicas había solicitado que se especificara mejor el marco y la finalidad del uso de estas técnicas porque «en el estado actual de la legislación, sigue existiendo el riesgo de uso indebido, en lo que respecta a su valor predictivo real y fundamentado, de las técnicas de imagen cerebral funcional en el contexto de la pericia forense». De este modo, en la redacción final se han excluido estas últimas en su utilización procesal, al estimar que en el ámbito procesal es preciso reforzar las garantías, más endebles que el médico o investigador.

Por otro lado, el artículo 19 de la ley, introdujo un nuevo precepto (art. 1151-4) en el Código de salud pública que establece lo siguiente:

> «Los actos, procesos, técnicas, métodos y equipos que tengan por efecto modificar la actividad cerebral y presenten un peligro grave o se sospeche de un peligro grave para la salud humana podrán ser prohibidos por decreto, previa consulta a la Alta Autoridad Sanitaria. Cualquier decisión de levantar la prohibición se toma de la misma forma».

Estas disposiciones relativas a la actividad cerebral se insertan en el contexto jurídico de una norma centrada en la bioética, y más concretamente en aspectos como la genética o el tratamiento embrionario. Pese a tratarse, en ese sentido, de previsiones concretas y aisladas presentan, al menos el valor de ampararse precisamente en la protección genérica que se dispensa a los derechos relacionados con la salud humana en su vertiente médica. A este respecto, el Título VI de la norma pretende «garantizar una gobernanza bioética adaptada a los rápidos avances de la ciencia y la tecnología», y en los dos preceptos que comprende (arts. 38 y 39) configura un Comité compuesto por altas personalidades del Estado y la investigación científica con el fin de reflexionar y advertir sobre cualquier riesgo que aquellos comporten.

El dictamen del Consejo de Estado de 18 de julio de 2019[116], emitido durante la tramitación del proyecto, señala que «la extrema dificultad, señalada por el estudio del Consejo de Estado de 2018, para distinguir entre la neuromejora con fines de rendimiento en personas no enfermas y los neurotratamientos con fines terapéuticos, lleva a que las disposiciones no diferencien el uso de técnicas de neuromodulación en función de sus finalidades, sino en función de su peligrosidad», mientras que «las limitaciones a la libertad de empresa que pueden derivarse de ello pueden aceptarse a la luz del principio constitucional de protección de la salud (CC, 8 de enero de 1991, n.º 90-283 DC y 16 de enero de 1991, n.º 90-287 DC), así como del principio de salvaguardia de la dignidad de la persona humana (CC, 27 de julio de 1994, 94-343/344 DC): están justificadas por la existencia de un peligro grave o por la sospecha de un peligro grave para la salud humana y son proporcionadas a dichos riesgos».

---

116. Disponible en: https://www.legifrance.gouv.fr/contenu/Media/Files/autour-de-la-loi/legislatif-et-reglementaire/avis-du-ce/2019/avis_ce_ssax1917211l_pjl_bioethique_cm_24.07.2019.pdf

Consideramos, no obstante, que la «peligrosidad» de estas técnicas es un concepto jurídico excesivamente indeterminado como para resultar realmente garantista, máxime cuando aparece ligado exclusivamente a la «salud humana», y no a otros posibles usos. A expensas de pronunciamientos jurisprudenciales que puedan delimitar mejor ese contenido, la propia evolución de las neurotecnologías es previsible que inspire una modificación de esta normativa protectora, con el fin de ampliar su capacidad tuitiva.

3.2.3. ARGENTINA: Proyecto de reforma del Código Procesal Penal

Argentina plantea una reforma penal que, al tiempo que introduce de manera expresa el empleo de neurotecnologías, lo rodea de límites y tutelas. Se trata de una buena técnica legislativa que pretende dotar de certeza y seguridad jurídica su aplicación en este ámbito. Los fundamentos del proyecto comienzan explicando los motivos por los que el Parlamento considera la introducción de algunos neuroderechos considerados como resguardos regulatorios, para lo que se realiza en primer lugar un repaso de los «impactos más sobresalientes de la problemática neurobiológica y neurocientífica». Se reconoce que se trata de un paso inicial, por lo que no se descartan futuras reformas, buscando adecuarse a propósitos y límites bien definidos, evitando multiplicar de forma innecesaria tanto entidades como preceptos legales que diluyan garantías, al tiempo que se busca resguardar el principio de racionalidad.

El Proyecto de ley 0339-D-2022[117], con apoyo en el precedente francés, aprobado por la Cámara de Diputados de la Nación argentina busca incorporar la indemnidad cerebro-mental en dos artículos del Código Procesal Penal: la Ley Procesal Penal y la Ley de Ejecución Penal, estableciendo límites al uso de las neurotecnologías y de los datos obtenidos a través de ellas, que deberán contemplar en todo caso el respeto a la privacidad mental, a la libertad cognitiva así como la protección contra sesgos y discriminaciones en su aplicación.

Así, propone, en su artículo primero, la reforma de la Ley Procesal Penal, concretamente del artículo 134 dedicado a la «libertad probatoria», que actualmente contempla el uso de cualquier medio de prueba, excepto los prohibidos por la ley, para la acreditación de hechos y circunstancias de interés para la solución correcta del caso, así como la posibilidad de utilizar otros medios de prueba siempre que no vulneren derechos o garantías constitucionales y no obstaculicen el control de la prueba por los demás intervinientes.

La reforma introduce a continuación el siguiente párrafo:

> «Entre estos medios se incluyen técnicas de imagen cerebral y cualquier otro tipo de neurotecnologías que, a partir de los datos relativos a la estructura y/o fun-

117. Disponible en: https://www4.hcdn.gob.ar/dependencias/dsecretaria/Periodo2022/PDF2022/TP2022/0339-D-2022.pdf

ciones cerebrales permitan de algún modo inferir la actividad mental, en todos sus aspectos. Solo podrán ser empleados por orden judicial y con el consentimiento explícito de la persona, que previamente deberá ser informada sobre sus finalidades y alcances».

En su artículo segundo, se propone la modificación del artículo primero de la Ley 24.660 de Ejecución de la Pena Privativa de Libertad, precepto cuya finalidad es lograr, no solo que el condenado adquiera la capacidad de respetar y comprender la ley y la gravedad de sus actos y de la sanción impuesta, sino de procurar su adecuada reinserción social. Para ello, el régimen penitenciario deberá utilizar, de acuerdo con las circunstancias de cada caso, todos los medios de tratamiento interdisciplinario que resulten apropiados para la finalidad enunciada siempre:

> «que no vulneren derechos o garantías constitucionales respetando las actividades mentales en todos sus aspectos.
>
> Los tratamientos que incluyen técnicas de imagen cerebral y cualquier otro tipo de neurotecnologías que, a partir de los datos relativos a la estructura y/o función cerebrales, permitan de algún modo inferir la actividad mental, en todos sus aspectos, sólo podrán ser empleados por orden judicial y con el consentimiento explícito de la persona, que previamente deberá ser informada sobre sus finalidades y alcances.
>
> En todos los casos deberán omitirse sesgos discriminatorios, tanto de carácter cognitivo como algorítmicos».

De esta forma encontramos en el proyecto cuatro salvaguardas al uso de neurotecnologías: autorización judicial y consentimiento explícito informado, como garantías básicas de cualquier acción mental intrusiva; y, por otro lado, el reconocimiento al respeto a la actividad mental en todos sus aspectos, así como la omisión de sesgos discriminatorios, tanto cognitivos como algorítmicos, que constituirían la sustantivación de estos neuroderechos a los que alude el proyecto.

Respecto de la protección de la indemnidad cerebro-mental a través del respeto de las actividades mentales en todos sus aspectos se siguen los postulados de Bublitz & Merkel (2014), que asumen que no es posible proteger la mente, como función cerebral emergente, con la protección legal de la integridad corporal, puesto que sería posible afectar aspectos de ella —como la apropiación de datos, el hackeo, incluso mejoras no autorizadas— sin causar daño material al cerebro. El proyecto elude la diferenciación entre mente y cerebro optando por hablar de «actividades mentales» y empleando una fórmula abierta al introducir «todos sus aspectos», lo que comprendería no solo la integridad física de la persona sino también la psíquica, entendiendo como tal la autodeterminación tanto de sus procesos, estados y estructuras cerebrales, como de los que emergen de estos. Al utilizar una fórmula abierta serían los jueces los que se encargarían de delimitar y establecer su adecuación a cada caso particular.

En cuanto a la omisión de los sesgos cognitivos y discriminatorios en los algoritmos, la reforma pretende evitar que el empleo de neurotecnologías que usen IA en el proceso no conlleven o encubran formas de discriminación, especialmente de colectivos vulnerables. En tal sentido, es paradigmático —de hecho se alude en los fundamentos— el caso State vs. Loomis (881 N.W.2d 749-2016), relativo al empleo del software COMPAS para medir las posibilidades de reincidencia delictiva una persona[118].

Llama la atención, sin embargo, pese a que en los fundamentos se dice reconocer estos neuroderechos en la reforma, tanto del proceso probatorio como de la ejecución de la pena privativa de libertad, lo cierto es que solo se incluyen en la de esta última, tal vez porque en dicho ámbito las aplicaciones neurotecnológicas impliquen mayores posibilidades de afectarlos en el proceso de reinserción. Ya se trate de una incoherencia meramente textual o de fondo, debería aclararse en pro de la seguridad jurídica que persigue el proyecto.

Nos encontramos, en consecuencia, ante un intento regulatorio expreso que, en contraste con declaraciones programáticas «a la moda» en otros ordenamientos jurídicos, podemos calificar como plausible, en la medida en que incorpora herramientas neurotecnológicas al proceso penal si bien con las debidas garantías y tutelas.

3.2.4. BRASIL: Proyecto de reforma de la Ley de Protección de Datos Personales

En Brasil, el Proyecto de Ley n.º 1229/2021[119] ha modificado la Ley General de Protección de Datos Personales, n.º 13.709, de 14 de agosto de 2018, con la finalidad de incorporar el concepto de datos neuronales y regular su protección.

Concretamente, se modifica el artículo tercero de la Ley, agregando una Sección II-A, que define los datos neuronales como:

> «cualquier información obtenida directa o indirectamente de la actividad del sistema nervioso central y a la que se accede mediante interfaces cerebro-ordenador invasivas o no invasivas».

118. En este asunto, el juez había utilizado COMPAS para valorar el riesgo, sin que las partes pudieran acceder al código al estar protegido por los derechos de patente. El Tribunal Supremo considero que el hecho de no haber podido saber cómo funciona el algoritmo no vulneró el derecho de todo acusado a ser condenado sobre la base de información fiable y exacta, porque el Sr. Loomis sí tuvo acceso tanto a los resultados de riesgo que COMPAS le asignó como a la información con la que estos se calcularon teniendo en cuenta el historial criminal del acusado.

119. Disponible en: https://observatoriolegislativocele.com/brasil-proyecto-de-ley-odifica-la-ley-n-13-709-de-2018-ley-general-de-proteccion-de-datos-personales-con-el-fin-de-conceptualizar-los-datos-neuronales-y-regular-su-proteccion-no-1229-21/

Considerándolos como una categoría especial de datos sensibles relacionados con la salud, que requerirán por tanto una mayor protección.

Se establece, para su procesamiento, el requisito de que el titular o tutor legal consienta, de forma específica, para fines concretos, incluso en circunstancias clínicas o en casos en los que la neurotecnología —o interfaz cerebro-ordenador— tenga capacidad para tratar datos con el titular inconsciente.

En cuanto al contenido de la solicitud de consentimiento, deberá indicar, de forma clara y destacada, los posibles efectos físicos, cognitivos y emocionales de su aplicación, los derechos del interesado y los deberes del responsable y del operador, las contraindicaciones, así como las normas sobre privacidad y las medidas de seguridad de la información adoptadas.

También se prohíbe la utilización de cualquier interfaz o método cerebro-ordenador que pueda dañar la identidad individual del interesado, perjudicar su autonomía o su continuidad psicológica, así como la comunicación o el uso compartido entre responsables del tratamiento de datos neuronales con el fin de obtener ventajas económicas.

Finalmente, se establece que el «Estado tomará medidas para garantizar un acceso equitativo a los avances de la neurotecnología».

Como puede observarse, la reforma, más allá de la calificación de los datos cerebrales como sensibles, o de establecer la necesidad de un consentimiento, lo que hace es enunciar los neuroderechos, pero sin establecer garantías. Por ejemplo, qué sanciones llevaría aparejadas la utilización prohibida de interfaces que dañen la identidad o perjudiquen la continuidad psicológica, —por no hablar de la complejidad de delimitar los daños y perjuicios en cuestiones como la identidad y la continuidad psicológica—, o la comercialización de los datos. Tampoco se delimitan cuáles son las acciones que debe realizar el Estado para garantizar ese acceso equitativo a neurotecnologías, ni se remite a un futuro desarrollo reglamentario.

Esta reforma ejemplifica la diversidad de vías que están utilizando los países, así como su mayor o menor grado de implicación a la hora de establecer medidas tuitivas frente a las neurotecnologías. Su contenido genérico, además de exceder de lo que tradicionalmente se considera el derecho de protección de datos, debería concretarse en las necesarias garantías que han de rodear a la extracción y cualquier tratamiento de los datos neuronales.

3.2.5. PERÚ: Proyecto de reforma de la Ley de Protección de Datos Personales

A lo largo del primer cuatrimestre de 2024 está prevista la aprobación de un nuevo reglamento de la Ley N.º 29733, de Protección de Datos Personales, proyecto que se publicó en agosto de 2023[120] y que ha recibido más de nove-

120. Disponible en: https://cdn.www.gob.pe/uploads/document/file/5050224/proyecto.pdf?v=1693066494

cientos comentarios y propuestas. El mismo presenta algún aspecto de interés relacionado con el presente trabajo, como una detallada regulación del consentimiento, en su Capítulo primero, que va más allá de la exigencia de información previa para establecer una serie de presupuestos que van en la línea de lo deseable en una normativa protectora de los derechos fundamentales. Así, la validez del consentimiento requiere, en primer lugar, que resulte particularizado para cada una de las posibles finalidades de obtención de datos personales (artículo 1.3), y que en todo caso sea libre, previo, expreso e inequívoco e informado (artículo 2); en los siguientes preceptos delimita cada una de esas exigencias desde una perspectiva garantista que se adentra en particularidades no habituales en esta clase de normativa, como el hecho de que el consentimiento no será libre si, supeditado a la prestación de un servicio, entrega de un bien o firma de un contrato, su contenido se extiende al «tratamiento de datos personales que no sean necesarios para ello».

En la misma línea, considera que «la sola expresión de voluntad» en las formas reguladas en el artículo 5 no supone de por sí el cumplimiento del resto de requisitos, esto es, que sea libre, previo e informado. En torno a este último aspecto, se regulan varias cuestiones que deben comunicarse al usuario «de forma clara, con lenguaje sencillo», incluida «la existencia de decisiones automatizadas», como la elaboración de perfiles (art. 6). Asimismo se prevén mecanismos «fácilmente accesibles e incondicionales, sencillos, rápidos y gratuitos» para hacer efectiva la revocación del consentimiento.

Pese a que el proyecto, al menos hasta el momento, adolece de una referencia específica al tratamiento de datos neuronales, es meritorio su empeño en elevar el estándar tuitivo en un aspecto central como este del consentimiento, del que es de esperar que se beneficien futuras regulaciones más acordes con la vertiginosa evolución de las neurotecnologías.

3.2.6. ESTADOS DE COLORADO Y MINNESOTA (EE. UU.): Proyectos de reforma de la Ley de Privacidad.

En el momento de finalizar este trabajo se ha aprobado en el Estado de Colorado una reforma[121] de la Ley de Privacidad de 2021.

El Proyecto de Ley 24-1058 amplía la definición de «datos sensibles» para incluir los datos biológicos, incluyendo los neuronales, que contienen información referida a la

> «actividad del sistema nervioso central o del sistema nervioso periférico de un individuo, incluidos el cerebro y la médula espinal, y que puede ser procesada por o con la ayuda de un dispositivo».

121. Disponible en: https://leg.colorado.gov/bills/hb24-1058#:~:text=In%202021%2C%20the%20general%20assembly,entities%20that%20process%20personal%20data.

En su apartado introductorio el texto da cuenta de los avances que se han producido en materia de neurotecnologías, así como los riesgos que comportan, y de la diferencia de estándares tuitivos entre las invasivas, de carácter médico, y el resto, reiteradamente referida a lo largo de este trabajo.

En particular destacan la indefensión que provoca su empleo en los usuarios, toda vez que «no pueden decidir qué información neuronal específica les gustaría revelar, y es poco probable que comprendan hasta qué punto sus datos neuronales pueden ser decodificados, actualmente o en el futuro. Las neurotecnologías pueden incluso recopilar y procesar información sobre un individuo que este ni siquiera conocía». Insistiendo en ello se realiza una afirmación destacable en el punto f): «incluso si los individuos dan su consentimiento para la recopilación y el procesamiento de sus datos para un uso limitado, es poco probable que sean completamente conscientes del contenido o cantidad de información que comparten».

Se trata, pues, de una normativa que asume expresamente la insuficiencia del mero consentimiento en cuanto tal, de forma que es de esperar que el mismo se rodee de garantías en regulación de desarrollo más precisa. Su inclusión como enunciado, a la manera de principio, no puede sino valorarse positivamente.

El proyecto considera necesario, por lo tanto, ampliar el sentido del término «datos sensibles» de la Ley de Privacidad del Estado para incluir definiciones precisas en torno a los datos biológicos y los neuronales. Los primeros serían los «generados por el procesamiento tecnológico, medición o análisis de las propiedades, composiciones o actividades biológicas, genéticas, bioquímicas, fisiológicas o neuronales de un individuo o del cuerpo o funciones corporales de un individuo, cuyos datos se utilizan o pretenden ser utilizados, solos o en combinación con otros datos personales, con fines de identificación. "Datos biológicos" incluye "datos neuronales"; mientras que estos últimos consistirían en "información que se genera por la medición de la actividad de los sistemas nerviosos centrales o periféricos de un individuo y que pueden ser procesados por o con la asistencia de un dispositivo».

El objetivo de la reforma es que este tipo de datos más específicamente definidos se beneficien de la protección de la Ley de Privacidad, que establece requisitos específicos para las entidades que procesan datos personales de los consumidores, y asimismo atribuye a estos una serie de derechos referidos al tratamiento de los mismos, en particular sobre los obtenidos del cuerpo o las funciones mentales de los individuos. Tratándose de un proyecto en trámite de aprobación, habrá que comprobar su alcance final en cuestiones tan relevantes como la del consentimiento a que hemos hecho referencia.

Por su parte, el Estado de Minnesota tramita, desde enero de 2023, y con fecha de entrada en vigor prevista para mediados de 2025, un proyecto de ley[122]

122. Disponible en: https://www.revisor.mn.gov/bills/text.php?number=SF950&version=latest&session=ls93&session_year=2023&session_number=0

relativo a la privacidad de los datos del consumidor en el que se estipula que las organizaciones que realizan negocios en Minnesota o producen productos o servicios dirigidos a residentes de Minnesota no deben recopilar, utilizar ni revelar la información personal de un consumidor sin el consentimiento del consumidor. El consentimiento aparece definido como «cualquier indicación dada libremente, específica, informada e inequívoca de los deseos del consumidor mediante los cuales éste expresa su conformidad con la recogida de datos personales relativos al consumidor», y para que resulte válido la empresa debe, en o antes del momento de recopilación de la información personal del mismo, proporcionarle conocimiento de lo que se va a compilar con arreglo a una serie de concretos mandatos: las categorías de información personal que la empresa recopila sobre el consumidor; las categorías de fuentes de las cuales la empresa recopila la información personal; para cada categoría de información personal, el propósito de recopilarla, así como las categorías de personas a las que puede ser divulgada y el propósito de la divulgación. Este procedimiento de categorización de datos, junto con sus titulares y receptores, impedirá que las empresas amplíen el tráfico de los mismos a otros aspectos que no hayan sido informados y consentidos de ese modo. Por otro lado, y junto con la previsión de que el fiscal general pueda perseguir las infracciones cometidas en el ámbito regulado, y una cláusula general de responsabilidad general para las empresas por todos los daños y gastos producidos, incluidos los judiciales, se establece una sanción añadida de no más de siete mil quinientos dólares por cada vulneración.

En la actualidad el proyecto se encuentra aún en el primero de sus trámites legislativos. A diferencia del de Colorado, más centrado en la conceptualización y el reparto de derechos y responsabilidades, el de Minnesota no es tan específico en cuanto a la mención de los datos neuronales, y parece inclinarse más por el propósito disuasorio al ocuparse con detalle de las consecuencias para los agentes incumplidores de la norma. La importancia de ambos proyectos es que puedan ocasionar un «efecto arrastre» en otros Estados así como propiciar una acción federal en un futuro cercano[123].

3.3. Softlaw: Cartas de derechos, informes y declaraciones políticas

3.3.1. ESPAÑA: Carta de Derechos Digitales

En nuestro país, la Carta de Derechos Digitales introduce «los derechos digitales en el empleo de las neurotecnologías». Se trata de un documento hecho público el 14 de julio de 2021, sin carácter vinculante, promovido

123. Disponible en: https://news.bloomberglaw.com/privacy-and-data-security/brain-scanning-technology-spurs-state-moves-on-neural-privacy

desde la Secretaría de Estado de Digitalización e Inteligencia Artificial del Ministerio de Asuntos Económicos y Transformación Digital, que se enmarca a su vez en la planificación estratégica del Estado en materia de transformación digital (España Digital, 2025).

La Carta, elaborada por un grupo de dieciocho personas expertas, la mayoría juristas, ha estado sometida a un interesante proceso participativo, siendo esta quizá una de sus principales virtudes. El objetivo principal es ocuparse de todos los «entornos y espacios digitales», no solo del espacio internet, así como de sus formulaciones y principios, recogiendo para ello los numerosos retos que suscita la sociedad digital[124]. Su estructura, que emula a la Carta de Derechos Fundamentales de la Unión Europea, se despliega en torno a los derechos de libertad, de igualdad, de participación y conformación del espacio público, del entorno empresarial, así como los derechos digitales en entornos específicos[125], si bien aclara en sus Consideraciones Previas que «no trata de crear nuevos derechos, fundamentales, sino de perfilar los más relevantes en el entorno y los espacios digitales o describir derechos instrumentales o auxiliares de los primeros». Un último apartado se destina a las garantías en los entornos digitales.

La principal crítica que se ha hecho a este instrumento ha sido precisamente su falta de eficacia jurídica, del mismo modo que se echa en falta en la Estrategia Nacional de Inteligencia Artificial «una mayor concreción de las reformas normativas necesarias, al menos de los concretos ámbitos iusfundamentales en los que se consideran necesarias, pues siendo imprescindible un marco europeo es también necesario actualizar el Derecho nacional» (Presno Linera, 2022: 87-89). En igual sentido, la Carta debería transitar hacia normas jurídicas, mandatos y prohibiciones específicos en los ámbitos donde los dere-

124. Sus antecedentes normativos son la Ley Orgánica 3/2018, de 5 de diciembre, de Protección de Datos Personales y Garantía de los Derechos Digitales, concretamente el Título X, así como el Real Decreto-ley 28/2020, de 22 de septiembre, de trabajo a distancia. Además, la Carta se sujeta al contenido de las siguientes leyes en materia de derechos:

a) Ley Orgánica 1/1982, de 5 de mayo, de protección civil del derecho al honor, a la intimidad personal y familiar y a la propia imagen.

b) Ley Orgánica 2/1984, de 26 de marzo, reguladora del derecho de rectificación.

c) Ley 34/2002, de 11 de julio, de servicios de la sociedad de la información y de comercio electrónico.

d) Ley 9/2014, de 9 de mayo, General de Telecomunicaciones.

e) Ley 7/2010, de 31 de marzo, General de Comunicación Audiovisual.

f) Ley 10/2021, de 9 de julio, de trabajo a distancia.

125. Particularmente, dentro de los derechos digitales en entornos específicos, se recoge el derecho de acceso a datos con fines de investigación científica, innovación y desarrollo (apartado XXI); el derecho a un desarrollo tecnológico y a un entorno digital sostenible (apartado XXII); el derecho a la protección de la salud en el entorno digital (apartado XXIII); la libertad de creación y derecho de acceso a la cultura en el entorno digital (apartado XXIV); los derechos ante la Inteligencia artificial (XXV); y, finalmente, los derechos digitales en el empleo de las neurotecnologías (apartado XXVI).

chos fundamentales puedan verse afectados por las nuevas tecnologías, con especial atención a las personas y grupos más vulnerables, lo cual requiere de un imprescindible impulso político e institucional. Estas carencias parecen limitar el documento a «una interpretación y aplicación en clave tecnológica y a futuro, en algunos casos, de los valores, principios y derechos constitucionalmente consagrados en España» (Herranz Ortiz, 2023: 165).

El eje quinto de la Carta, dedicado a los derechos digitales en entornos específicos, es el único apartado donde se menciona el término «derechos digitales», como si quisiese enfatizarse la idea de que únicamente en estos entornos específicos, por otra parte sin definir, podríamos estar ante nuevos derechos, frente al resto de los reconocidos en la Carta, que serían, a fin de cuentas, meras adaptaciones de los existentes en el entorno *offline*.

Así, el artículo vigésimo sexto reconoce los derechos digitales en el empleo de las neurotecnologías. En un primer apartado, se contiene una remisión al legislador para que regule sus condiciones, límites y garantías de implantación con la finalidad de:

a) Preservar la identidad individual como conciencia de la persona sobre sí misma.

b) Garantizar la autodeterminación individual, soberanía y libertad en la toma de decisiones.

c) Asegurar la confidencialidad y seguridad de los datos obtenidos o relativos a sus procesos cerebrales y el pleno dominio y disposición sobre los mismos.

d) Ordenar el uso de interfaces persona-máquina susceptibles de afectar a la integridad física o psíquica.

e) Asegurar que las decisiones y procesos basados en neurotecnologías no sean condicionadas por el suministro de datos, programas o informaciones incompletos, no deseados, desconocidos o sesgados, o por intromisión en conexiones neuronales.

En un segundo apartado se establece una reserva de ley para regular «aquellos supuestos y condiciones de empleo de las neurotecnologías que, más allá de su aplicación terapéutica, pretendan el aumento cognitivo o la estimulación o potenciación de las capacidades de las personas», con el fin de garantizar la dignidad de la persona, la igualdad y la no discriminación, y de acuerdo en su caso con los tratados y convenios internacionales.

Salta a la vista que la redacción del precepto, más allá de efectuar un mandato al legislador para la regulación, trata de introducir en la Carta la enumeración de los neuroderechos de la propuesta de la Fundación Neuroright, aunque evita mencionar cualquier referencia al respecto. En este sentido, el enunciado del artículo vigésimo sexto, creemos que, más que arrojar luz sobre cómo debería acometerse dicho proceso normativo, introduce una serie de conceptos teóricos hasta la fecha no resueltos, como veremos en el

Capítulo tercero, tales como la identidad personal, el libre albedrío, la integridad y privacidad mental, o el aumento cognitivo, que requieren aún alcanzar ciertos consensos, principalmente en el plano internacional.

De las 204 aportaciones que se realizaron a lo largo del proceso participativo de elaboración de la Carta, quince específicamente estuvieron dirigidas al apartado vigésimo sexto. Estas aportaciones se pueden clasificar en dos grupos: un primero, más numeroso, que aplaude y considera necesario su reconocimiento, considerando que se trata de uno de los puntos más ambiciosos de la Carta. Incluso se realizan sugerencias o modificaciones a su articulado; por ejemplo, se pide que se reflexione también sobre los avances en el terreno de la bioética, o sobre dónde y cómo queremos poner límite al concepto de ser humano[126]. Las asociaciones centradas en la defensa de la soberanía digital y tecnológica, la privacidad y la seguridad en la red, proponen que se inste al debate público, previo a la legislación, sobre los riesgos que podría suponer su utilización y la posibilidad de incluir una regulación estricta en su uso o incluso una prohibición, si así se considera, dado que son aún muy novedosas y es difícil establecer normas o garantías mientras no sepamos a lo que nos estamos enfrentando. En todo caso consideran necesario establecer unas mínimas bases sociales en torno a garantizar la no discriminación en el uso de neurotecnologías, y en concreto en el acceso a la educación y en el trabajo; definir un plan público de acceso a tecnologías para el aumento de habilidades con el fin de reducir posibles desigualdades, y otro de investigación en neurotecnologías; crear medidas para garantizar la mantenibilidad de las tecnologías y la transparencia en su funcionamiento y en la información que generen; elaborar una regulación para una limitación estricta del tratamiento de los datos generados por su uso; o abrir un amplio debate público sobre la regulación estricta o incluso prohibición de estas tecnologías.

Por su parte, el Comité de bioética español considera muy acertada la inclusión en la Carta de estos «derechos digitales en el empleo de las neurotecnologías» por los nuevos retos que plantean, aunque la fórmula empleada no es coherente, ya que no se regulan derechos como en el resto de los supuestos del entorno específico, sino más bien límites a la regulación de las neurotecnologías. Al mismo tiempo, consideran que sería necesario hacer alguna mención a la libertad de pensamiento, puesto que las neurotecnologías podrían destruir la privacidad mental necesitándose un nuevo modelo de protección de esta libertad, ya que la repercusión entre lo observable y lo no observable podría llegar a su fin. Otra cuestión tendría que ver con los retos que aquellas planteen en un sentido similar a los de la edición genómica, cuando no se usen para curar enfermedades sino con fines de mejoramiento humano, debiendo prohibirse expresamente su uso con fines no terapéuticos. Finalmente, se aconseja contemplar el dilema ético del doble

126. En este sentido, por ejemplo, el grupo de investigadores encabezado por Bernardo Crespo *et al.*

uso en el que el desarrollo de la tecnología que, no solo debe atenerse a los fines principales de su desarrollo, sino que también existe la posibilidad de que se utilice para dañar al ser humano[127].

Un segundo grupo, menos numeroso, que significativamente aglutina a la mayoría de la industria tecnológica considera, por el contrario, que aún sería demasiado pronto para establecer principios rectores, derechos u obligaciones relativas al empleo de estas tecnologías en la Carta, especialmente dado que se encuentran en un estado de desarrollo muy temprano. En su lugar, creen que sería más prudente realizar una evaluación de impacto antes de avanzar en el establecimiento de principios, derechos u obligaciones al respecto, ya que al hacerlo de otro modo se corre el riesgo de interferir negativamente en su desarrollo, algo innecesario en esta fase[128].

En una valoración global, para algunos autores la Carta «se muestra más contundente que la norma constitucional chilena en el reconocimiento de los neuroderechos, habida cuenta que estos resultan fácilmente identificables en el elenco de garantías que define el texto español» (HERRÁN ORTIZ, A., 2023:165) citando a su vez a (MOREU CARBONELL: 2022:91-92) por lo que no debe menospreciarse su valor jurídico. Sin embargo, no compartimos tal afirmación puesto que, como veremos en el Capítulo III, los neuroderechos no son un catálogo único y consensuado, sino que actualmente son diferentes los autores que los han proclamado, más allá de la Fundación Neurorights. De manera que este reconocimiento expreso opta, a nuestro juicio de forma sesgada, por una de las diferentes propuestas sin que se conozcan las razones de esta deliberación por el grupo de expertos que elaboró la Carta.

Aun así, después de los numerosos informes y recomendaciones que hemos visto a lo largo de los dos últimos años en los diferentes niveles del ordenamiento, consideramos que el Estado español, en aras de la seguridad jurídica, debería asumir el propio mandato de la Carta, y abordar de ese modo la regulación para aquellos sectores destinados sobre todo al consumo, además de prever el problema de la privacidad de los datos neuronales que se obtengan a través de este tipo de interfaces cerebro-máquina entre otras cuestiones. Sobre ello profundizaremos a lo largo del Capítulo cuarto.

---

127. Sobre el dilema del uso dual, es interesante la lectura del artículo de MILLER & SELGELID (2007). Disponible en: https://www.ncbi.nlm.nih.gov/pmc/articles/PMC7089176/

128. Observaciones realizadas por el Observatorio de Privacidad y Derechos Digitales de Autelsi. Idénticas alegaciones realizaron la Asociación Española para la Digitalización, DigitalES, la Asociación Española de la Economía Digital, Adigital, la Asociación Española de Startups y también la patronal CEOE. Esta última propone incluso la eliminación del precepto hasta una futura inclusión en ese sentido. Del mismo modo, para la Asociación Profesional de Cuerpos Superiores de Sistemas y Tecnologías de la Información de las Administraciones Públicas, ASTIC, la Carta debería evitar introducir obligaciones que dificulten el despliegue de la tecnología, dado su estado aún incipiente. También señalan que han quedado excluidas de la Carta otras tecnologías que podrían tener un alto impacto en los derechos de las personas como *BigData*, IoT, biogenética, drones, etc.

Además de la Carta, el 27 de octubre de 2021, el Gobierno de España, en el marco del Plan de Recuperación, Transformación y Resiliencia, así como de la agenda España Digital 2025 y de la Estrategia Nacional de IA, anunció el lanzamiento de una Manifestación de Interés, con el objetivo de identificar propuestas concretas relativas a la aplicación de la inteligencia artificial en la neurotecnología, y así poder diseñar políticas públicas de fomento de la investigación, la transferencia de conocimiento a la industria y la aplicación de los resultados obtenidos. Se pretende con ello crear un conjunto de sistemas de innovación que potencie el desarrollo de neurotecnología en España, buscando recabar las necesidades del tejido empresarial y de investigación para llevar a cabo dicha transformación. Ello se ha traducido, a finales de 2022, en el anuncio por parte del Ministerio de Asuntos Económicos y Transformación Digital, la Comunidad de Madrid y la Universidad Autónoma de Madrid, de la firma de un protocolo de actuación para la creación del Centro Nacional de Neurotecnología, «Spain Neurotech», con una inversión de 200 millones de euros en 15 años, la más importante en la historia de España para un Instituto de Investigación[129] donde se desarrollarán herramientas tecnológicas basadas en los fundamentos del cerebro humano. El Gobierno ha afirmado que la creación de este Centro responde a los principios y prioridades de la Carta de Derechos Digitales, y se espera que la neurotecnología sea uno de los pilares del desarrollo científico y económico de España[130].

No obstante, siendo plausible el fomento y desarrollo innovador de esta industria por los beneficios sociales y económicos que pueda generar en un futuro próximo, cabría recordar que los mandatos de la Carta se encuentran más alineados con la tutela de los derechos fundamentales de la ciudadanía que con la innovación tecnológica, concretamente para prever y minimizar el impacto en los mismos que sus usos podría provocar.

3.3.2. COMUNITAT VALENCIANA: La Declaración de Valencia

Recientemente, el Estado Autonómico también se ha incorporado como agente implicado en la gobernanza de los neuroderechos y las neurotecnologías. Consecuencia de nuestro modelo de Estado políticamente descentralizado, el autonomismo, desde la participación en lo común y el diálogo en la unidad, sitúa a las Comunidades Autónomas como gerentes de la vida política, social y económica cotidiana, «determinantes en bastantes políticas del sistema: auténticos gestores privilegiados y centros de buena parte de los recursos del Estado» (Tur Ausina, 2023). Este carácter descentralizado del poder

129. Disponible en: https://confilegal.com/20240303-rafael-yuste-neurobiologo-ramon-y-cajal-estaria-feliz-por-el-interes-que-muestra-espana-sobre-los-neuroderechos/

130. Disponible en: https://www.lamoncloa.gob.es/serviciosdeprensa/notasprensa/asuntos-economicos/Paginas/2022/221222-centro-nacional-neurotecnologia.aspx

supone además que se encuentren obligados por los derechos fundamentales los órganos legislativos y ejecutivos, así como las corporaciones locales.

En este sentido, un primer paso ha sido el de la Comunitat Valenciana, que aprobó el pasado 24 de febrero de 2023, por iniciativa del Consell Valencià de Cultura, una institución consultiva y asesora sobre cualquier materia referida a la cultura valenciana, la «Declaración de Valencia sobre la incorporación de los neuroderechos en la Declaración Internacional de los Derechos Humanos»[131] con apoyo en el «Informe sobre los Neuroderechos en la Declaración Internacional de Derechos Humanos» aprobado en Pleno el 30 de enero de 2023[132].

La Declaración se muestra favorable a los trabajos de la neurociencia y la neurotecnología, considerando estas innovaciones como un bien público de interés general por su contribución a la corrección y eliminación de enfermedades, si bien hace una llamada de atención a ciertos riesgos que pueden presentar los usos comerciales y privatizadores, tales como el incremento de la desigualdad, o la vulneración de la privacidad mental con el consiguiente daño de la identidad personal. De ahí que apoyen los neuroderechos propuestos por la Fundación Neuroright, para su incorporación en la DUDH, elevando el manifiesto a los organismos autonómicos, nacionales e internacionales correspondientes, y haciéndolo llegar al Parlamento Europeo y a la Organización de Naciones Unidas.

Se trata, sin duda, de una actuación comprometida que busca implicar, generar alianzas y apremiar a las instituciones en la construcción de un marco efectivo de gobernanza, al tiempo que traslada a la sociedad civil la relevancia de esta cuestión, divulgando y promoviendo el debate sobre los beneficios y riesgos de estas tecnologías.

3.3.3. MÉXICO: Carta de Derechos de la Persona en el Entorno Digital. Código de Buenas Prácticas

En agosto de 2023 se aprueba por el Consejo Nacional del Sistema Nacional de Transparencia la «Carta de Derechos de la Persona en el entorno Digi-

---

131. Disponible en: https://cvc.gva.es/wp-content/uploads/Declaracio-de-Valencia-Neurodrets_bilingue_Signar.pdf

132. De hecho, no es la primera vez que el Consell Valenciano se ha pronunciado en apoyo de la ciencia como motor del bienestar de la humanidad desde la perspectiva de la defensa de los derechos humanos. Así, por ejemplo, en 1988 se aprobó la «Declaración de Valencia sobre el proyecto de genoma humano"» con apoyo a estas investigaciones, al mismo tiempo que los participantes asumían «su responsabilidad para asegurar que la información genética sea utilizada solo para aumentar la dignidad humana»; y en 2015, el «Pacto Social por la Ciencia y la Investigación» defendería un modelo económico y productivo, capaz de competir a nivel internacional y de ofrecer cohesión social, basado en dos ejes: la Sociedad del Conocimiento, y la Cultura de la Conservación.

tal»[133], con inspiración en la Carta de Derechos Digitales española. Se trata de un código de buenas prácticas, y por tanto sin eficacia jurídica, elaborado a propuesta de la Comisión de Protección de Datos Personales, una instancia que reúne a las autoridades de transparencia y protección de datos del país. Al contrario que en el caso español, esta Carta no ha sido sometida a consulta pública en su elaboración y ha sido objeto de ciertas críticas en los medios de comunicación, ya que parece excederse de las competencias del órgano que la aprueba, que carecería de las atribuciones puesto que, aunque al Sistema Nacional de Transparencia le compete la tutela de los datos personales en el entorno digital, la Carta excedería de sus atribuciones al plantear «un conjunto de definiciones, derechos, regulaciones y hasta medios de defensa que competen exclusivamente a otras instancias como el Poder Legislativo, de protección al consumidor, el Instituto Federal de Telecomunicaciones o las secretarías de Trabajo y Salud»[134].

Al igual que en la elaboración de la Carta española, se congregó a un grupo de especialistas para su redacción, concretamente organizaciones de la sociedad civil, instituciones académicas, consultorías y despachos especializados en materia de protección de datos personales provenientes de países como Argentina, Chile o España, sin dejar de señalar a las nacionales. El documento cuenta en primer lugar con una presentación, un apartado metodológico y nueve capítulos, y el resultado final de un proceso que se inició con la propuesta formulada en 2022 por la Comisión de Protección de Datos Personales. Los dos primeros capítulos tienen que ver con la igualdad y las libertades en el entorno digital, y a continuación desarrolla otros relativos al derecho a la seguridad y protección de datos personales; derechos a la participación, a la democracia y al buen gobierno digital; derechos laborales; derechos de las personas en situación de vulnerabilidad; neuroderechos; ética en el uso de Inteligencia Artificial; y medios de defensa y derechos de las víctimas del delito cibernético, violencia digital y de violaciones a derechos humanos.

Concretamente en el Capítulo VII se enumeran cinco neuroderechos alineados con la propuesta de la Fundación Neurorights, el último de los cuales, la protección contra sesgos y discriminación no se encontraba en la redacción inicial[135].

---

133. Disponible en:
https://www.dof.gob.mx/2023/INAI/CONAIP-SNT-ACUERDO-ORD02-09-10-2023-04.pdf

134. Disponible en: https://www.proceso.com.mx/opinion/2022/11/17/peligrosa-carta-de-derechos-de-la-persona-digital-297176.html

135. Los neuroderechos que se enuncian en la Carta son:

«1 Derecho a la preservación de la identidad personal.

1.1. Ante el uso de cualquier neurotecnología o neurociencias, toda persona tiene derecho a la autonomía personal, entendida como la capacidad para desarrollar la propia personalidad y aspiraciones, determinar su propia identidad, el control de las funciones corporales y de las decisiones y el establecimiento de las relaciones interpersonales.

2 Derecho a la privacidad neuronal.

En la sección dedicada a la IA se afirma, como en otros instrumentos de este tipo, la centralidad de la persona en su utilización, con respeto a los derechos humanos y, en particular, a la privacidad y la protección de datos personales.

Ahora bien, en el propio apartado metodológico de la Carta se asume su muy limitado alcance, en unos términos que resultan llamativos, por cuanto, lejos de poner el texto en valor, parecen subrayar su escasa relevancia, dado que «su incumplimiento no trae consecuencia jurídica puesto que no conlleva una obligación adquirida ni para el sector público ni para el privado, sino únicamente será procedente en aquello que establezcan las propias normas aprobadas por los poderes legislativos», pero en relación con estos incluso precisa que cuando emplea verbos como «deber», «abstenerse» o «tener», «no implican la imposición de obligaciones a cargo de las autoridades del Estado o de instituciones públicas», siendo por tanto «de carácter orientador, que refleja aquellas conductas deseables a realizar tanto por el Estado como por particulares». Del seguimiento a la normativa que eventualmente se adopte en el país se podrá concluir su mayor o menor relevancia como conjunto de criterios inspiradores.

3.3.4. ITALIA: «Privacidad y neuroderechos: la persona en la época de las neurociencias»

El Congreso organizado por la Agencia Italiana de Protección de Datos, celebrado el 28 de enero de 2021 con motivo del Día de la Privacidad, centró

2.1. Toda persona tiene derecho a la privacidad de su información neuronal, obtenida directa o indirectamente a través de los patrones de actividades de las neuronas, cuyo acceso está dado por neurotecnologías avanzadas, incluyendo sistemas de registro cerebrales tanto invasivos como no invasivos.

2.2. Toda persona tiene derecho a otorgar su consentimiento informado, por escrito, en los procedimientos para la medición, análisis o modificación de la actividad cerebral por lo que, bajo ningún supuesto, podrá presumirse este otorgamiento de manera tácita.

3 Derecho al libre albedrío.

3.1. Toda persona tiene derecho a la toma de decisiones de manera libre, en pleno ejercicio de su autonomía y con sentido de responsabilidad, así como a realizar cualquier actividad que considere necesaria para el desarrollo de su personalidad, siempre y cuando no vulnere derechos de terceros; sin que las neurotecnologías, pueden ser utilizadas como factor de alteración de la voluntad.

4 Derecho a la equidad en el mejoramiento de la capacidad cerebral.

4.1. Toda persona tiene derecho a la mejora de la actividad cerebral y las capacidades humanas, entendido como el uso de neurotecnologías para aumentar las funciones cognitivas de las personas.

5 Derecho de protección contra el sesgo y de discriminación.

5.1. Toda persona tiene derecho a que, ante el uso de neurotecnología y la neurociencia, a ser tratados bajo el principio de igualdad y de no discriminación, con miras a la adopción de medidas positivas para prevenir los sesgos y asegurar condiciones de igualdad sustantiva de grupos históricamente excluidos y discriminados».

su estudio en aspectos tales como los escenarios futuros de los neuroderechos, la sociedad post-humana, la dignidad de la persona o el papel del constitucionalismo en todo ello.

En sus conclusiones[136] se formula la pregunta acerca de si es posible seguir asumiendo que «la revolución digital, al transformarlo todo en datos numéricos, al correlacionar cantidades cada vez mayores de datos, no se molesta en ahondar éticamente en las razones de sus correlaciones», de forma que «la respuesta sólo puede ser institucional, de gobernanza del conocimiento y de la información, con un enfoque que represente, a pesar de la problemática inherente al tema, una convergencia realista, en la conciencia de que la IA, antes de ser un problema tecnológico, representa un problema epistemológico y filosófico y que sólo una innovación que tutele al hombre y a la naturaleza puede reservar un futuro armonioso y evitar el fundamentalismo maquinista. Para ello, es necesario un cambio cultural a todos los niveles y lo más amplio posible que, desencadenando un proceso educativo y formativo a la vez humanista y tecnológico, conduzca a un crecimiento sostenible que contrarreste la deshumanización del mundo y la incivilidad».

Es destacable la preocupación que particularmente se refleja acerca de los procesos de mejora cognitiva, que plantean problemas inéditos en la historia de la humanidad referidos a la propia identidad, así se expresa: «¿se puede seguir garantizando el derecho al desarrollo pleno y libre de la persona? No solo. En un contexto de escasez de recursos, ¿es coherente con los principios constitucionales invertir en la mejora cognitiva de unos pocos en lugar de tratar las enfermedades de muchos y, por tanto, favorecer la calidad de vida de todos? ¿Y lo es igualmente confiar a la máquina la decisión de la vida y la muerte de los seres vivos, la elección de quién es digno de nacer y quién no, el restablecimiento o no de la pena de muerte? Sin una política jurídica adecuada, existe un grave peligro de que predomine la IA y la consiguiente deshumanización de las sociedades».

Esa política se concreta en las conclusiones del congreso en «la sustracción de los monopolios privados y de consumo en la posesión y uso de datos con respuestas de valor supranacional y en el uso de una técnica legislativa que haga uso de principios —en lugar de detallados y reglas puntuales- que permiten interpretaciones adaptadas a casos concretos y textos históricos, con una verdadera revolución en la teoría de las fuentes jurídicamente relevantes». Una cuestión, no obstante, que presentará diferencias con arreglo a los propios modelos políticos, más o menos intervencionistas, de cada país. El texto concluye con una frase que es difícil no suscribir: «es necesario que el ingeniero, el informático, el jurista, el filósofo trabajen junto al científico para llegar a soluciones apreciables».

136. Disponible en: https://www.garanteprivacy.it/documents/10160/0/Privacy+e+neurodiritti.+La+persona+al+tempo+delle+neuroscienze+-+Atti+del+convegno+del+28+gennaio+2021.pdf/d5423509-f2e5-9a0f-ecef-c8b01588dd4e?version=1.0

Más allá de las conclusiones, destacamos la cuestión que plantea el profesor Pollicino en su intervención titulada «Constitucionalismo, privacidad y neuroderechos», relativa a la «dimensión consumista de estas nuevas tecnologías», puesto que existe «una delgada línea roja entre la dimensión social y la dimensión del consumidor», de tal forma que la «indisponibilidad de los derechos» no debería quedarse únicamente en esta última, sino en las actividades de intercambio social ajenas al ámbito mercantil. Se trata de una apreciación de interés, que nos conecta con el tema del consentimiento, y de la medida en que este puede avalar las más diversas intervenciones en el ámbito privado de actuación. De nuevo nos encontramos ante un ejemplo ilustrativo de cómo el empleo de las neurotecnologías en la vida cotidiana puede provocar implicaciones sin fin en todos sus extremos, por lo que los intentos de ordenación han de ser lo más amplios y comprensivos que resulte posible.

3.3.5. REINO UNIDO: Recomendaciones del Regulatory Horizons Councils e informe del Information Commissioner´s Office

En el Reino Unido las primeras acciones se han llevado a cabo a través del Regulatory Horizons Council, un comité de expertos independientes que presta asesoramiento al gobierno británico a fin de acometer futuras reformas regulatorias. Así, como ya mencionamos en el Capítulo I, el pasado 30 de noviembre de 2022, se hizo público el Informe «Neurotechnology Regulation»[137], que identifica ciertas implicaciones de la innovación tecnológica de la neurotecnología y de la IA, con la finalidad de que su fomento y desarrollo se realice de manera segura. Se reconoce que el crecimiento de la industria de la neurotecnología en sectores más allá de la medicina, como el ocio, la educación, el trabajo, incluso la promoción del bienestar, tendrá un impacto generalizado en nuestras vidas con la comercialización de dispositivos cada vez más disponibles en el espacio directo al consumidor. El Comité considera que, aunque se trata de un sector de innovación próspero que ofrecerá considerables beneficios tanto económicos como sociales y de salud, deberían observarse una serie de recomendaciones destinadas a su regulación y gobernanza de cara al futuro. Entre otras cuestiones, se propone que se establezca un marco regulatorio proporcionado que fomente la comercialización segura de neurotecnologías médicas y a la vez afronte las preocupaciones que genera una regulación insuficiente en el sector no médico, con la creación de un marco de gobernanza anticipado que haga frente a los desafíos de seguridad, éticos y de privacidad con vistas a un futuro próximo. Este

137. Disponible en: https://assets.publishing.service.gov.uk/government/uploads/system/uploads/attachment_data/file/1135956/rhc-neurotechnology-regulation.pdf

informe se complementa con el documento «Neurotechnology Taxonomy»[138] una interesante y didáctica guía que introduce una taxonomía diseñada para ayudar a pensar en los tipos de usos a los que se destinará la neurotecnología, destacando los riesgos que plantearía cada tipo de aplicación, sus beneficios potenciales y, por lo tanto, el nivel de supervisión regulatoria que en ésta se requeriría.

La elaboración de informes previos a la adopción de medidas legislativas nos parece un acertado y prudente camino a la hora de identificar aquellos puntos especialmente necesitados de atención por el poder público. Se trata, además, de informes realizados con una metodología impecable, amén de su contenido riguroso y exhaustivo y al que han seguido otros similares en países como España.[139]

3.3.6. GINEBRA: Informe del Centro para la Política de Seguridad

El Centro de Ginebra para la Política de Seguridad es una fundación internacional que elabora informes destinados a formular recomendaciones para la acción política tras analizar con rigor científico un tema de actualidad.

En el marco de su «Iniciativa Polymath»[140], inaugurada en 2021 con el fin de «reducir las brechas en la comprensión y la comunicación entre la comunidad científica y el mundo de la formulación de políticas», y centrada en particular en el impacto de las tecnologías emergentes, presentó el informe «Neurotecnologías: La nueva frontera» (CHAVARRIAGA, R. *et al.*, 2023).

El trabajo identifica como uno de los puntos clave la necesidad de nuevos marcos e instrumentos integrados de gobernanza «en ámbitos tecnológicos aparentemente separados, pero convergentes» como la neurotecnología y la IA. Esa convergencia «hace que el impacto de las tecnologías emergentes sea cada vez más impredecible, perturbador y complejo. La mayor imbricación de la IA y las neurotecnologías complica la comprensión y previsión de los efectos y riesgos a largo plazo», de ahí la improcedencia de abordar ambos aspectos desde actuaciones independientes de gobernanza; y de hacerlo desde una *leap frog guidance*, esto es, «una forma anticipatoria de regulación que preceda a la madurez de la tecnología», sin esperar «a que se desarrolle y comercialice el tipo más perturbador antes de iniciar los esfuerzos reguladores».

138. Disponible en: https://assets.publishing.service.gov.uk/government/uploads/system/uploads/attachment_data/file/1121010/RHC_Neurotechnology_Taxonomy.pdf

139. Por ejemplo, el aprobado por la Oficina de Ciencia y Tecnología del Congreso de los Diputados de España, Oficina C. Informe C: Avances en neurociencia: aplicaciones e implicaciones éticas. Disponible en: https://www.oficinac.es/es/informes-c/neurociencia-aplicaciones

140. Disponible en: https://www.gcsp.ch/the-polymath-initiative

Con un análisis de buena parte de los antecedentes a que hemos hecho referencia en los apartados precedentes, el trabajo destaca algunos aspectos quizá no lo suficientemente subrayados con anterioridad, como el hecho de que el sector privado «es responsable del total de la investigación y el desarrollo», en contraste, empero, con la práctica ausencia de recomendaciones éticas y de innovación responsable en ese sector. Los autores abogan, pues, por la intervención de los poderes públicos, habida cuenta de que experiencias recientes indican que «no se puede confiar en que las empresas, cuando se las deja solas, actúen de forma que evite daños a nivel social o individual».

Ahora bien, esa actuación se encuentra mediatizada por las rivalidades políticas en la geopolítica internacional, pues no debemos olvidar que las neurotecnologías tienen usos militares, además de civiles. A ello debemos unir que, tal como ya hemos comentado, su desarrollo se concentra en unos pocos países, por lo que los autores del informe abogan por un esfuerzo internacional regulatorio que sea realmente global y participativo, y no centrado en las pocas naciones más avanzadas.

El trabajo concluye formulando cinco recomendaciones «para orientar cualquier sistema de gobernanza destinado a garantizar que el desarrollo de las neurotecnologías beneficie a la humanidad y no la socave»:

La primera se centra en la importancia de «desarrollar herramientas y medios que permitan un seguimiento actualizado y exhaustivo de las tendencias en el desarrollo de las neurotecnologías, sus repercusiones declaradas o previstas y los instrumentos políticos existentes. Estas herramientas pueden basarse en precedentes ya existentes, como la Brújula STIP de la OCDE, el Observatorio Mundial GO->SPIN de la UNESCO o el Observatorio de la UE para la normalización de las TIC». Ello a causa de la dificultad que precisamente existe para predecir la evolución de las neurotecnologías. Los autores defienden, pues, que un primer paso ha de consistir en realizar diagnósticos con garantías de rigor e imparcialidad.

La segunda tiene que ver con los enfoques de gobernanza innovadores que precisa la materia, fundamentalmente a través de «un conjunto coherente de instrumentos internacionales de derecho indicativo, tratados y leyes jurídicamente vinculantes, marcos reglamentarios, normas técnicas y recomendaciones éticas». A la vista de los numerosos ejemplos que hemos reseñado en este capítulo, cabe concluir que, al menos en el plano del derecho indicativo, existe un cuerpo ya consolidado de conocimiento. Ahora bien, en la línea de las conclusiones a que llegaba Andorno (2023) en el informe de la UNESCO a que hemos hecho referencia con anterioridad, consideramos que no es posible obviar la responsabilidad individual de los Estados para normativizar este ámbito.

La tercera alude precisamente a la superación de las rivalidades geopolíticas con el fin de abordar un proceso de gobernanza global, multilateral e inclusivo, para que el mismo cuente con una aceptación generalizada. La realidad, sin embargo, en cuestiones como la crisis climática, nos presenta un panorama bien distinto en el que los diversos intereses económicos y políticos, a menudo ajenos a la propia materia que se discute, terminan dificultando mucho los acuerdos.

La cuarta apunta acertadamente a lo imprescindible que resulta la actuación coordinada en los debates de gobernanza, integrando todas las materias intervinientes, que en ningún caso pueden tratarse de manera aislada: IA, protección de datos, privacidad, bioética, etc.

Por último, y sin duda uno de los aspectos más relevantes, los autores inquieren no solo a los políticos, sino a los medios de comunicación y las organizaciones para realizar un esfuerzo comunicativo dirigido a aumentar la concienciación social sobre estas cuestiones, puesto que solo así, mediante ese conocimiento previo, existirán procesos verdaderamente participativos. Esta perspectiva añade un matiz más de verdadero interés para encarar el futuro de nuestra relación con la neurotecnología, máxime teniendo en cuenta que ese contraste de información resultará imprescindible ante la previsible avalancha de técnicas de neuromarketing comercial con que se irá implantando en los usos cotidianos.

A lo largo de este Capítulo hemos analizado las iniciativas más relevantes que se han adoptado en los distintos niveles del ordenamiento jurídico, y a cargo de agentes muy distintos, desde organizaciones internacionales o regionales a los propios países a título individual. La fotografía que nos proporciona en torno a la regulación de las neurotecnologías, en relación con los derechos fundamentales afectados por su empleo, refleja, cuando menos, la ausencia de un *corpus* jurídico coherente y de aplicación a un número suficiente de naciones como para poder calificar de global la respuesta a un problema que ciertamente lo es. Mientras que, en el plano teórico, existe una sobreabundancia de instrumentos que comprenden un diagnóstico detallado de la situación y un muestrario de recomendaciones, se echa quizá en falta la extensión a un número relevante de países de normativa interna, cualquiera que sea la técnica legislativa adoptada, que traslade ese conjunto de criterios a un régimen de aplicación exigible.

En este proceso, como se pone de manifiesto, los organismos regionales están teniendo un importante papel de impulso y activa intermediación entre los Estados y las grandes organizaciones internacionales. Muñoz & Marinaro (2023) los consideran «puentes naturales» entre las instituciones nacionales y mundiales, de forma que «documentos regionales pioneros como la Declaración Americana de Principios sobre Neurociencia, Neurotecnologías y Derechos Humanos de la OEA, o la Ley Modelo sobre Neuroderechos del Parlamento Latinoamericano podrían inspirar los esfuerzos de la ONU», que procedería elevando «los consensos regionales a debates interregionales», por lo que «una vez establecido un marco normativo internacional sobre neuroprotección, serían las comisiones regionales de Derechos Humanos, el Tribunal Europeo de Derechos Humanos y la Corte interamericana de Derechos

Humanos las que de manera coordinada, protegiesen eficazmente los derechos neuronales frente a posibles incumplimientos por parte de los Estados miembros».

Hemos situado esta reflexión para concluir el presente Capítulo por cuanto hace referencia a un aspecto que se presenta como fundamental en cualquier aspiración reguladora de la materia con la ambición de dispensar protección a la ciudadanía de una manera global: el diálogo en el multinivel del ordenamiento, herramienta indispensable para encauzar no solo la creación o reconceptualización de los neuroderechos, sino su implantación global, de manera que todos estos avances tecnológicos no se conviertan en el enésimo factor de desigualdad entre naciones, e incluso regiones, en el planeta. El mecanismo de coordinación y colaboración propuesto por los autores sería muy útil en el continente latinoamericano, por ejemplo, y no tanto en el europeo, que cuenta con su propio ordenamiento jurídico y un complejo sistema institucional, pero en cualquier caso constituye un ejemplo paradigmático de lo que sería una actuación realista y eficaz para articular una regulación coherente.

Es claro, por tanto, que contamos ya con el conocimiento, los diagnósticos y las propuestas para ordenar un ámbito de la realidad que presenta tantos riesgos como beneficios, y cuyo ritmo de evolución lo convierte en extraordinariamente complejo y retador. Tan solo falta la decisión, la voluntad política, y el buen sentido de los responsables públicos guiado por el interés general y el bien común.

III

LA CONSTRUCCIÓN DE UNA TEORÍA DE LOS NEURODERECHOS COMO DERECHOS HUMANOS

1. El avance continuo de los derechos humanos en la historia

1.1. Sobre el concepto «derechos humanos»

Cuenta Hierro Sánchez Pescador (1999: 351) que, el que fuera uno de los fundadores de los Estados Unidos, Thomas Paine, replicó a su amigo Edmund Burke, liberal conservador británico, a propósito de su crítica sobre los «despreciables papeles emborronados que hablan confusamente de los derechos del hombre», lo siguiente: «¿Es que con esta frase quiere el señor Burke negar que el hombre tenga algunos derechos? Si éste es su propósito, tiene que decir que no existen tales cosas como derechos en ningún lugar y que él mismo no posee ninguno» (Paine, [1791-2] 1986: 58). En realidad, se trata de un buen ejemplo para mostrar la cara y la cruz de los derechos humanos a lo largo de la historia, una más conservadora y restrictiva, frente a otra más progresista en lo relativo a su evolución y ampliación.

Esbozar brevemente una teoría de los derechos humanos es necesario para poder abordar debidamente el proceso en formación de los neuroderechos como nueva categoría dentro de la solemne familia de los derechos humanos. Por ello debemos comenzar este apartado tratando sobre algunas cuestiones básicas que tienen que ver con su surgimiento, significado y evolución en torno al principio de la dignidad humana.

Nuestra doctrina constitucional ha afirmado en numerosas ocasiones que existen derechos que son inherentes para garantizar la dignidad, fundamento del orden político[141], tales como el derecho a la vida, a la integridad física y moral, a la intimidad, la libertad ideológica[142], el derecho a la tutela judicial efectiva[143] y el derecho instrumental a la asistencia jurídica gratuita[144], el derecho a la libertad y a la seguridad[145] o el derecho a no ser discriminado por razón de nacimiento, raza, sexo, religión o cualquier otra condición o circunstancia personal o social[146]. Los derechos y libertades que configuran el ordenamiento español «son traducción normativa de la dignidad humana», atribuyendo a la misma el carácter de «fuente de todo el ordenamiento jurídico», el «germen o núcleo de unos derechos que le son inherentes (...) punto de arranque, como *prius* lógico y ontológico para la existencia y especificación de los demás derechos y como pórtico de los demás valores o principios allí consagrados»[147]. Todos ellos han sido reconocidos expresamente por el alto Tribunal como pertenecientes a las personas en cuanto tales, si bien hay que tener en cuenta que la dignidad no constituye un derecho fundamental en sentido estricto, pese a ser la base del resto de derechos.

El Tribunal Constitucional también ha declarado que: «la dignidad es un valor espiritual y moral inherente a la persona que se manifiesta singularmente en la autodeterminación consciente y responsable de la propia vida y que lleva consigo la pretensión al respeto por parte de los demás»[148]. Pacheco Zerga (2007) nos recuerda que el respeto a la dignidad humana se erige, en la cultura occidental, como uno de los principios fundamentales de las sociedades democráticas y un principio universal de Derecho contemporáneo. En efecto, la dignidad de la persona se invoca como referente y valor articulador de las Convenciones Internacionales de Derechos Humanos, y también de la Constitución Española. El primer instrumento jurídico internacional que se refiere a la dignidad es la Carta de las Naciones Unidas del 25 de junio de 1945 y, tres años más tarde, el Preámbulo de la Declaración Universal de Derechos Humanos, de 10 de diciembre de 1948, proclamó que «la libertad, la justicia y la paz en el mundo tienen por base el reconocimiento de la dignidad intrínseca y de los derechos iguales e inalienables de todos los miembros de la familia humana» reconociéndose en su primer artículo que «todos los seres humanos nacen libres e iguales en dignidad y derechos».

141. SSTC 107/1984, de 23 de noviembre, FJ 3.°; 99/1985, de 30 de septiembre, FJ 2.°; y 130/1995, de 11 de septiembre, FJ 2.°, 236/2007, de 7 de noviembre.

142. STC 107/1984, FJ 3.°.

143. STC 99/1985, FJ 2.°.

144. STC 95/2003, de 22 de mayo, FJ 4.°.

145. STC 144/1990, de 26 de septiembre, FJ 5.°.

146. STC 137/2000, de 29 de mayo, FJ 1.°.

147. STC 113/1996, FJ. 6.°, STC 53/1985, FJ. 3.

148. STC 53/58, FJ 8.°.

Por tanto, el Tribunal Constitucional, a la hora de interpretar la dignidad, le confiere el carácter de valor constitucional transcendental, siendo el fundamento para la construcción de una sociedad moral basada en su respeto. También ha destacado y ratificado la relevancia de la dignidad de la persona en la construcción política y social del Estado y de las relaciones con la ciudadanía y de éstos entre sí[149]. La dignidad presenta una doble dimensión: es estructural porque el ordenamiento jurídico y el sistema político y social se articulan en base a ella, y es instrumental porque es el elemento legitimador del ordenamiento jurídico y del sistema (PASCUAL LAGUNAS, 2009). Se atribuye pues a la dignidad humana no sólo la función de configuración de las categorías jurídicas, sino también la de su interpretación. Se trata por tanto de una nueva función constitucional: constituir un referente para la definición y comprensión de otros derechos fundamentales, «principios o valores jurídicos como la seguridad jurídica, la legalidad o la dignidad humana (...) son denominador común de tantas categorías jurídicas, contribuyendo a perfilarlas e incluso a entenderlas» [150].

A la hora de definir cuándo estaríamos en presencia de un derecho humano, siguiendo a HIERRO SÁNCHEZ PESCADOR, (1999) puede decirse que se identifica conforme a dos características: una primera que parte de la consideración de que los derechos humanos son derechos subjetivos morales, es decir, son posiciones normativas que se derivan de una norma o de una razón moral, al contrario que un derecho subjetivo jurídico-positivo que se deriva de una norma jurídica. Tienen que tener por tanto una cierta característica moral, ser condición necesaria para que una persona pueda desenvolverse como agente moral en un contexto dado. No debemos entender por tanto como derecho humano cualquier deseo, interés o necesidad relevante, sino solo aquellos que puedan instrumentarse normativamente como derechos subjetivos en forma de libertades, pretensiones, inmunidades o potestades, no aquellas demandas imposibles de satisfacer. Una segunda característica, una vez constatado su valor moral situado en la autonomía del individuo, es su carácter fundamental entendido en el sentido de que sirven de fundamento legitimador de los sistemas jurídicos y ofrecen una respuesta completa a los tres grandes problemas teóricos de la Justicia: por qué es justo ordenar (la Justicia como legalidad), quién está justificado para ordenar (la Justicia como legitimidad en origen) y qué es lo que está justificado ordenar (la Justicia como legitimidad en contenido). Por tanto, pueden definirse los derechos humanos como «aquellas libertades, inmunidades, pretensiones y potestades que corresponden a todo ser humano como condición necesaria para realizarse como sujeto moral y cuya satisfacción es condición necesaria

149. En el FJ 2.° de la STC 170/1994 se afirma «por lo tanto un sistema que no garantice la dignidad humana (y los derechos derivados de ésta) es un sistema en el que se quiebra la paz social (...) que es garantía de la convivencia pacífica entre las personas, STC 35/1985, FJ 3.°».

150. STC 105/1994.

y suficiente para justificar la existencia, el origen y el contenido de un sistema jurídico» (HIERRO SÁNCHEZ PESCADOR,1999: 359).

En cuanto a las propiedades formales que se suelen adscribir a ellos, siguiendo a LAPORTA (1987), los derechos humanos son:

a) Universales, lo que significa que se adscriben a todos los seres humanos. Ello presenta entonces la consecuencia de que si se admite este rasgo habría que sacar los derechos humanos fuera del sistema jurídico positivo porque en función de aquel al que se sometan los individuos, estos tendrán unos u otros derechos reconocidos. Por lo tanto, resulta menos controvertido ubicar a los derechos humanos en el ámbito de la ética como «derechos morales» y no como «derechos legales» (LAPORTA, 1987: 33). Tal universalidad ha de gravitar también sobre los destinatarios de las obligaciones o deberes implicados, que serían tanto negativas en el sentido de abstenerse de actuar lesionando los bienes constitutivos del derecho humano o de realizar ciertas conductas, pero también positivas de protección de dichos bienes. De este rasgo estructural respecto de los obligados se deriva la solidaridad como pauta de exigencia ética ineludible, lo que significa que «todos y cada uno tendríamos un deber fuerte de colaborar activamente en la protección de los bienes y la satisfacción de las exigencias que forman el núcleo de los derechos básicos de los demás» (LAPORTA, 1987: 36). Un problema fundamental de la universalización de los derechos es que mientras la libertad y la seguridad son condiciones que normativamente un sujeto puede tener o no tener reconocidas y garantizadas, o serlo en mayor o menor grado, la igualdad, por el contrario, es tanto en su aspecto formal como en su aspecto material una cualidad o un tratamiento comparativo. Ello significa que incluso en un mundo ideal en el que todos los Estados reconociesen y protegiesen efectivamente la libertad y la seguridad de sus ciudadanos, todos podrían ver satisfechos ambos derechos morales pero, sin embargo, ello no parece posible respecto a la igualdad, por la propia estructura de los Estados y la distinción entre nacionales y extranjeros. Por tanto, «el horizonte de una igualdad entre todos los seres humanos parece exigir, por ello, una especie de ciudadanía universal que como en el caso de la construcción europea implica enseguida una caída de las fronteras y una libertad de movimientos que redujera la nacionalidad a un rasgo irrelevante así como una especie de igualación universal de las oportunidades mediante una redistribución universal de los recursos» (HIERRO SÁNCHEZ PESCADOR, 1999: 368).

b) Absolutos, lo que significa que tienen un carácter de criterio superior de decisión moral, es decir, una exigencia moral importante. Cuando estamos en presencia de derechos humanos o naturales es «cuando el funcionamiento de un aparato institucional de violencia como es el sistema jurídico recupera su justificación cabal apartándose de la idea que mantiene que sólo puede hablarse de derechos humanos cuando estamos en presencia de un dispositivo estatal-legal de protección institucionalizada de tales derechos». De forma que solo cuando nos encontramos frente a un conflicto de derechos humanos cabe pensar en el desplazamiento justificado de uno de ellos en favor del otro, «sólo pueden ser desplazados por requerimientos morales equivalentes en conflicto con ellos, es decir, por otros derechos humanos» (LAPORTA, 1987: 38).

c) Inalienables, y por tanto se adscriben al individuo al margen de su consentimiento, o contra él, y se le inmuniza moralmente incluso frente a su propia voluntad. Ello quiere decir que esos «bienes» cuya importancia es tal que suministran razones suficientes para una protección normativa tan relevante le son atribuidos a cada uno ineludiblemente (LAPORTA, 1987: 40).

El significado de estos tres elementos conduce a pensar en los derechos humanos como «una forma de expresión de los propios rasgos constitutivos de la moralidad interindividual», por lo que conviene «no trivializarlos apelando a ellos sin ton ni son o extendiendo los catálogos y las generaciones arbitrariamente. De ello puede depender no sólo el que sean reconocidos, sino sobre todo el que sean efectivamente realizados en algún momento de la historia de la especie humana» (LAPORTA, 1987: 44). Ahora bien, como veremos más adelante, la familia de los derechos humanos, contrariamente a este criterio, no ha hecho sino ampliarse a lo largo del tiempo en sucesivas generaciones. Ello enlaza con el debate sobre la inflación de los derechos y la necesidad de justificar su necesidad para no devaluarlos. Sobre esta cuestión profundizaremos más adelante.

Además, hay que añadir que los derechos humanos son indivisibles, lo que implica considerarlos como un conjunto inseparable, resultando necesario que tanto la plena titularidad como el goce efectivo de los mismos se produzca sobre todos y cada uno de ellos. También son interdependientes, lo que supone la interconectividad necesaria entre todos ellos, ya que la violación o la promoción de cada uno de los derechos conlleva a su tiempo la de los restantes (TUR AUSINA, 2016: 10-11).

Por el momento, si nos preguntamos por cuáles son los derechos humanos, pese a la existencia en la actualidad de catálogos extensos reconocidos en diferentes tratados y declaraciones en el ámbito internacional, como señala HIERRO SÁNCHEZ PESCADOR (1999) existe una larga tradición que los reduce básicamente a tres valores, principios o criterios: libertad, igualdad y seguridad, y será la Declaración Universal de los Derechos Humanos de 1948 la que al reconocerlos institucionalmente los enuncie por primera vez en este ámbito. No resulta baladí insistir en la idea de que todos los derechos humanos han de emanar de estos valores y garantizar la dignidad humana, además de legitimar el propio sistema democrático. Una pugna clásica en el ámbito de los derechos ha sido el enfrentamiento entre las posturas iusnaturalistas, que abogan por la defensa de los derechos naturales, frente a las posturas iuspositivistas, que defienden que solo aquellos derechos que son positivizados adquirirían tan carácter. En cualquier caso, la Declaración Universal de los Derechos Humanos inició el proceso de su institucionalización a nivel supranacional como referencia y control de los procesos de positivación en los ordenamientos jurídicos internos, concretando jurídicamente esos derechos morales.

Pero debemos diferenciar entre derechos humanos que, como hemos visto, no derivan de una norma, sino que más bien son exigencias morales de carácter universal, absoluto e inalienable, y es un término más propio del Derecho internacional, y los derechos fundamentales, estos últimos como aquellos derechos humanos que han sido positivizados y por tanto recogidos en la Constitución como norma suprema de un ordenamiento jurídico. Así, a la hora de determinar cuándo nos encontramos en presencia de un derecho fundamental, como explican Álvarez Conde & Tur Ausina (2021: 274-275) hay que tener en cuenta que se trata de una proyección o concreción de los valores superiores de nuestro ordenamiento, y que requiere de un proceso de interpretación que ha de tener necesariamente un carácter contingente, no válido para todo tiempo y lugar. Así que su configuración ha de tener en cuenta tanto criterios sustanciales como formales. Estaríamos ante un derecho fundamental cuando el mismo, por responder a unos planteamientos valorativos socialmente aceptados, es reconocido como tal por el ordenamiento jurídico, reconocimiento que implica un cierto grado de prevalencia sobre los demás y acentúa su condición de derecho subjetivo en el sentido de ser directamente accionable ante los tribunales, resultar oponible frente al legislador y estar dotado de una protección jurisdiccional determinada. Aunque nuestra Constitución reconoce expresamente un determinado número de derechos fundamentales, no se trata de una lista cerrada, pudiendo darse entrada a todos aquellos presentes o futuros que sean inherentes a la dignidad de la persona. Existen diferentes vías para su reconocimiento, al margen de una posible reforma, como es la propia interpretación constitucional, así como de los tratados internacionales de derechos humanos que se hayan ratificado y que pasan a ser parte del derecho interno. De forma que es posible encontrarnos con derechos fundamentales no positivizados expresamente en el texto constitucional, pero de creación jurisprudencial haciendo uso de una o varias de las cláusulas antes citadas. Un ejemplo en nuestro ordenamiento es el caso del derecho de *habeas data*, STC 292/2000, creado a partir del art. 18.1 y 4 CE y de determinada normativa y jurisprudencia supranacional.

De manera reciente, se ha hablado de los «derechos evidentes» (de Asís Roig, 2023), ya que, pese al continuo avance en el catálogo de derechos y libertades, estos resultan esenciales para el disfrute del resto. Y aunque forman parte del discurso de los derechos humanos, algunos como el derecho a vivir de forma independiente, a la accesibilidad, al agua, o a la identidad, no tienen suficientes instrumentos de garantía, por lo que estos derechos humanos también deberían serlo en su tratamiento como derechos fundamentales para que este discurso sea coherente y establezca las vías de protección necesarias para acercarse al que es su principal cometido: el logro de una vida humana digna. Por otra parte, hay que insistir en que los derechos humanos no solo limitan la actuación de los poderes públicos, sino también la de los poderes privados, aunque éste es uno de los grandes problemas que afectan a su satisfacción y garantía, esto es, su vigencia en el ámbito privado puesto que, aunque se considera resuelto desde el punto de vista teórico, realmente no lo está (DE Asís, 2022:45).

1.2. Evolución y generaciones de derechos

Si nos remontamos a las primeras declaraciones revolucionarias, a la pregunta de por qué los países y la ciudadanía sintieron la necesidad de exponer formalmente los derechos en una declaración, HUNT (2010: 115-116) explica que fueron las campañas a favor de la abolición de la tortura y el castigo las que apuntaron la respuesta: «una manifestación pública y formal confirma los cambios que se han producido en las actitudes subyacentes». Pero las declaraciones de derechos de 1776 y 1789 fueron incluso más lejos efectuando un traspaso de soberanía, del monarca a los representantes del pueblo. Aunque los declarantes reivindicaron que estaban confirmando derechos naturales indiscutibles, ya existentes, al proceder así estaban creando una nueva base para el gobierno. En Estados Unidos, la Declaración de Independencia afirmaba el desprecio del rey Jorge III por los derechos de los colonos, mientras que en Francia, los diputados declararon que tales derechos habían sido pasados por alto, olvidados o desdeñados, no pretendieron haberlos inventado. «La Declaración propuso que estos derechos constituían el fundamento del gobierno, aunque no lo hubiesen sido en otros tiempos. A la vez que afirmaban que estos derechos ya existían y que lo único que ellos hacían era defenderos, los diputados crearon algo radicalmente nuevo: gobiernos justificados por su garantía de los derechos universales» (HUNT, 2010:118).

En el discurso sobre los derechos humanos, dos grandes líneas han marcado su evolución: el derecho público, con proyección en el ámbito internacional, en el que los derechos se presentan como límites al poder y por tanto con un enfoque vertical respecto de las obligaciones del Estado frente al individuo; y el derecho privado con los derechos de la personalidad, que se desenvuelven principalmente en el ámbito de las relaciones entre particulares o de empresas frente a particulares, y que sería un enfoque horizontal. Ambas líneas se sustentan sobre el valor de la dignidad humana, que ha ido evolucionando a lo largo de la historia y proyectándose constantemente en la proposición de nuevos derechos (DE ASÍS ROIG, 2023).

A su vez, los derechos humanos han sido entendidos sobre todo como categorías históricas, es decir, son derechos que cobran sentido en contextos temporalmente determinados a partir del «tránsito a la modernidad» (PECES-BARBA MARTÍNEZ, 1982). En el mismo sentido lo explica BOBBIO (1991:11) cuando afirma que «los derechos humanos por muy fundamentales que sean, son derechos históricos, es decir nacen gradualmente, no todos de una vez y para siempre, en determinadas circunstancias, caracterizadas por luchas por la defensa de nuevas libertades».

Además, teniendo en cuenta el principio de progresividad, reconocido en el preámbulo de la Declaración Universal de 1948, y expresamente protegido por el Sistema Interamericano de Derechos Humanos, se impone una obligación de no regresión, lo que implica que los avances logrados en materia de derechos humanos son irreversibles, siempre pueden ampliarse pero nunca reducirse (Cunego, 2016).

Siguiendo el trabajo de Pérez Luño (2018: 142-155), desde las revoluciones burguesas del siglo XVIII, han ido apareciendo sucesivas «generaciones» de derechos con perfiles ideológicos determinados. En una sociedad libre y democrática el catálogo de libertades nunca se cierra, puesto que «debe mostrarse siempre sensible y abierta a la aparición de nuevas necesidades, que fundamenten nuevos derechos» (Pérez Luño, 2018: 149). Así, de la primera generación de derechos civiles y políticos, concebidos como derechos de defensa de las libertades del individuo y que exigen la abstención estatal para no interferir en la vida privada, se pasó a una segunda generación de derechos económicos, sociales y culturales, propios de la transformación del Estado liberal en el Estado social de Derecho, y que requieren ya un papel activo del Estado para garantizar su ejercicio. De ahí, a una tercera generación que surge en torno a la revolución tecnológica, al redimensionarse las relaciones de los seres humanos con la naturaleza, entre sí y consigo mismo, y donde aparecen o bien nuevos derechos o bien se actualizan las garantías de los ya existentes conforme a los nuevos retos. Derechos relativos al medio ambiente, la calidad de vida y la paz, o los derechos en el ámbito de las tecnologías de la información y la comunicación (TIC), o en la esfera de la bioética y de las biotecnologías, así como los avances de la ingeniería genética o la neurociencia, que con la seguridad de los datos científicos aportan certidumbre y ahondan en el conocimiento de la vida humana. Hay que tener en cuenta que las generaciones de derechos humanos no implican la sustitución global de un catálogo de derechos por otro; en ocasiones esta evolución se traduce en la aparición de nuevos derechos como respuesta a nuevas necesidades históricas, mientras que, en otras ocasiones, suponen la redimensión o redefinición de derechos anteriores para adaptarlos a los nuevos contextos en que deben ser aplicados.

Concretamente, estos derechos de última generación van a responder de forma más adecuada y eficaz a los nuevos retos de la tecnociencia estableciendo un sistema de garantías para que los desarrollos científicos y tecnológicos no se produzcan a costa de las libertades, un escenario similar al que nos encontramos en la actualidad cuando hablamos de neurotecnologías.

Una primera tarea, relacionada con la posibilidad de aumento y potenciación de capacidades humanas mediante estas nuevas tecnologías, deberá traducirse en un fortalecimiento y mejora de la calidad de vida, de forma que el progreso técnico-científico se oriente a posibilitar la superación de barreras y límites, desde el respeto a los valores y derechos de la condición humana y contribuyendo al libre y pleno desarrollo de la personalidad. Una segunda tarea, deberá garantizar que los avances de la tecnología no se produzcan a costa de negar los valores de la propia humanidad, de forma que no se instrumentalice a la persona para la consecución de otros fines u objetivos (PÉREZ LUÑO, 2018).

Actualmente nos encontramos, como ya vimos en el apartado primero de este trabajo cuando abordamos los retos éticos de las neurotecnologías, que derechos como la libertad y la autonomía, la igualdad y no discriminación, la privacidad, la integridad personal, o la propia identidad, se encuentran amenazados no solo por las investigaciones neurocientíficas, sino también por la biotecnología o la ingeniería genética (PÉREZ LUÑO, 2018:151-153), de forma que esta generación de derechos constituiría el marco adecuado para responder a los siguientes retos y desafíos posthumanistas, puesto que:

- Cuestionan críticamente la neutralidad y asepsia de la teoría posthumanista que pretende desviar del debate político las grandes decisiones sobre el presente y el futuro de la condición humana y del desarrollo tecnológico, retos que debe deliberar y decidir la sociedad política, no la IA.
- Aclaran el significado «post» de la expresión «posthumanismo», como crítica y alternativa, encauzando el uso de tecnologías conforme a principios humanistas frente a su negación.
- Siguen reivindicando el proyecto jurídico-político humanista, y que hoy día continúa siendo una promesa incumplida para amplios sectores que no se han emancipado de la ignorancia, el hambre o la opresión. (PÉREZ LUÑO, 2018:155).

Esta tercera generación de derechos humanos referentes para la regulación de las nuevas tecnologías, como el ámbito biomédico, o la IA, se ha ido extendiendo a otros campos como el de la neurociencia, donde se observan rasgos coincidentes en algunos de los retos que presentan, sobre todo en cuanto a su incidencia en el ámbito de las relaciones privadas, o su necesaria protección a nivel internacional como consecuencia de la globalización de la sociedad digital (DE ASIS ROIG, 2020). Ahora bien, si muchas coinciden en cuanto a su impacto, sobre todo en el plano de la privacidad, el salto que se produce con las neurotecnologías es lo suficientemente importante al afectar a la privacidad «mental» como para que, en la última década, hayan saltado las alarmas y comenzado a reflexionarse sobre cómo hacer frente a estos retos específicos. Advertencias en forma de derechos nuevos o reformulados, tratados o protocolos, informes, declaraciones de principios, reformas constitucionales y legales… que habrán de estar siempre guiadas por la idea de que el desarrollo tecnológico no puede campar a sus anchas y a gran velocidad sin la dirección firme del derecho y de la ética, para seguir garantizando la dignidad y el libre desarrollo de la personalidad de los seres humanos. Porque las neurotecnologías, además de toda esa serie de riesgos éticos que ya vimos en la primera parte, han reactivado viejos debates sobre el significado del ser humano: hasta dónde alcanzará la libertad de elección individual, los límites éticos de la mejora y sus propósitos, si estos avances y transformaciones se producen por el interés de las personas o por el beneficio de las corporaciones, o quién deberá gobernar estos procesos. Las respuestas a estas y otras cuestiones ya se han enunciado y solo cabe seguir un único camino.

1.3. El riesgo de inflación de los derechos humanos

Lo cierto es que no existe unanimidad sobre si el continuo reconocimiento de nuevos derechos humanos supone o no devaluarlos. En nuestra doctrina, por ejemplo, LAPORTA (1987:36) se muestra muy crítico, ya que considera que los derechos humanos, conforme a sus especiales características —universales, absolutos, inalienables— no pueden ir ampliándose ilimitadamente sin poner en riesgo esa naturaleza de exigencia moral fuerte, puesto que, cuanto más se multiplique la nómina de los derechos humanos, menos fuerza tendrán como exigencia, por lo que la lista de derechos que la justifiquen adecuadamente debería ser limitada. En el mismo sentido, CARTABIA (2011) sostiene que cuanto mayor sea el número de derechos reconocidos, más probable será que resulten contradictorios entre sí por el bien del propio proyecto, por lo que incluso defensores acérrimos e indiscutidos de los derechos humanos defienden a veces que la retórica de los derechos debería ser suavizada. Sin embargo, PÉREZ LUÑO (1987:60), en respuesta a estas objeciones, considera que se trata de una precaución infundada puesto que la ampliación progresiva de las necesidades humanas se ha ido traduciendo en nuevas formas de ampliación de la libertad. De hecho, la experiencia del derecho comparado muestra que «son, precisamente, aquellos ámbitos donde el catálogo de derechos humanos es más extenso, allí donde más intenso se revela su mecanismo de protección» (PÉREZ LUÑO, 1987: 61). Ahora bien, lo que ocurre es que la inquietud por los derechos de tercera generación se da en sociedades donde ya existe una cierta experiencia de los derechos de generaciones anteriores, por lo que tal reivindicación es ajena por el momento para aquellas colectividades humanas en las que los derechos humanos más antiguos y primarios son todavía un ideal a alcanzar. Incluso HIERRO SÁNCHEZ PESCADOR (1999: 354) considera que la idea de que los derechos humanos deben ser muy pocos, de forma que el valor de algo esté directamente relacionado con su escasez, sería un prejuicio elitista, si bien ello no quita para que no nos aproximemos a los derechos humanos desde una preocupación antiinflacionista, es decir, huyendo de la tentación contrapuesta que diría algo así como «si son buenos, que sean muchos». La cuestión, en todo caso, como reconduce DE ASÍS ROIG (2022), habrá de ir encaminada a si el reconocimiento de nuevos derechos es la respuesta a la incidencia de estas tecnologías en la sociedad sin olvidar dos grandes objetivos del discurso de los derechos humanos: el desarrollo de una vida humana digna y la lucha contra la discriminación, entendida como una disputa contra las barreras que dificultan su desarrollo, por lo que en cualquier caso en el debate ha de estar presente la atención a las situaciones de vulnerabilidad en las que se encuentran las personas, junto con un buen sistema de garantías.

Estas advertencias sobre la amenaza a la credibilidad del discurso de los derechos humanos que podría provocar su proliferación al empobrecer su fuerza y eficacia, dañando el equilibrio global del conjunto de valores implicados en el proyecto de los derechos humanos, han dado lugar a propuestas como la de ALSTON (1984), que plantea que, para evitar la inflación de los derechos, se pueden imponer pruebas justificativas a partir de una serie de criterios de calidad para el reconocimiento de nuevos derechos humanos que requerirían que estos: (i) reflejen un valor social de importancia fundamental; (ii) sean relevantes, inevitablemente en distintos grados, en un mundo de diversos sistemas de valores; (iii) sean susceptibles de reconocimiento por responder a una interpretación de las obligaciones de la Carta de las Naciones Unidas, un reflejo de las normas del derecho consuetudinario o una formulación declarativa de principios generales del derecho; (iv) sean coherentes con el corpus existente de legislación internacional sobre derechos humanos, sin limitarse a repetirlo; (v) sean capaces de alcanzar un grado muy elevado de consenso internacional; (vi) sean compatibles o, al menos, no claramente incompatibles con la práctica general de los Estados; (vii) y sean lo suficientemente precisos como para dar lugar a derechos y obligaciones identificables.

El ejercicio que propone ALSTON se resuelve, de manera específica en cuanto a la necesidad de reconocer nuevos derechos para hacer frente a las neurotecnologías, por IENCA & ANDORNO (2017), que justifican a partir de estos criterios de calidad que los derechos existentes podrían no ser suficientes para responder a estos problemas emergentes. Ahora bien, como más adelante veremos, estas afirmaciones se matizan con posterioridad, abogando más bien por la reinterpretación de los derechos clásicos que por la necesidad de reconocer otros nuevos.

Otras pautas a la hora de prevenir la inflación de los derechos humanos las encontramos en FINS (2022), que propone que se adopte el enfoque de las capacidades de la justicia sanitaria propuesto por Amartya Sen y Marta Nussbaum a la hora de regular cualquier régimen de neuroderechos con base en una serie de criterios como serían: (i) un equilibrio entre los derechos positivos y negativos en la promoción de las capacidades humanas; (ii) una orientación con bases científicas sobre aquello que se pretende regular; (iii) una regulación específica que evite confusiones conceptuales y litigios que puedan retrasar la aplicación del progreso científico; y (iv) armonizar los nuevos derechos neuronales con las normas establecidas en la legislación internacional sobre discapacidad y derechos humanos. Este autor, con motivo del primer paso dado por Chile, se muestra bastante crítico al considerar que el país habría adoptado «una agenda de derechos neuronales prematura y sin matices», lo que podría dañar la capacidad restauradora de los derechos humanos, al restringir involuntariamente los derechos de las personas con discapacidad, de manera que, por ejemplo, el mandato constitucional de respetar la integridad mental podría prohibir intervenciones realizadas con motivos terapéuticos para ayudar a individuos que estarían atrapados dentro de sus cabezas. Además, esta promulgación tendría un efecto desalentador en la investigación neuropsiquiátrica en personas cuyo estado mental les impide dar su consentimiento. Pero como hemos visto en el Capítulo segundo, el «Proyecto de ley iniciado en moción de los Honorables Senadores señor Girardi, señora Goic, y señores Chahuán, Coloma y De Urresti, sobre protección de los neuroderechos y la integridad mental, y el desarrollo de la investigación y las neurotecnologías», Boletín N° 13.828-19, iniciado en 2020, se encuentra aún en tramitación en la Cámara del Congreso y ya fue objeto de profundas revisiones en la del Senado. En la actualidad, no declara nuevos derechos, sino que pretende regular aquellas neurotecnologías destinadas a usos derivados del consumo, a las que se busca aplicar el modelo médico para que los datos cerebrales se consideren como especialmente sensibles, entre otras cuestiones. Respecto de la reforma constitucional[151], cabe recordar que los derechos fundamentales tienen límites y pueden confrontarse con otros derechos, por lo que en el ejemplo que plantea Fins, creemos que no se tiene en cuenta, en primer lugar, que la remisión legislativa puede establecer ciertos límites al derecho constitucional y, segundo, que en el caso de que la legislación sanitaria chilena no contemplase actualmente determinadas excepciones a la obligación de prestar consentimiento por parte de aquellas personas privadas de las capacidades de otorgarlo, se plantearía un conflicto entre el mandato a respetar la integridad mental y el derecho a no ser objeto de discriminación, entendido como la lucha contra cualquier barrera que dificultase el desarrollo de su dignidad. Ahora bien, coincidimos plenamente con el autor, así como con otros como De Asís Roig (2020), en cuanto a que en el debate de los neuroderechos ha de estar siempre presente la atención a las situaciones de vulnerabilidad en la que se encuentran las personas con derecho a obtener las mejoras necesarias para el pleno desarrollo de su dignidad. Por lo demás, del estado actual de la cuestión puede inferirse que, al menos las propuestas teóricas que se están realizado en este sentido desde la neuroética y la neurociencia, procuran tener en cuenta estos aspectos.

151. La reforma del artículo 19.1 de la Constitución de la República, Diario Oficial de la República de Chile de 25 de octubre de 2021, Boletín 43.086-B, establece lo siguiente:

«El desarrollo científico y tecnológico estará al servicio de las personas y se llevará a cabo con respeto a la dignidad humana, a la vida, a la integridad física y psíquica y a los demás derechos que esta Constitución establece.

La ley regulará los requisitos, condiciones y restricciones para su utilización en las personas, debiendo resguardar especialmente la actividad cerebral, así como la información proveniente de ella».

Ciertamente es necesario un debate amplio y de carácter interdisciplinar tanto en el ámbito académico como en el resto de los espacios importantes de deliberación social y política sobre la incorporación en las legislaciones nacionales y en el ámbito internacional de nuevos derechos. Discutir, deliberar, pensar, si en realidad estamos buscando —por el camino equivocado— crear nuevos derechos para proteger nuestros derechos humanos clásicos de las incipientes amenazas. En este sentido ZÚÑIGA FAJURI *et al.* (2020) y BORBÓN RODRÍGUEZ *et al.* (2020), con motivo de la iniciativa chilena reprocharon que, frente a la prolijidad con que se examinaron los resultados de la neurociencia, la neurotecnología o la IA, esto mismo no se aplicase en el ámbito de la ciencia jurídica, particularmente de la teoría del derecho y más concretamente del derecho constitucional. De forma que sus precauciones estaban relacionadas más bien con el hecho de que de la mera constatación de nuevas perspectivas en el campo de la ciencia y de la tecnología se terminase por inferir conclusiones jurídicas despojadas de un examen riguroso, por lo que en su momento consideraron inapropiado crear normas legales en un campo con hallazgos tan incipientes. Este debate sobre la necesidad de crear o no nuevos derechos enlaza con otro ya expresado en la denominada paradoja de Collingridge, pero en este caso tenemos clara cual ha de ser la respuesta: si consideramos la potencialidad de la neurotecnología para interferir en todo aquello que somos, es importante empezar a establecer ya algunos límites.

2. Las propuestas doctrinales sobre los neuroderechos

2.1. Origen y desarrollo de los neuroderechos

Aunque desde hace años la literatura científica había prestado atención a las neurotecnologías en el ámbito del proceso judicial, no había ocurrido lo mismo en cuanto a sus implicaciones e impacto específico en los derechos humanos hasta hace relativamente poco tiempo. Ha sido principalmente desde la neuroética, como vimos, donde se ha alertado de los riesgos y se han realizado las propuestas de nuevos derechos. Pero si ya Carnelutti, el gran jurista interdisciplinar italiano, dijo aquello de «quien solo conoce el derecho, ni siquiera conoce el derecho», tampoco la neuroética puede conducir este debate en solitario sin la perspectiva del derecho, sobre todo del Derecho constitucional, que es el que «funda la comunidad política, a través del que se expresan las decisiones trascendentales de una sociedad, el que determina en gran medida el modo y las condiciones de vida de los individuos que se integran en un proyecto común de convivencia» (ORTEGA, 2008: 331). El constitucionalismo, además de la organización del Estado, añade algo más, y encuentra su sustento en siglos de pensamiento filosófico en torno a las ideas de igualdad de los ciudadanos, libertad frente al abuso y la tiranía, la limitación temporal del poder, así como la del triunfo de los derechos de los individuos como fundamento y justificación de la comunidad política.

Pese a que no existe aún una acepción unánimemente aceptada en la comunidad científica, uno de los «padres» de los neuroderechos (IENCA, 2021), los ha definido como «principios éticos, legales, sociales o naturales de libertad o derecho relacionados con el dominio cerebral y mental de una persona; es decir, las reglas normativas fundamentales para la protección y preservación del cerebro y la mente humanos». En otras palabras, estaríamos ante pretensiones, mandatos destinados a proteger a las personas de los eventuales peligros de las neurotecnologías.

Sin duda su trabajo, junto con el de otros investigadores relevantes, ha sido muy inspirador para nuevos estudios como el que ahora nos ocupa, a la hora de debatir respecto de cuestiones como de qué derechos hablamos cuando hablamos de «neuroderechos», si estos serían nuevos o más bien interpretaciones de los clásicos, quién debe iniciar este proceso, y cuándo sería el momento adecuado para su reconocimiento.

A lo largo del Capítulo segundo hemos visto que para hacer frente a los riesgos éticos de las neurotecnologías y la debida protección de la mente humana, se están llevando a cabo diferentes iniciativas: desde las demandas de neuroderechos en el ámbito internacional, a las adoptadas en los diferentes niveles del ordenamiento como reformas constitucionales, reformas legales, o declaraciones de principios, incluso todas o algunas de ellas combinadas.

Pero la pregunta sobre si los neuroderechos son necesarios o no sigue abierta. En la discusión se pueden distinguir dos posiciones. La primera, cree necesario reconocer nuevos derechos, considerando insuficientes los existentes actualmente por no estar suficientemente preparados para proteger debidamente nuestro yo interno. En esta postura también hay quien aboga por la necesidad de reinterpretar y adaptar los derechos clásicos, siendo con ello en principio suficiente, junto con los ya definidos a nivel legal. Por el contrario, una segunda posición considera que ni son necesarios nuevos derechos, ni tampoco reinterpretaciones de los clásicos, acudiendo para ello a la teoría de la inflación de los derechos así como al incipiente estado de esta tecnología. A estas críticas dedicaremos un apartado específico más adelante.

2.1.1. Evolución histórica en las demandas de neuroderechos

En la reconstrucción del proceso histórico de configuración progresiva de los neuroderechos se van a marcar una serie de períodos:

En una primera etapa, que puede fijarse entre los años 50 y los 70 del siglo XX, si bien no hay ninguna mención a los neuroderechos, algunos pioneros en técnicas de neuroestimulación comienzan a reflexionar sobre determinados aspectos éticos, jurídicos y sociales de sus investigaciones. Como nos muestra Schleim (2021), el neurocientífico español Rodríguez Delgado (1971) anticipó una visión de una sociedad en la que la estimulación cerebral se utilizaría para controlar el comportamiento agresivo y violento de los ciudadanos[152]. Por el contrario, el neurocientífico americano Valenstein (1973), más crítico que Rodríguez Delgado, consideraba que la estructura cerebral no estaría organizada de forma tal que permitiese controlar o incluso eliminar solo los procesos negativos, sin disminuir al mismo tiempo aquellos procesos deseables. Al preguntarse si la estimulación cerebral podría producir una población de esclavos o robots concluyó que: «La tecnología de estimulación cerebral debería examinarse en otros contextos además de aquellos relacionados con la posibilidad muy remota de que pueda usarse para controlar individuos o grupos de personas» (Valenstein, 1973:85). Y es que para este autor, la estimulación cerebral presentaría toda una serie de limitaciones relacionadas con la limitada precisión con la que se pueden colocar los electrodos; la variabilidad cerebral interindividual; la forma en que la personalidad y la historia individuales moldean las respuestas a los estímulos; la dependencia situacional de las respuestas o la situación; y la variabilidad diacrónica debida al aprendizaje o la plasticidad.

En su discurso, una cuestión central van a ser las preocupaciones éticas relacionadas con el consentimiento o la coerción en contextos penales, donde la estimulación cerebral o la intervención quirúrgica podría ofrecerse como alternativa al castigo. Valenstein realizará en este entido cuatro recomendaciones para las Juntas de Revisión Ética: (i) independencia de los miembros respecto de los médicos o investigadores que lleven a cabo el procedimiento; (ii) consideración de alternativas y la presencia de un defensor del paciente, sobre todo en el caso de los niños; (iii) una justificación clara para el procedimiento propuesto; y (iv) honestidad sobre los beneficios directos del procedimiento o si más bien se trataría de fines experimentales.

Estas investigaciones, contextualizadas en el marco de la Guerra Fría, fueron notables por las perspectivas sociales y éticas descritas expresando enfoques diferentes sobre el potencial de la neurotecnología. Como afirma Schleim (2021), será la perspectiva de Valenstein la que sigue siendo válida hasta hoy, por cuanto las diferencias cerebrales interindividuales, la plasticidad del cerebro y su situacionalidad, limitarían las posibilidades de control cerebral, lo que enlaza con la idea, ya expresada en el primer Capítulo, en torno a las críticas frente al neurodeterminismo. De forma que, a la hora de

152. En uno de los experimentos realizado por Rodríguez Delgado en una plaza de toros, el científico detuvo al animal en su ataque pulsando un botón para activar el estimulador que el toro llevaba implantado, intentando demostrar así la posibilidad de modular neuronalmente la conducta violenta. Disponible en: https://www.discovermagazine.com/mind/the-man-who-fought-a-bull-with-mind-control

Valenstein, sin embargo, sugirió que el experimento lo que hizo fue bloquear el sistema motor del animal en lugar de controlar su conciencia.

evaluar ética y legalmente las neurotecnologías desde la perspectiva de los neuroderechos, el debate sobre la privacidad mental o la continuidad psicológica dependerá de cómo se entiendan nociones centrales como la privacidad o la identidad personal, siendo un requisito previo comprender adecuadamente sus posibilidades y limitaciones, así como también las características particulares de cada neurotecnología (como el registro cerebral en contraposición a las capacidades de estimulación/intervención) tendrán diferentes implicaciones en la configuración de los neuroderechos.

Una segunda etapa comienza a partir década de los años 90 en la que, sin entrar aún en escena los neuroderechos, el discurso dominante en la opinión pública y la academia gira en torno a cuestiones éticas del neuroderecho tales como: la permisibilidad ética de la mejora cognitiva a través de nootrópicos; las implicaciones filosófico-legales de la neurociencia en el libre albedrío, y su impacto en las nociones de responsabilidad moral y culpabilidad jurídica; la ética de la neuroimagen en lo que respecta a los hallazgos incidentales; o la validez y permisibilidad de la evidencia neurocientífica en los tribunales (Ienca, 2021). Sin embargo, sí podemos decir que ya hay en este periodo una llamada de atención sobre la necesidad de garantizar derechos en torno a obligaciones jurídicas. Ello tiene que ver con los riesgos éticos relacionados con la protección de la salud de las personas que participan como voluntarias en investigaciones con neurotecnologías, donde pueden surgir hallazgos incidentales (Rödiger, 2012). El problema aquí es que se plantean dudas en torno a cuáles serán las obligaciones de la persona investigadora y qué derechos puede reclamar el participante, ya que, entre otras cuestiones, el intercambio de datos que se produce en los proyectos transnacionales podría vulnerar la salud o la privacidad de los voluntarios[153]. Por tanto, se alerta sobre las lagunas en torno a la investigación neurocientífica, donde únicamente existen directrices éticas que carecen de fuerza vinculante y que no se traducen en compromisos jurídicamente exigibles para los Estados. De ahí que Rödiger proponga al Consejo de Europa la elaboración de un Protocolo Adicional al Convenio de Oviedo de 1997, específico para la

153. En el artículo, se exponen mediante ejemplos los siguientes:

Caso 1: «Un estudiante se presenta voluntario para un estudio de investigación de RMf y ha sido informado sobre el procedimiento por el investigador. Las exploraciones no son leídas por un neurorradiólogo. Años más tarde, el estudiante sufre un ataque epiléptico y se somete a una evaluación neurológica y neuroquirúrgica, en la que el médico descubre un tumor cerebral. El estudiante muestra una copia del escáner fMRI al neurocirujano. Éste identifica un tumor y conjetura que el estudiante podría haberse curado en el momento del estudio de investigación».

Caso 2: «Un cabeza de familia participa en un estudio de investigación de RMf. El investigador hace que un neurorradiólogo lea la resonancia magnética funcional y descubre un hallazgo incidental que resulta ser clínicamente relevante. A continuación, el investigador informa al participante sobre el tumor cerebral. De acuerdo con la legislación nacional, el participante comunica el hallazgo casual a su seguro, que rechaza su solicitud de incapacidad laboral por este motivo».

investigación neurocientífica y que podría establecer un equilibrio entre los intereses del investigador y la protección del participante.

En una tercera etapa, comenzando el siglo XXI, emerge una nueva área de trabajo en torno a los desafíos ético-jurídicos de las neurotecnologías, de forma que desde la neuroética principalmente comienza a enunciarse una serie de principios normativos en forma de derechos y deberes. En esta etapa, la preocupación va a estar directamente relacionada con la libertad cognitiva, entendida no como una descripción neurofilosófica o desiderátum moral, sino como «el sustrato necesario para casi todos los derechos humanos» (Sententia, 2004), y por tanto, como un derecho fundamental que garantiza la soberanía de un individuo sobre su mente (Farahany, 2012; Bublitz, 2013). No obstante, ninguno de los autores mencionados utiliza aún el término «neuroderechos», aunque será este cuerpo académico el que siente las bases para una nueva área de investigación emergente en la intersección de la neuroética y el neuroderecho (Ienca, 2021).

Una cuarta etapa, que se inicia en 2017, supone un punto de inflexión en el debate por su reconocimiento, comenzando a germinar las semillas de los estudiosos que se postularon por la libertad cognitiva. Así emerge una nueva área de investigación y con ella una verdadera revolución, ahora sí, en torno a planteamientos teóricos sobre la necesidad de nuevos derechos, o un mayor desarrollo de los clásicos. Marcelo Ienca, especialista en neuroética, y Roberto Andorno, abogado, publicarán un trabajo que puede considerarse seminal poniendo el foco de su análisis ético-legal en torno a una serie de preocupaciones para los derechos humanos en la utilización de neurotecnologías (Ienca & Andorno, 2017b). El artículo «Hacia nuevos derechos humanos en la era de la neurociencia y la neurotecnología», publicado en septiembre de 2017 en la revista *Life Sciences, Society and Policy*, expone en profundidad los desarrollos neurotecnológicos y sus implicaciones, contraponiendo estos riesgos emergentes con las disposiciones vigentes en materia de derechos humanos como la DUDH de 1948, la Carta de Derechos Fundamentales de la UE de 2000 o la Declaración Universal sobre Bioética y Derechos Humanos de la UNESCO de 2005, llegando a la conclusión de que los derechos humanos ahora existentes podrían no ser suficientes, siendo necesario no sólo reconceptualizar algunos de ellos, sino crear otros nuevos cuanto antes para evitar consecuencias negativas.

Previamente, en abril, en el artículo «Una nueva categoría de derechos humanos: los neuroderechos», publicado en el blog Network, Ienca & Andorno (2017a) acuñan por primera vez el término: «abogamos por la reconceptualización de los derechos humanos existentes e incluso la creación de nuevos derechos humanos que llamamos neuroderechos: el derecho a la libertad cognitiva, el derecho a la privacidad mental, el derecho a la integridad mental y el derecho a la continuidad psicológica».

Estas propuestas buscan regular los usos indebidos de las neurotecnologías y su implicación en diversos aspectos esenciales de la vida humana, al tiempo que proteger las libertades fundamentales asociadas con la toma de decisiones individuales en este nuevo contexto. Mientras la libertad cognitiva, la privacidad y la integridad mental serían reinterpretaciones de la libertad de pensamiento, la integridad personal y el derecho a la privacidad, consideran necesario crear otros derechos nuevos como la continuidad psicológica. En el siguiente apartado se desarrollará cada uno de los neuroderechos, así como su justificación teórica. Este planteamiento se apoya, en lógica coherencia, con acciones anteriores de la comunidad internacional, como por ejemplo, las respuestas jurídicas a los avances de la genética y la genómica[154], además de justificar su necesidad para no caer en el riesgo de inflación de los derechos siguiendo los parámetros de ALSTON (1984). No obstante, los autores advierten sobre la necesidad de que ello se produzca en el marco de un amplio debate futuro para probar la solidez normativa de su propuesta, desde una perspectiva interdisciplinar de juristas, neurocientíficos, desarrolladores de tecnología, neuroeticistas y organismos reguladores. Del mismo modo que serán necesarias investigaciones futuras para ver las implicaciones de los derechos humanos propuestos en otras ramas del derecho como el derecho internacional humanitario, el derecho penal, el derecho de daños, el derecho de la propiedad o el derecho de los consumidores y usuarios.

Ese mismo año, en el mes de junio, Federico Pizzetti, profesor de Derecho Público en la Universidad de Milán, advierte de la ausencia de un marco jurídico internacional sobre neurociencias y derechos humanos y lanza una primera propuesta de «Declaración Universal sobre Neurociencia y Derechos Humanos» con el fin de determinar las directrices éticas y jurídicas generales, a escala internacional en el ámbito de la neurociencia, para reafirmar y promover los principios y derechos compartidos invocados por la larga tradición de la UNESCO para las generaciones presentes y futuras. PIZZETTI (2017) plantea un «esbozo» de los derechos y principios fundamentales sobre neurociencias que deben identificarse siguiendo el esquema general establecido por la «Declaración Universal sobre Bioética y Derechos Humanos» adoptada por la UNESCO en 2005. La Declaración deberá reafirmar el valor de la «dignidad humana» y de la «identidad personal» teniendo en cuenta la «unicidad de cada ser humano debido a las características únicas de su cerebro/mente».

Finalmente, en noviembre de 2017, Rafael Yuste, neurobiólogo en la Universidad de Columbia, y Sandra Goering, profesora de filosofía en la Universidad de Washington, publican el artículo «Cuatro prioridades éticas para las neurotecnologías y la IA» en la revista Nature (YUSTE, & GOERING, 2017) junto con un equipo de investigadores pertenecientes todos al Grupo

---

154. En continuidad con las anteriores acciones que desde la comunidad internacional se han adoptado, como la Declaración Universal sobre Genoma Humano y los Derechos Humanos de 1997, la Declaración Internacional sobre datos genéticos humanos de 2003, o la Declaración Universal sobre Bioética y Derechos Humanos de 2005, donde derechos como la privacidad y el derecho a la no discriminación se adaptaron a los nuevos desafíos.

de Morningside[155]. En el artículo se identifican cuatro áreas de preocupación asociadas con la neurotecnología y la IA: privacidad y consentimiento, agencia e identidad, aumento y sesgo. Además, de manera subsidiaria, se propone la elaboración de un nuevo tratado internacional en la materia por la ONU que defina qué acciones se considerarán prohibidas en relación a la neurotecnología y la IA, de modo similar a las prohibiciones enumeradas en la Convención Internacional para la Protección de Todas las Personas contra las Desapariciones Forzadas de 2010. Ahora bien, como aclara Ienca (2021), estas áreas no fueron abordadas inicialmente como nuevos derechos, ni por la semántica, la justificación teórica, o la delimitación normativa empleadas, dirigiéndose su enfoque más bien a la promoción de políticas públicas, con gran impacto en países como la República de Chile, el primero en incorporar su propuesta.

Una quinta y última etapa en el trayecto histórico de los neuroderechos, al menos por el momento[156], tiene lugar a partir de 2021, donde las propuestas iniciales se redefinen o se delimitan con mayor profundidad.

Por una parte, Ienca (2021) llama la atención, en primer lugar, sobre el contraste entre la proliferación del discurso de los neuroderechos en los medios de comunicación frente a la escasez de reflexiones en la literatura académica, por lo que esta área de estudio se encontraría aún en una primera etapa de madurez teórica. Advierte, además, de que la difusión en la opinión pública sin el debido sustento teórico puede provocar riesgos de ambigüedad semántico-normativa y confusiones conceptuales. En consecuencia, trata de aportar al debate fundamentos sólidos, partiendo de los antecedentes históricos de la filosofía y del pensamiento político-jurídico de los derechos. A tal efecto identifica y desarrolla una serie de familias conceptuales principales en torno a: la libertad de pensamiento y de conciencia, la

155. El grupo de Morningside formado por 25 miembros especialistas en diferentes disciplinas: neurociencia, neurotecnologías, clínica, ética, ingeniería en IA, y con representantes de todos los proyectos cerebrales internacionales y de instituciones académicas y de investigación de los 7 países; así como de las empresas Google y Kernel se constituye en mayo de 2017 en la Universidad de Columbia, New York, en un taller de tres días patrocinado por la *National Science Foundation* y codirigido por el neurobiólogo Rafael Yuste, busca abordar y discutir sobre los riesgos y problemas éticos derivado de las neurotecnologías y la IA, al resultar insuficientes las pautas éticas existentes en este ámbito. Más adelante, en 2019, se funda la Iniciativa NeuroRights, auspiciada por el Centro de Neurotecnología de la Universidad de Columbia, también liderada por Rafael Yuste, como organización de defensa de estas directrices de derechos humanos para desarrollar guías éticas en el marco de la innovación neurotecnológica y con la intención de colaborar con los legisladores de los países incorporando así la ciencia a la gobernanza. Organización que se transformará más adelante en la Network Neurorights E la primera red internacional de académicos que trabajan en neuroderechos, cuyos miembros actualmente se extienden por cuatro continentes. Disponible en: https://nri.ntc.columbia.edu/

156. Este trabajo se está acabando de redactar en diciembre de 2023 por lo que no cabe descartar que surjan nuevas investigaciones en esta línea.

intimidad, la integridad psíquica y la identidad personal, que vendrían a ser el sustrato de los neuroderechos. A continuación, presenta una taxonomía de los mismos identificando al menos cinco familias según la literatura:

a) Derivados de la libertad de pensamiento: libertad cognitiva, derecho a la agencia y al libre albedrío, libertad mental y libertad de pensamiento en sí misma.

b) Derivados de la privacidad: privacidad mental y neuroprivacidad.

c) Derivados de la integridad psíquica: integridad mental.

d) Derivados de la identidad personal: continuidad psicológica, o la propia identidad.

e) Relacionados con la promoción de requisitos sociotécnicos: acceso justo al aumento mental, y protección contra el sesgo algorítmico.

Al preguntarse sobre si estos neuroderechos deberían interpretarse como nuevos derechos humanos, en el sentido del derecho internacional, o como lecturas evolutivas de los derechos clásicos, teniendo en cuenta la perspectiva de la inflación de los derechos, entiende que un enfoque más moderado «sería considerar los neuroderechos por defecto como interpretaciones evolutivas de los derechos existentes, al mismo tiempo que se imponen pruebas justificativas para evaluar si realmente constituyen nuevos derechos humanos» (Ienca, 2021). Por tanto puede observarse una evolución en la teorización de los neuroderechos respecto de las propuestas iniciales que abogaban por el establecimiento de la libertad cognitiva como un derecho humano en coordinación con una reconceptualización simultánea de los derechos existentes, o «incluso la creación de otros nuevos derechos neuroespecíficos como la privacidad mental, la integridad mental o la continuidad psicológica» (Ienca & Andorno, 2017b).

Ese mismo año, Goering *et al.* (2021) revisan los retos éticos potenciales relacionados con las cuatro áreas de preocupación ya identificadas en el artículo de 2017: identidad y agencia, privacidad, sesgo y mejora, planteando de forma extensa toda una serie de recomendaciones, entre las cuales se desarrolla una propuesta por el reconocimiento de neuroderechos, como la libertad, la privacidad y la integridad mentales, además de sumarse a los propuestos por Ienca & Andorno (2017).

Derechos básicos que concretan en torno a la no introducción en el cerebro de datos o códigos, la no obligación de cesión de los datos cerebrales, o la restricción de la transferencia y el uso de mercado de los mismos, de forma que se prohíba su lectura y/o escritura comercial, con independencia del consentimiento, en función de la información que contengan o que pueda deducirse de esos datos. Sin embargo, lo cierto es que no se trata de nuevas propuestas a las que se añadirían las de Ienca y Andorno, sino que coinciden con las propugnadas por dichos autores, a excepción de la continuidad psicológica. Al igual que Ienca (2021), reconocen que los neuroderechos serían más bien un replanteamiento conceptual de los ya establecidos (libertad de pensamiento, integridad corporal) como respuesta a las nuevas oportunidades tecnológicas de registrar y manipular directamente el cerebro. Finalmente, establecen toda una serie de recomendaciones encaminadas más bien a garantizarlos[157].

Por su parte, YUSTE *et al.* (2021) fundamentan el reconocimiento de neuroderechos apoyándose para ello en la insuficiencia de los tratados internacionales vigentes para hacer frente a los nuevos retos. Afirmando que no existe aún un consenso internacional sobre lo que constituyen los neuroderechos, los definen como: «un nuevo conjunto de derechos humanos para proteger el cerebro» (YUSTE *et al.*, 2021:160). Primeramente, identifican brechas en el sistema de protección internacional, que no cubriría completamente dos nuevos desafíos éticos que no presentan otras formas de tecnología, como sería la privacidad mental y la agencia humana. En este sentido, se afirma que Tratados como la Convención contra la Tortura y Otros Tratos o Penas Crueles, Inhumanos o Degradantes, o el PIDCP serían incompletos, imprecisos y no se adaptarían bien a lo que está por venir. De ahí que sea fundamental conceptualizar las posibles violaciones de derechos humanos por un mal uso de la neurotecnología, no solo para proteger estas áreas relacionadas con la autonomía individual y la privacidad mental, sino al mismo tiempo para promover su uso seguro, transparente y eficaz.

Así, para cubrir los déficits de protección, enuncian una serie de propuestas para el reconocimiento de un nuevo marco internacional legal y de derechos humanos por parte de los investigadores y bioeticistas (YUSTE *et al.*, 2021:160):

- Derecho a la identidad, entendido como la capacidad de controlar la integridad física y mental de cada uno.
- Derecho a la agencia, entendido como la libertad de pensamiento y libre albedrío para elegir las propias acciones.
- Derecho a la privacidad mental, entendido como la capacidad de mantener los pensamientos protegidos contra la divulgación.

---

157. A tal efecto, proponen:
- Mejorar el consentimiento informado para la neurotecnología.
- Crear valores por defecto que requieran un «opt-in» activo para compartir datos cerebrales.
- Cifrar los datos cerebrales a lo largo de todo su arco, desde el lugar de registro cerebral hasta el dispositivo de salida.
- Restringir el intercambio de datos cerebrales (dados los riesgos de reidentificación) y la preocupación por el auge de los mercados comerciales.
- Identificar los sesgos.
- Contrarrestar activamente los prejuicios.
- Fomentar la responsabilidad comercial en el desarrollo de las neurotecnología.
- Promover el acceso equitativo a las neurotecnologías.
- Y crear una amplia comisión internacional que se reúna periódicamente y evalúe los avances de la neurotecnología con el fin de proporcionar orientación ética y compromisos compartidos para una innovación responsable.

- Derecho al acceso equitativo al aumento mental, entendido como la capacidad de asegurar que los beneficios de las mejoras en la capacidad sensorial y mental a través de la neurotecnología se distribuyan de manera justa entre la población.
- Derecho a la protección contra sesgos algorítmicos, o la capacidad de garantizar que las tecnologías no introduzcan prejuicios.

De esta manera las preocupaciones éticas enunciadas en (Yuste & Goering, 2017) se plantean ahora como propuestas de neuroderechos en torno a capacidades, sustentándolas en el análisis y las carencias detectadas en los actuales tratados internacionales.

Al mismo tiempo, como ya vimos, proponen a la ONU, por su capacidad de influencia global, que lidere esta agenda dividiendo sus acciones en soluciones a corto y largo plazo para impulsar la protección de los neuroderechos y disminuir el riesgo de que las neurotecnologías se implanten de forma generalizada sin barreras éticas o reglamentarias. Por una parte, las medidas a corto plazo podrían ayudar a construir una definición consensuada de los neuroderechos, así como consolidar la investigación en neurotecnología y las prácticas regulatorias[158], mientras que las medidas a largo plazo podrían servir para desarrollar tanto un marco para la protección y promoción de los neuroderechos, como un mecanismo para monitorear las actividades de los países en neurotecnología[159].

Estas lagunas en los tratados internacionales se confirman un año después en el informe «International Human Rights Protection Gaps in the Age of Neu-

158. Entre las medidas a corto plazo proponen:
 - Creación de una Comisión Internacional de Expertos en Derecho y Ciencia sobre Neuroderechos.
 - Nombramiento de expertos altamente calificados para servir como asesores especiales sobre neuroderechos que identifiquen las prácticas regulatorias en países de todo el mundo, investiguen los supuestos usos indebidos de la neurotecnología y se mantengan al tanto de las últimas investigaciones científicas.
 - Consultas periódicas de los asesores y la Comisión con países clave que tienen programas avanzados de investigación en neurotecnología o IA, así como los países con regulación de neuroprotección existente.

159. Entre las medidas a largo plazo proponen:
 - Creación de un nuevo tratado o proponer un protocolo de adiciones a los tratados existentes para incorporar los neuroderechos en virtud del derecho internacional.
 - Alentar a los órganos de tratados existentes a adoptar Comentarios Generales sobre los neuroderechos que puedan interpretar las disposiciones de los tratados existentes como aplicables a la neurotecnología, o pueden interpretar el alcance de los neuroderechos individuales.
 - El nombramiento de un relator especial sobre el impacto de la neurotecnología en los derechos humanos por parte del Consejo de Derechos Humanos de la ONU. El Relator Especial viajaría a países específicos, monitorearía su progreso o las violaciones de los neuroderechos y publicaría informes de sus hallazgos.
 - La creación de una agencia especializada para coordinar las actividades globales de neuroderechos y ayudar a codificar los neuroderechos en un tratado internacional de derechos humanos.

rotechnology» realizado por GENSER *et al.* (2022), que analiza el derecho internacional de los derechos humanos aplicado a la neurotecnología, evaluando en qué medida siete tratados[160] elaborados por la ONU estarían preparados para abordar las implicaciones de aquella. El informe concluye que la actual legislación sería insuficiente, formulando toda una serie de recomendaciones sobre la forma de interpretar los comentarios generales de los tratados para colmar las lagunas de protección. De la revisión se desprende que los mejor protegidos actualmente son el derecho a la agencia, seguido de la ausencia de prejuicios algorítmicos, mientras que el más desprotegido sería el derecho a la identidad. Por otra parte, aunque los conceptos de libre albedrío y autodeterminación están presentes en el derecho internacional de los derechos humanos, los términos utilizados para describirlos no estarían bien definidos, lo que hace necesaria una mayor interpretación de las disposiciones de los tratados.

Para concluir con la evolución histórica en las demandas por los neuroderechos, una última propuesta de taxonomía es la planteada por LIGTHART *et al.* (2023) en torno a tres familias fundamentales de derechos éticos y legales:

- Derecho a la integridad mental: como la protección frente a ciertas formas de interferencia no deseada o injustificada con la mente.
- Derecho a la privacidad mental: frente a determinadas vías de acceso a la propia mente.
- Libertad cognitiva: como la protección de la autodeterminación mental.

Ahora bien, parten de la base de que nociones centrales como «privacidad mental», «integridad mental» o «libertad cognitiva» no han alcanzado aún un consenso, y coinciden en este sentido con las conclusiones de IENCA (2021) —de hecho también es uno de los autores de este trabajo—, en la escasa teorización y conceptualización que se ha hecho hasta el momento desde una perspectiva interdisciplinar que integre la ciencia y la tecnología, la filosofía, la ética, la teoría jurídica y el derecho.

Se trata de una aportación muy interesante precisamente por esa mirada conjunta de conocimientos, y que incluye una base jurídica sólida, contribuyendo al debate en la medida en que se analiza, desde la perspectiva internacional de los derechos humanos, si estos ya pudiesen gozar de protección en el marco establecido, junto a la jurisprudencia del TEDH, para lo cual analizan cada una de las familias, no solo a la vista de sus fundamentos conceptuales y éticos, sino también en qué medida estos podrían anclarse en derechos humanos ya establecidos.

160. Estos tratados son: El Pacto de los Derechos Civiles y Políticos, El Convenio contra la Tortura y otros Tratos o Penas Crueles, Inhumanos o Degradantes, el Pacto de los Derechos Económicos, Sociales y Culturales, el Convenio de los Derechos de las Personas con Discapacidad, el Convenio para la eliminación de todas las formas de eliminación de la discriminación racial, el Convenio para la eliminación de todas las formas de discriminación de las Mujeres, y el Convenio sobre los Derechos del Niño.

Advierten, además, que estas tres familias, con independencia de su enumeración taxonómica, no deberían verse ni interpretarse como principios normativos independientes o aislados sin una dinámica relacional. Así, por ejemplo, si para influir en el estado mental de alguien es necesario tener acceso a su información mental en primer lugar, la privacidad y la libertad cognitiva están inevitablemente en juego.

Esta interdependencia de los derechos humanos, de manera que la violación o promoción de cada uno conlleva la de los restantes es, además, uno de sus rasgos característicos.

En resumen, parece claro que la mayoría de las propuestas actuales caminan más bien en la línea de reinterpretar los derechos clásicos para cubrir las lagunas ahora existentes. Este enfoque deberá contemplar tanto obligaciones del Estado para proteger a las personas, como las que surjan en las relaciones entre poderes privados y los particulares.

2.1.2. Críticas a las propuestas de reconocimiento de los neuroderechos

Los neuroderechos, aunque en general han sido acogidos con entusiasmo por una mayoría de la doctrina, también han recibido críticas. En este sentido se puede diferenciar entre aquellas dirigidas más particularmente al proceso de reformas iniciado en Chile entre 2020 y 2021, al ser el primer país en iniciar un proceso de gobernanza, según hemos visto, así como objeciones más generales a las que nos referiremos aquí.

Una primera cuestión tiene que ver con si las alarmas desde la neurociencia y la neuroética estarían suficientemente justificadas. Por ejemplo ZAROR MIRALLES (2021), aboga por una legislación racional y un marco lógico, debiendo preguntarnos si los sucesos que pretende regular la ley están ocurriendo en la realidad. A la vista del desarrollo de la industria de la neurotecnología es evidente que, aunque en la mayoría de los países aún no se hayan implantado mayoritariamente por sus elevados costes, la tendencia es a que estos dispositivos se mejoren día a día y se hagan cada vez más asequibles al público general en los diferentes sectores de actividad[161].

En este sentido SHEN (2013: 713), quince años atrás, argumentó que el sistema jurídico estaría preparado para ofrecer a los ciudadanos una protección adecuada frente a la lectura de la mente con neuroimágenes obligada o coaccionada por el gobierno, debiendo preocuparnos más bien porque este rastree

161. Véase por ejemplo el artículo de opinión de El País de 4 de marzo de 2024 donde comienza a naturalizarse entre la opinión pública el acceso a la intimidad mental como aparente solución a cuestiones relacionadas con la personalidad.

Disponible en: https://elpais.com/mamas-papas/expertos/2024-03-04/si-conocemos-el-cerebro-de-nuestro-hijo-podremos-ayudarle-mas-y-mejor-cuando-se-enfada-o-siente-miedo.html nuestras mentes a partir de nuestro comportamiento, no infiriendo estados mentales. Pero el mismo autor ya advertía que, aunque solo la corteza visual es fácil de leer en comparación con otras partes del cerebro, de forma que hay un largo camino hasta poder reconstruir recuerdos y cognición de orden superior, en un ejercicio de predicción futura, habría algunas cuestiones a tener en cuenta de cara a la supervisión continua y cuidadosa de los avances en el ámbito del neuroderecho y la privacidad mental (SHEN, 2013: 710-713), tales como el rápido avance de las tecnologías de lectura de mente; el hecho de que la fNIRI, como una forma de monitorizar la función cerebral a través del córtex, que ya constituye una restricción importante, no sería un obstáculo para algunas aplicaciones; o la posibilidad real de crear genotipos cerebrales así como usar las imágenes cerebrales funcionales para conocer los rasgos psicológicos de una persona. Por tanto, aunque en su día el autor hacía una llamada a ahuyentar el pánico a la vulneración de la privacidad mental, acudiendo a la propia complejidad del cerebro, sus observaciones predictivas ya se habrían cumplido sobradamente.

Una segunda cuestión que se plantea es si la respuesta a la incidencia de la neurotecnología debería ser el reconocimiento de nuevos derechos, puesto que usarlos como punto de referencia podría, más que actuar en el sentido de permitir una discusión reflexiva, constituirse en un incentivo que favorezca la implantación de estas tecnologías[162]. Se plantea sustituir los neuroderechos por otras formas de regular: modificar leyes vigentes como las de privacidad, o las de salud, incluso introducir mecanismos de autorregulación como la elaboración de códigos éticos que podrían hacerse vinculantes, en los que intervenga la comunidad científica, como podría ser el denominado «juramento tecnocrático» (ALAMOS, *et al.*, 2022). Como hemos visto, la gobernanza ha adoptado ya todos esos caminos en los últimos años, aunque nos sigue pareciendo la mejor opción en el plano internacional que los neuroderechos, previo consenso de la comunidad internacional, se concreten de alguna forma en un tratado o protocolo específico en el marco de la ONU, para dar seguridad jurídica y unicidad sobre su interpretación a nivel global, cumpliendo así con uno de los presupuestos básicos de los derechos humanos como es su universalidad.

La tercera objeción estaría relacionada con el hecho de que su reconocimiento deflactaría los derechos humanos, ya que nuevas declaraciones han de venir acompañadas de nuevas garantías, además de reunir una serie de requisitos para no devaluar los ya existentes (ALSTON, 1984). No obstante, en las propuestas que hemos revisado, sus autores han realizado el esfuerzo de justificar, en mayor o menor medida, la necesidad de su reconocimiento, al contrario que las alusiones a la inflación por sus detractores, que no han venido acompañadas de argumentos específicos, con independencia de que

162. Alegaciones por el Comité de Bioética Español con motivo del proceso participativo en la elaboración de la Carta de Derechos Digitales, concretamente en la deliberación sobre la incorporación de los neuroderechos.

la carga de la prueba resida en quien los propone. Además, cabe recordar que más derechos no es sinónimo de menor protección, del mismo modo que menos derechos no significa mayor protección. Lo que es preciso es dotarlos de un buen sistema de garantías y voluntad política y formación por parte de los operadores jurídicos (De Asís Roig, 2022b). Sin embargo, para Bublitz (2022) los neuroderechos habrían surgido a partir de una hipótesis falsa que parte de la consideración actual de que el sistema de derechos humanos no es capaz de hacer frente a los retos de la aplicación de las neurotecnologías, estando las propuestas teñidas de neuroesencialismo y viciadas desde la perspectiva jurídica. Por tanto, no habría habido un verdadero debate académico, ni se ha explicado por qué los derechos actuales son insuficientes. Cree, en consecuencia, que más bien serían los derechos existentes los que deberían desarrollarse frente a circunstancias sociales cambiantes y desarrollos tecnológicos. En este sentido, coincidimos sobre la conveniencia de la vía de la reinterpretación, que también supone un avance, sin necesidad de introducir derechos nuevos. Pero es lo que en la actualidad abogan la mayoría de los proponentes. Por otra parte, no hay que olvidar que fue el propio Bublitz quien, como ya vimos en la fase en que aún no se habían nombrado los neuroderechos, propuso junto con Sententia, la libertad cognitiva como un derecho a la autodeterminación mental, o al control sobre la propia mente, es decir, en términos similares a los neuroderechos, por lo que sus propuestas también podrían haber contribuido entonces a la inflación aludida.

Se ha alegado también en este sentido que los neuroderechos ya se encontrarían dentro del contenido esencial de los derechos reconocidos constitucionalmente, así como la jurisprudencia constitucional. Por ejemplo, Borbón & Borbón (2021) igualmente argumentaron que los derechos humanos actuales ya protegerían de los riesgos de la libertad, el consentimiento, la igualdad, la integridad, la privacidad y otros en este nuevo contexto, planteando la necesidad de regular sobre todo en el plano internacional con normas claras, así como preparar a los operadores jurídicos para interpretar adecuadamente los derechos constitucionales considerando los desafíos que presentan las neurotecnologías. No obstante, como hemos visto en el apartado anterior, son varios los investigadores que, habiendo examinado el derecho internacional y la jurisprudencia del TEDH vigente en materia de derechos humanos, exponen dudas sobre su eficacia para hacer frente a los nuevos retos.

Una cuarta objeción se ha presentado al hilo de que las neurotecnologías, en realidad, no serían tan diferentes de otras tecnologías de recopilación de datos como la vigilancia en línea o las herramientas de secuenciación genética, de forma que es preciso conocer más a fondo los problemas de privacidad que plantean los datos cerebrales en un contexto de mayor amplitud. Por ello, Susser & Cabrera, (2023), una vez examinados los flujos de información en diferentes contextos —la atención sanitaria y la investigación médica, la justicia penal y el marketing de consumo—, concluyen que los argumentos que defienden la necesidad de nuevos derechos para proteger la privacidad mental carecerían de fundamento, puesto que centrar la atención en lo que distingue a los datos cerebrales de otros tipos de información personal, en lugar de en sus puntos en común, no sería útil. En primer lugar, desde el punto de vista teórico, tratar de entender las implicaciones de los datos cerebrales para la privacidad únicamente en términos del tipo de información que son, sin tener en cuenta el contexto, es basarse en una teoría anticuada de la misma. Desde un punto de vista práctico, distinguir la privacidad mental y cerebral de la privacidad de la información, divide los esfuerzos por su defensa y los debilita para promulgar leyes y políticas más sólidas. Hacer hincapié en la naturaleza supuestamente «especial» de los datos cerebrales sería una suerte de «neuroesencialismo», no debiendo fetichizar el cerebro sino más bien centrarnos en lo que diferencia los datos cerebrales de otras formas de información personal que hacen circular las tecnologías digitales, debiendo la neuroética unirse a una causa común en la defensa de la privacidad. Este argumento creemos que es convincente porque plantea afrontar los retos de la sociedad digital de una forma más amplia, pero tampoco podemos desdeñar que el cerebro, aun desmitificando la idea de la neurociencia de que somos nuestro cerebro, lo cierto es que es una parte de nosotros especialmente delicada y que junto con el grado de sofisticación de las neurotecnologías unidas a la IA suponen un salto cualitativo frente a otras tecnologías digitales en las que existiría un mayor control por parte del usuario. Por ello creemos que estaría justificado hablar de una nueva categoría más allá de los derechos digitales, tal y como plantearemos en el Capítulo cuarto.

La quinta objeción se refiere al hecho de que ya existen normas de *soft law* que integrarían límites a las neurotecnologías, como el Informe Belmon[163], o entidades como la Federación de Sociedades Europeas de Neurociencia[164]. Pero sabemos que las normas de derecho indicativo no son suficientes para hacer frente a los posibles riesgos, es preciso una respuesta política decidida a nivel internacional que establezca obligaciones y límites que se expandan en los diferentes niveles del ordenamiento.

Finalmente, una sexta objeción tiene que ver con el propio enunciado, sobre todo en las propuestas de YUSTE & GOERING (2017) al emplear conceptos con un importante contenido filosófico como la identidad, el libre albedrío, o la no diferenciación entre mente y cerebro sobre los que existe un debate que viene de antiguo[165]. De ahí que se haya recriminado de manera acertada la falta de claridad conceptual en algunas de las propuestas, ya que

163. Disponible en: https://www.bioeticayderecho.ub.edu/archivos/norm/InformeBelmont.pdf

164. Disponible en: https://www.fens.org/

165. Recordemos que las posturas neuroesencialistas tienden a atribuir al cerebro propiedades que sólo tienen sentido cuando se atribuyen a organismos completos, puesto que las decisiones y los pensamientos estarían fuertemente influenciados por otras variables culturales y sociales. De manera que ni los estados mentales pueden reducirse a la actividad cerebral, ni la actividad neuronal puede captar la riqueza de la mente humana.

ello podría influir finalmente en la forma de evaluar el daño causado a las personas.

Por concluir, si tenemos en cuenta la rapidez con que están evolucionando estas tecnologías y los riesgos ya advertidos, lo cierto es que hay pocas dudas de que necesitaremos, al menos, reinterpretar, actualizar, derechos humanos clásicos con la finalidad de que estos sigan garantizándose conforme a los nuevos retos. Ello ha de irse introduciendo en el ordenamiento multinivel, desde el ámbito internacional hasta los ordenamientos jurídicos internos en múltiples formas, y también por la jurisprudencia, en la aplicación de las normas, un proceso que ya se ha iniciado en los últimos años y que se está expandiendo, como hemos comprobado.

2.2. Derechos derivados de la protección mente/cerebro

En este apartado, examinadas las propuestas de neuroderechos, estableceremos una clasificación presentando, en primer lugar, aquellos que derivarían de la protección mental y cerebral. Dentro de estos, en consideración al contenido de las formulaciones conceptuales, comenzaremos por el que se ha considerado la base o el sustento del resto, la libertad cognitiva. A continuación, la privacidad mental y la integridad mental, por su mayor importancia en cuanto a los riesgos éticos más próximos. Finalmente estudiaremos aquellos que presentan contornos menos definidos como la identidad personal, y los derivados de ciertos requisitos socioeconómicos. Para una mejor sistemática se abordará su conceptualización y aportaciones doctrinales, así como las posturas contrarias a su reconocimiento, su relación con otros derechos, su contenido y finalmente sus límites.

2.2.1. Libertad cognitiva

La libertad de pensamiento, uno de los primeros derechos que se considera la justificación esencial del resto de libertades, se concibe como el derecho de toda persona a la formación de un sistema de ideas que representan una determinada concepción global del mundo y que recoge las diversas formas de expresión de la misma, siendo en estas manifestaciones externas donde pueden establecerse límites, puesto que no parece que la mera libertad de pensamiento tenga cortapisa alguna garantizando así, entre otras cosas, que nadie pueda ser obligado a revelar sus pensamientos o adherirse a una religión (Álvarez Conde & Tur Ausina, 2021:351). Existe una amplia tradición en la historia de las ideas que se remonta al siglo III a C. cuando el emperador indio Asoka el Grande emitió edictos promoviendo el respeto a la «libertad de conciencia» (Ienca, 2021), y que ha tenido una fuerte influencia en el debate sobre los neuroderechos.

En el plano internacional, la libertad de pensamiento se recoge expresamente en la DUDH junto con la libertad de conciencia y de religión (artículo 18). Por su parte, el PIDCP la recoge en el mismo sentido, incluyendo en su contenido la libertad para tener o adoptar cualquier religión o creencia, así como la libertad de manifestarla tanto individual como colectivamente en público o en privado (artículo 18). Lo mismo cabe decir del CEDH (artículo 3). Sin embargo, el CDH (1993)[166] ha interpretado la libertad de pensamiento con un alcance ilimitado, diferenciándola de la libertad de manifestar religión o creencias. Se puede afirmar por tanto que la libertad de pensamiento fundamentaría el sustento del resto de libertades.

Pues bien, como anticipamos, el debate sobre los neuroderechos se inicia con propuestas de reactualización de la libertad de pensamiento, como la libertad cognitiva o el derecho a la autodeterminación mental, que surgen como respuesta a las implicaciones sociales y éticas relacionadas con los avances de la neurociencia capaces de intervenir sobre la cognición. Para SENTENTIA (2004) «el derecho y la libertad de controlar la propia conciencia y los procesos de pensamiento electroquímicos es el sustrato necesario para las demás libertades». Coincidiendo con este fundamento BUBLITZ (2013:234) propugna su consideración como un «derecho humano fundamental (...) un principio jurídico central que guíe la regulación de las neurotecnologías», que otorgue una protección de la autodeterminación de una persona sobre su mente, lo que debería comprender todos los estados o capacidades mentales, así como los fenómenos cognitivos, emocionales y conativos, ya sean conscientes o inconscientes (C. BUBLITZ, 2015).

Por su parte, IENCA & ANDORNO (2017) coinciden en otorgarle una mayor jerarquía a nivel conceptual, puesto que al ser el origen de todas las demás libertades, no puede ser reducido a los derechos existentes. Así, establecen una diferenciación entre la libertad de pensamiento y la libertad de manifestar el pensamiento o las creencias. Si hasta ahora la libertad de pensamiento se expresaría en toda una serie de libertades *ad extra* como la libertad de culto, de expresión, de comunicación, de elección, una interpretación evolutiva de este derecho debería centrarse en la protección del pensamiento mismo, esto es, *ad intra.* Por lo que la libertad cognitiva sería la que protegería esa esfera del pensamiento antes de cualquier exteriorización.

En el debate teórico de la libertad cognitiva SOMMAGIO (2022:79-90) la considera una actualización del *habeas corpus*, es decir, un *habeas mentem* entendido como un recurso jurídico a través del cual una persona podría denunciar una intervención ilegal en su mundo interior.

166. CCPR Comentario General No. 22: Artículo 18 (Libertad de pensamiento, conciencia o religión) Adoptado en la Cuadragésima Octava Sesión del Comité de Derechos Humanos, el 30 de julio de 1993 CCPR/C/21/Rev.1/Add.4, Comentario General No. 22. (Observaciones Generales).

Focalizando en el marco de un análisis doctrinal del proceso estadounidense y la interpretación constitucional de la Cuarta Enmienda y la Cláusula de Autoincriminación de la Quinta Enmienda de la Constitución de los Estados Unidos, teniendo en cuenta los avances de la neurociencia, Farahany (2012) propugna su reconocimiento, alertando de que se avecinaría un asedio contra las libertades cognitivas, lo que podría requerir nuevas formas de proteger los pensamientos incriminatorios, o inocentes. Aunque otras garantías constitucionales podrían proporcionar cierta protección a la libertad cognitiva, es poco probable que la actual estructura constitucional garantice una esfera de privacidad mental que salvaguarde la autonomía individual. Por lo tanto, es la sociedad quien debe proteger nuestros pensamientos, ya sean inocentes o incriminatorios. Para ello se deben adoptar protecciones sólidas con el fin de salvaguardar la libertad cognitiva a medida que la neurociencia emergente comienza a afianzarse, bien sea reconceptualizando el derecho constitucional contra la autoinculpación o desarrollando nuevas protecciones constitucionales. Aboga en consecuencia por reconocer un derecho más amplio a la libertad cognitiva que proteja tanto de la neurotecnología como de toda una serie de tecnologías digitales capaces de manipular la mente y el comportamiento de las personas, es decir, un concepto actualizado de libertad para la era digital.

Por otro lado, como expone Ienca (2021), además de la libertad cognitiva, encontramos en la literatura otros neuroderechos derivados de la libertad de pensamiento como:

- El «derecho a la agencia, o la libertad de pensamiento y el libre albedrío para elegir las propias acciones» (Yuste *et al.*, 2021). Aunque Ienca advierte de que estos tendrían una naturaleza descriptiva, no normativa, y cada uno poseería un significado diferente —mientras la agencia pertenece al dominio de la acción, el libre albedrío pertenecería al dominio de la cognición—.
- La libertad mental (Bublitz, 2016) que «debería figurar entre las libertades legales y políticas más importantes» y cuyo contenido se estaría infringiendo por la mejora biológica moral entendida como el «control consciente sobre la mente de uno». Sin embargo, no está claro si ésta ha de interpretarse como un sinónimo de libertad cognitiva o como un concepto distinto.

En consecuencia, dado que hasta ahora el ámbito de la libertad de pensamiento ha sido interpretado solo en su vertiente *ad extra*, no *ad intra*, se entendería mejor si se diferenciase entre libertad cognitiva y libertad de pensamiento, pese a que ambas estén íntimamente relacionadas (Ienca, 2021:59).

Finalmente, Andorno (2023) ha justificado la fundamentalidad de asegurar la libertad de las personas de pensar y actuar sin estar sujetas a la manipulación o condicionamiento de sus estados mentales por parte de terceros o del Estado, para prevenir que las neurotecnologías se usen influyendo en los procesos mentales decisorios, lo que constituiría una grave violación de la libertad de autodeterminación y de pensamiento de los seres humanos. Además, el derecho de autodeterminación, a tomar decisiones en base a nuestras preferencias y convicciones, es uno de los valores más preciados en las sociedades democráticas. Ello se concretaría en un principio de «libertad cognitiva», que se traduciría concretamente en la prohibición del uso no consentido de neurotecnologías con la finalidad de controlar o alterar el pensamiento de una persona, o sus intenciones o preferencias.

Sin embargo, también encontramos autores contrarios a su reconocimiento, como LAVAZZA (2018), que afirma que la propia noción de libertad de pensamiento ya ofrecería el marco normativo adecuado para abordar la protección del derecho de autodeterminación de una persona sobre su mente, no siendo necesario reconocer otros derechos. En este mismo sentido coinciden autoras como ALEGRE (2017), al invocar la teoría de la inflación de los derechos, considerando que reconocer la libertad cognitiva socavaría la importancia fundamental del derecho a la libertad de pensamiento tal y como está definido en el derecho internacional de forma absoluta, debiendo utilizarse esta naturaleza ilimitada para reforzar la tutela de otros relacionados con la privacidad y la protección de datos de forma más amplia.

Sin embargo, sí es partidaria de redefinir el alcance de la libertad de pensamiento a la luz de la nueva realidad. Por ello, cree más adecuado desarrollar marcos jurídicos sólidos que protejan nuestra libertad de pensamiento en el futuro, en una nueva interpretación en conexión e intersección con otros derechos, como los de la vida privada y la libertad de expresión, para que pueda protegerse adecuadamente frente a las amenazas que procedan tanto del sector privado, que desarrolla formas de monetizar el acceso a nuestras mentes, como de los organismos gubernamentales, que buscan formas más eficaces de controlarnos y vigilarnos en nombre de la seguridad. De ahí que los Estados deban adoptar medidas positivas para facilitar el disfrute de los derechos humanos básicos, y que en relación con el derecho a la libertad de pensamiento significaría que los Estados no pueden eludir sus responsabilidades simplemente porque gran parte de las injerencias procedan del sector privado. Es necesario desarrollar el alcance del derecho a la libertad de pensamiento para que se ajuste a nuestra realidad moderna.

Coincidiendo con Alegre en cuanto a la relación de la libertad de pensamiento con derechos como la privacidad y libertad de expresión, así como en la necesidad de profundizar en la interpretación de derechos ya existentes LIGTHART *et al.* (2023) contribuyen al debate desde un enfoque de corte jurídico. Por una parte, la privacidad mental sería un atributo de la libertad de pensamiento, puesto que nadie está obligado a revelar sus propios pensamientos, incluso se tiene el derecho a permanecer en silencio. Ahora bien, sigue siendo una pregunta abierta hasta qué punto protegería ese derecho la posibilidad de inferir propiedades mentales a partir de datos extraídos del cerebro, lo que en parte dependerá de cómo se entienda su alcance, en sentido más amplio o más limitado. En la relación con la privacidad mental, surge también la pregunta de si estaría cubierta como derecho de la privacidad, permitiendo excepciones en ciertas situaciones, o si podrían darse otras en las que estaría amparada por la protección absoluta de la libertad de pensamiento.

Esta última también guarda relación con la libertad de expresión en su sentido negativo (por ejemplo, el artículo 19 del PIDCP recoge la libertad de no expresar la propia opinión). Esta vertiente tendría el potencial de cubrir la libertad de no expresar o transmitir por ningún medio información cerebral. Pero hasta ahora el derecho a la no expresión apenas ha recibido atención doctrinal, por lo que se plantean dudas sobre qué tipo y nivel exactos de protección legal ofrecería a la noción de privacidad mental. Aunque también ofrece oportunidades al no estar definido su alcance e implicaciones, de forma que los operadores jurídicos podrán tener en cuenta estas particularidades.

Respecto al ámbito de aplicación de la libertad cognitiva también existen divergencias (Ienca, 2021). Mientras que para Bublitz (2013:233) se limitaría a resguardar solo aquellas alteraciones de los estados mentales inducidos por neurotecnologías, Ienca & Vallena (2018) proponen una definición más amplia, con independencia del medio utilizado para alterar de forma no deseada los estados mentales más allá de las neurotecnologías, por ejemplo a través de las redes sociales y la manipulación en línea, y con independencia de si dan como resultado una mejora, una disminución o ningún cambio en la función cerebral.

Ahondando en su contenido y límites, la libertad cognitiva presentaría dos facetas para garantizar la soberanía de la mente:

- La positiva, que posibilitaría que las personas tengan la libertad de mejorarse cognitivamente con todo tipo de neurotecnologías garantizando así «el derecho a alterar los estados mentales de uno con la ayuda de las herramientas neurocientíficas, así como a negarse a hacerlo», es decir tener la posibilidad de actuar de tal manera que podamos tomar el control de nuestra vida mental (Bublitz 2013:234; Ienca & Andorno, 2017).
- La negativa, que establecería una interdicción frente a usos coercitivos o no consentidos tanto gubernamentales como privados, garantizando la libertad de tomar decisiones sobre el propio dominio cognitivo en ausencia de obstáculos o prohibiciones estatales (Bublitz 2013:234; Ienca & Andorno, 2017). Profundizando en ella, Ienca & Andorno (2017), consideran que no estaríamos ante un derecho ilimitado, puesto que el único reconocimiento de la libertad cognitiva no sería suficiente para cubrir toda la serie de implicaciones éticas y legales de la neurotecnología. Ponen el ejemplo de una posible intromisión ilícita en la privacidad mental, que no implicase una coerción, al realizarse por debajo del umbral de la experiencia consciente de una persona. Por lo que «el establecimiento de la libertad cognitiva

como un derecho humano debería coordinarse con una reconceptualización de los derechos existentes o incluso la creación de otros nuevos derechos neuroespecíficos. Estos son el derecho a la privacidad mental, el derecho a la integridad mental y el derecho a la continuidad psicológica» (Ienca & Andorno. 2017:10).

Del mismo modo, Farahany (2019) ha sostenido que la libertad cognitiva comprendería no solo la capacidad de autodeterminación mental o la de rechazar cambios en nuestro cerebro y nuestras experiencias mentales, sino también la privacidad mental, como tres componentes superpuestos pero necesarios para la libertad cognitiva. Por lo que respecta a sus límites, no estaríamos ante un derecho absoluto o ilimitado, puesto que debería equilibrarse, por ejemplo, con los costes sociales que podría introducir en las demandas equitativas de acceso a una mejora cognitiva. Pero al mismo tiempo, para la autora, la libertad cognitiva ejercería como un límite implícito en los reconocimientos judiciales, por ejemplo, en el derecho de daños[167], puesto que los cambios en la personalidad están reñidos con ella.

Finalmente, en el conjunto de esta familia de libertades, también se ha defendido que la agencia y el libre albedrío, considerados como la plena libertad para poder elegir las propias acciones, podría verse mediatizada a través de las neurotecnologías. Pero lo cierto es que a la hora de su conceptualización nos enfrentamos ya a un primer obstáculo importante, puesto que se trata de un término difícil de definir y la cuestión de cómo debería hacerse es extremadamente controvertida (Balaguer, 2020:96). Dos definiciones muy populares son las realizadas por Hume, que lo entiende como la habilidad de actuar conforme a nuestras elecciones y de acuerdo con nuestros deseos, o bien la del concepto del «libre albedrío no predeterminado», que significa decir que al menos algunas de las decisiones humanas se caracterizan por los dos siguientes dos rasgos: (i) no están predeterminadas por eventos anteriores, y (ii) no son aleatorias en el sentido de que la persona en cuestión tiene el control de qué opción elegir, de modo que él o ella es el autor de la elección o la fuente de la misma. Sin embargo, no existe un consenso al respecto y otros autores piensan que se debería proporcionar alguna definición alternativa. Balaguer (2020:93) afirma que, en primer lugar, estamos ante un tema muy complicado sobre la causa de ciertos eventos neuronales; y en segundo lugar que aún somos bastante ignorantes sobre este tema: «La neurociencia ha logrado

167. En EE. UU., la doctrina de las consecuencias evitables en el derecho de daños considera que la víctima de un delito cometido por otro es considerada responsable de mitigar sus propios daños físicos, planteándose numerosas dudas, como si se debería exigir que la víctima de un agravio mitigue también sus daños emocionales. La autora explica que conforme a esta doctrina, la persona perjudicada debe actuar diligentemente para evitar el agravamiento de sus lesiones, de manera que la negativa, por ejemplo, a eliminar ciertos recuerdos traumáticos, podría reducir los daños civiles por no haber mitigado su propio sufrimiento. Ahora bien, determinadas terapias, como el electroshock, por su capacidad de modificar la personalidad, han sido rechazadas por los tribunales con apoyo implícito en la libertad cognitiva.

avances realmente sorprendentes en las últimas décadas, pero esta ciencia todavía está en pañales. Simplemente no estamos listos ahora para responder la pregunta del libre albedrío. Y lo que es más, dado lo que tendríamos que hacer para resolver esta pregunta, es poco probable que podamos responderla durante nuestras vidas. Es muy probable que todos los que estamos vivos ahora estemos muertos y enterrados antes de que los seres humanos puedan responder a la pregunta del libre albedrío con cualquier tipo de autoridad».

Más allá de su conceptualización, encontramos discrepancias en torno a su propia configuración normativa. Para Ienca & Andorno (2017) se trataría más bien de garantizar un «derecho a la continuidad psicológica» entendida como la capacidad de preservar la identidad personal y la coherencia del comportamiento del individuo frente a modificaciones no autorizadas por parte de terceros. De esta forma, al proteger el funcionamiento neuronal subyacente se protegería la continuidad de los pensamientos, preferencias y elecciones habituales de una persona. Por tanto, estaríamos hablando más bien de una posible afectación a la propia identidad, de la que nos ocuparemos más adelante.

Sin embargo, Yuste & Goering (2017) defienden el libre albedrío y la agencia, como uno de los neuroderechos propugnados, y lo definen en un primer momento en el sentido de poder tomar y tener el control sobre las propias decisiones sin la manipulación de neurotecnologías. Más adelante Yuste *et al.* (2021) lo suman a la libertad de pensamiento y la capacidad de elegir las propias acciones. Pero lo cierto es que agencia, libertad de pensamiento y libre albedrío denotan conceptos diferentes. Por una parte, la agencia supone el ejercicio de la capacidad de actuar como agente, por lo que pertenece al dominio de la acción. Sin embargo, el libre albedrío forma parte del dominio de la cognición, está relacionado con la capacidad de los agentes para elegir entre diferentes cursos de acción sin obstáculos. Ambos, en todo caso, son habilidades o disposiciones, y por tanto tienen una naturaleza descriptiva, no normativa, de manera que derivar normatividad de estas declaraciones descriptivas requeriría inferir derechos y obligaciones de habilidades y disposiciones (Ienca, 2021).

Además, la propuesta inicial de reconocer el libre albedrío como uno de los neuroderechos por Yuste & Goering (2017) fue objeto de diferentes críticas que consideraron innecesario y controvertido este reconocimiento, precisamente por la dificultad misma de su conceptualización. Borbón Rodriguez *et al.* (2020) pusieron de manifiesto dos grandes problemas. En este sentido, por una parte, la interpretación poco acertada, incluso sesgada, de un concepto sobre el que aún no existe un consenso en su definición por la propia carga ideológica que comporta. Por otra, puesto que la neurociencia ha cuestionado la existencia del libre albedrío tradicional (Libet, 1999) este reconocimiento podría resultar no solo contradictorio sino innecesario. Sobre ello, nos remitimos al debate expuesto en el Capítulo primero del presente trabajo. A mayor abundamiento, Bublitz (2022) ha advertido de que la ley debería evitar adoptar derechos sobre conceptos eternamente discutidos, destacando la precisión como una virtud del legislador. En todo caso, más que desarrollar tal derecho desde la perspectiva de que las personas no deban ser manipuladas, habría que desarrollar una teoría de lo que esto significa. Esta opinión, en todo caso, es significativa de la distinta agenda que en ocasiones tienen las autoridades públicas responsables del bienestar ciudadano y los estudiosos.

Por otro lado, MUÑOZ (2019) afirmó que en la propia DUDH ya se encontraban diferentes niveles de protección a los tipos de acción y de libre elección, de forma que la propuesta de IENCA & ANDORNO (2017) del neuroderecho a la continuidad psicológica sería menos problemática al comprender la autodeterminación mental como protección de los individuos frente al uso sin consentimiento y coercitivo de neurotecnologías. A ello cabe añadir que, aunque el libre albedrío no se defina teniendo en cuenta los riesgos específicos de la neurotecnología, actualmente se encuentra plenamente presente en el derecho internacional de los derechos humanos y es el «mejor protegido» por el lenguaje del PIDCP, la Convención contra la Tortura, el PIDESC y la Convención sobre los Derechos del Niño (GENSER *et al.*, 2022).

Finalmente, no hay que olvidar, que muchas neurotecnologías están diseñadas específicamente para dotar de agencia y habilitar a personas con limitaciones funcionales puesto que a través de interfaces cerebro computador se podría facilitar el movimiento en una silla de ruedas, el agarre de objetos o la mecanografía y la comunicación (GOERING *et al.*, 2021).

Todo ello nos lleva a concluir que la reconceptualización del derecho a la libertad de pensamiento, esto es, la libertad cognitiva, entendida en su vertiente *ad intra*, dotaría de suficientes garantías en este ámbito, sin necesidad de formular un nuevo derecho. Del mismo modo, el libre albedrío y la agencia, tal y como hemos visto, deberían descartarse como propuestas de neuroderechos por la dificultad de su propia definición así como por encontrar ya tutela específica en el ordenamiento sin necesidad de nuevas actuaciones.

2.2.2. Privacidad mental

Resulta por todos conocida la frase que define el derecho a la privacidad como el derecho «a ser dejado en paz» o, en palabras del Juez Cooley, el derecho «a no ser molestado» (WARREN & BRANDEIS 1995:25). Pero su significado no ha alcanzado aún un consenso internacional, lo que de entrada supone un primer inconveniente a la hora de tratar de delimitar un posible derecho a la privacidad mental. Esto se explica, en parte, puesto que hay que tener en cuenta que «la vida privada no es una realidad natural que nos venga dada desde el origen de los tiempos, sino más bien una realidad histórica construida de manera diferente por determinadas sociedades. No hay una vida privada cuyos límites se encuentren definidos de una vez por todas sino una distribución cambiante de la actividad humana entre la esfera privada y pública» (ARIÈS & DUBY, 1989). A ello cabe añadir el debate abierto entre mente y cerebro, que ya abordamos en el primer Capítulo, donde la relación entre ambos se entiende desde el dualismo (la mente es inmaterial y el cerebro es material) hasta el materialismo (nuestras mente es nuestro cerebro), pasando por otras posturas intermedias. Ello sin duda tiene implicaciones a la hora de considerar un derecho a la privacidad mental.

En la era de la digitalización es evidente que el interés de las personas por preservar la privacidad se ha visto diluido por las interacciones continuas y cotidianas en internet y el rastreo de cookies, o la presencia de las redes sociales, donde se exponen descarnadamente y sin pudor todos y cada uno de los acontecimientos de la vida íntima, datos que luego se comparten públicamente. Por tanto, cabe hacer una reflexión, con carácter previo, en torno a la idea de si realmente somos conscientes de las implicaciones de nuestra exposición pública o si, aun con la sospecha de que todos estamos perfilados y clasificados, hemos perdido interés en preservar y defender nuestra privacidad personal y familiar.

En este sentido, la ausencia de un proceso de formación en competencias digitales achacable a la pasividad de los Estados, en paralelo al avance imparable de tecnologías cada vez más extractivas, ha dejado a las personas inermes frente a unos intereses privados cada vez más voraces e impunes, que ofrecen sus aplicaciones gratuitas cuando en realidad se trata de todo menos eso, puesto que como es sabido, pasamos a ser el negocio del propio producto.

Lo cierto es que Declaración de Berlín sobre Sociedad Digital y Gobierno Digital basado en Valores, aprobada por la UE en 2020, establece entre sus principios esenciales para la transformación digital el empoderamiento y la alfabetización digital, si bien falta llevarla de manera comprometida a la práctica, es decir, implementar seriamente dichos principios en la sociedad. Además, esta «alfabetización digital» entendida como la capacidad para utilizar las tecnologías de información y comunicaciones y entender su contenido, cualquiera que sea el formato, ha de ser un proceso constante y permanente de aprendizaje en la sociedad de la información, ya que nos encontramos inmersos en una transformación permanente que obliga a reformular nuestras relaciones con la nueva realidad digital, por lo que «debemos estar preparados para actuar en consecuencia ya que el tiempo y la disponibilidad y el acceso a información se han transformado en elementos claves de supervivencia en esta nueva Sociedad» (Martí *et al.*, 2008). Porque la privacidad no solo es un derecho, también es una habilidad que permite a las personas aislarse o expresarse selectivamente, así como capacitarlas para controlar la información personal que compartimos sobre todo cuando usamos internet (Ienca & Andorno, 2017). Y para la adquisición de estas competencias, o ser capaces ser capaces de pensar racionalmente sin interferencias subliminales o notificaciones constantes, es preciso contar con la educación y las habilidades necesarias para saber movernos en el medio digital, tan cotidiano como desconocido.

Además, hoy día la privacidad ha de considerarse como un instrumento de resistencia colectiva, ya que no es algo que nos atañe solo a título individual (VÉLIZ, 2021). La autora explica que si exponemos nuestra privacidad nos ponemos a todos en riesgo por la conexión que existe entre privacidad, poder y conocimiento. Existe poder en el conocer puesto que, cuanto más sepan sobre nosotros, más podrán anticiparse a cada uno de nuestros movimientos. Protegiendo nuestra privacidad, evitamos que otros (agentes públicos y privados) ejerzan ese poder en contra de nuestros intereses.

La privacidad es la médula de la propia democracia. Las personas han de poder expresarse, votar, manifestarse, asociarse..., sin presiones ni miedos. Y la democracia puede marchitarse si no se cuidan las condiciones en las que prospera. Por tanto, si cuando las personas exponen su privacidad públicamente suelen decir que «no tienen nada que ocultar», se trata de un error palmario ya que ello puede exponernos a riesgos tales como la suplantación de identidad, la discriminación, el desempleo, la humillación pública o a dar más poder a gobiernos totalitarios. Resumiendo, como señala HOOKS (2022: 24) citando a Dewey, «la democracia tiene que nacer de nuevo con cada generación, y la educación es su partera» de manera que «para que las personas consigan y mantengan una forma de vida democrática, deben tener oportunidades de aprender lo que esa forma de vida significa y cómo se puede practicar».

Los principales tratados internacionales recogen el respeto a la vida privada y familiar: la DUDH (Artículo 12), el PIDCP (Artículo 17), el CEDH (artículo 8) o la CDFUE (Artículos 7 y 8). Mientras tanto, el CIDH en la región de América Latina reconoce exclusivamente la protección a la familia (Artículo 17). A diferencia del tradicional derecho a la intimidad que preserva del conocimiento ajeno la vida de una persona evitando la exteriorización de lo propio, el derecho a la privacidad hace referencia a un concepto más generoso que busca tutelar y capacitar esa posibilidad interior del ser humano de exigir el derecho a que nos dejen en paz (ÁLVAREZ CONDE & TUR AUSINA, 2021: 379). Sin embargo, el concepto de privacidad mental podría no deducirse de estas previsiones, más concretamente del artículo 17 del PIDCP, que prohíbe las interferencias ilegales o arbitrarias en la privacidad, puesto que «no solo no menciona la tecnología, sino que tampoco tiene en cuenta la privacidad de los pensamientos de una persona» (YUSTE *et al.* 2021).

Por lo que se ha dicho hasta ahora, es una realidad que la privacidad de las personas se encuentra muy expuesta y es extremadamente vulnerable, de ahí la importancia de defenderla y reforzarla al máximo nivel, y ello con independencia de la próxima entrada en escena de las neurotecnologías. La pérdida de la privacidad es grave, como decimos, por el hecho de que esta exposición en canal de «quiénes somos» puede ser utilizada por los poderes privados para condicionar en una determinada dirección nuestras acciones o comportamientos, pero también instrumentalizarse por gobiernos poco respetuosos con los derechos fundamentales, de hecho estas técnicas de modulación de conductas conocidas como «nudging»[168] ya se emplean a la hora de implementar ciertas políticas públicas. Como ha señalado Beltrán Heredia (2023:119) la psicometría mediante algoritmos extractivos analiza cada uno de los clicks accediendo a nuestro yo inconsciente y condicionando subliminalmente el comportamiento. Si en la actualidad la minería de datos ha llegado ya tan lejos, con la implementación de neurotecnologías de consumo en un futuro cercano urge pensar en salvaguardas legales y/o técnicas específicas que impidan que nuestros datos cerebrales sean sometidos a las mismas medidas de extracción y de intrusión en la privacidad que afectan a otro tipo de informaciones bajo el mero consentimiento y aceptación de *cookies*.

De manera que el avance de estas intromisiones ha suscitado el debate de si nuestro estrato más profundo e íntimo, nuestra mente, debe ser merecedora de una protección singular, debiendo abordarse a la mayor brevedad cuestiones como los propósitos y condiciones para recoger y utilizar información cerebral, qué componentes de la misma pueden ser revelados y puestos a disposición de terceros, quién tendría derecho a acceder a estos datos, o cuáles deberían ser los límites del consentimiento en esta área (Ienca & Andorno, 2017). Cabe añadir finalmente que, aunque los datos cerebrales, como datos biométricos, ya se encuentran salvaguardados por las leyes de protección de datos, es posible que su propia naturaleza requiera de medidas específicas.

Por todo ello, desde la doctrina científica se han formulado varias propuestas para sustentar y definir el derecho a la privacidad mental reforzando la legislación internacional para hacer frente a los nuevos riesgos que plantea la neurotecnología.

Se ha dicho que el derecho a la privacidad mental debe diferenciarse del derecho general a la privacidad por su tipología, contenido y rango (Lavazza & Giorgi, 2023). Es de distinto tipo porque se refiere específicamente a un acceso especial a la mente/cerebro y a algunos de sus elementos característicos (pensamientos, juicios, deseos, intenciones). Tiene un contenido diferente al centrarse en las inferencias de la descodificación de los estados cerebrales/mentales. Y tiene un rango superior y especial porque se refiere a los elementos más personales y valiosos de la mente y la vida del individuo, que hasta ahora se consideraban inviolables, pero que hoy en día son accesibles en diferentes grados a través de las neurotecnologías. En el mismo sentido Ienca (2015) ha justificado la necesidad de que se configure como un derecho humano específico, por la capacidad de las neurotecnologías de la comunicación de, a través de datos cerebrales, producir un habla, o una escritura inteligible, pero al mismo tiempo acceder a información personal (pensamientos, juicios, deseos, intenciones) del individuo. También Silva & Aguilera (2023) coinciden en diferenciar la privacidad mental del tradicional

168. Disponible en: https://www.bbc.com/mundo/noticias-41551856

derecho a la privacidad en cuanto éste permitiría la tutela específica de los «neurodatos», que aportan información sensible respecto de las personas y que, por lo mismo, debieran gozar de una especial protección.

Más extensamente, Ienca & Andorno (2017) consideran que este derecho tiene como objetivo proteger cualquier bit o conjunto de información cerebral sobre un individuo registrado por un dispositivo neurológico y compartido a través del ecosistema cerebral. Este derecho protegería las ondas cerebrales no solo como datos, sino también como generadores o fuentes de información. Además, abarcaría no solo los datos del cerebro consciente, sino también de aquellos que no están bajo el control voluntario, es decir, del inconsciente. Por último, garantiza la protección de la información en ausencia de un instrumento externo para identificarla y filtrarla. En resumen, el derecho a la privacidad mental tiene como objetivo «proteger a las personas del acceso ilegítimo a su información cerebral y prevenir la fuga indiscriminada de datos cerebrales a través de la infosfera». Más adelante, Ienca (2021) va a diferenciar entre la privacidad mental con el objetivo de protegerla, independientemente de cómo se recopile o infiera, por lo que entendemos que no se requeriría la intervención de neurotecnologías, y la neuroprivacidad que la doctrina ha definido para establecer una protección específica de los datos neuronales o cerebrales, entre otros (Hallinan *et al.*, 2014; Ienca, 2015; Wolpe, 2017). En otras palabras, mientras el derecho a la privacidad mental tendría un contenido más amplio, referido a intrusiones no consentidas, el derecho a la neuroprivacidad protegería específicamente los datos cerebrales. Sin embargo, para Andorno (2023) el derecho a la privacidad mental vendría a ser una extensión del derecho a la privacidad, pero aplicado a los datos mentales, y que debe desarrollarse legalmente para asegurar la protección de los mismos y evitar el riesgo de una disparidad de opiniones en la jurisprudencia, siendo una «exigencia de justicia elemental proteger a las personas del acceso no consentido a sus datos cerebrales por parte de terceras personas, así como de la difusión de tales datos», puesto que hasta ahora no está claro que las normas existentes sean lo suficientemente tuitivas.

Garantizar la privacidad mental y el consentimiento es la primera y más prioritaria preocupación ética para Yuste & Goering (2017), que propugnan que los datos de la actividad neuronal obtenidos mediante una neurotecnología sean privados, debiendo regularse estrictamente su utilización o su venta. Para ello plantean una serie de alternativas con el fin de que, desde el diseño de la neurotecnología, no se permita compartir o exportar esa información. A su vez, debido a la particularidad de los datos cerebrales, proponen que a la hora de establecer una protección específica estos se consideren como un órgano más del cuerpo. Sobre esta cuestión profundizaremos más adelante al tratar específicamente la propia naturaleza de estos datos. Por su parte, Goering *et al.* (2021) definen la privacidad mental como el derecho a que otros no accedan a nuestra información y espacio personal, esto es, la no obligación de ceder nuestros datos cerebrales. Consideran que la privacidad en relación con la neurotecnología se caracteriza por: (i) la naturaleza íntima de los datos cerebrales muy próxima a la propia identidad, (ii) el incremento de las intrusiones en la privacidad a través de la tecnología con una gran expansión de la vigilancia gubernamental a nivel internacional, y (iii) la relativa inaccesibilidad hasta ahora a la privacidad mental, por la propia limitación de los dispositivos tecnológicos, pero que puede cambiar debido a la gran inversión comercial que se está destinando al desarrollo de las neurotecnologías de consumo. De forma que la combinación de estos tres aspectos con la posibilidad de vincular datos cerebrales con otros tipos de datos personales hace que los mismos sean especialmente poderosos. Al mismo tiempo, YUSTE *et al.* (2021), fundamentan la necesidad de protección de la privacidad mental en el hecho de que la mayoría de los datos cerebrales generados por el sistema nervioso se crean de manera inconsciente, por lo que están fuera del control de una persona; de ahí que ésta, usando un dispositivo neurotecnológico, podría sin saberlo o sin desearlo, revelar esos datos generados de forma involuntaria. Por ello el derecho a la privacidad mental supone la capacidad de mantener nuestros pensamientos protegidos sin que se divulguen.

Como en el resto de las propuestas de derechos que se están abordando, se puede observar su interrelación con otros, por ejemplo, la identidad personal, por la capacidad de que accediendo a nuestra información mental se pueda averiguarla. LÓPEZ SILVA & WAJNERMAN (2022) explican que uno de los enfoques más influyentes de la privacidad como capacidad psicológica es la idea de que se trata de un proceso de regulación de la interacción social «que puede ir desde querer ser accesible a los demás hasta querer estar solo». De modo que la función principal de la privacidad mental sería la construcción de la identidad, específicamente, la comprensión de nosotros mismos como seres, que incluye saber dónde comienza y termina uno frente a los demás, qué aspectos del entorno físico y social nos pertenecen y cuáles a los otros.

La privacidad también está estrechamente relacionada con la libertad cognitiva, principio rector frente a la neurotecnología que propugna, como vimos, FARAHANY (2012) ya que, la privacidad mental, reinterpretada como el derecho a estar protegidos contra las interferencias en la forma en que pensamos y sentimos, se desprendería del derecho a la libertad cognitiva. Por ejemplo, si las autoridades fueran capaces de detectar nuestros procesos mentales, esto podría tener efectos preocupantes no solo sobre nuestras propias acciones, sino también sobre la fuente de las mismas, es decir, el procesamiento del pensamiento, lo que podría acabar disuadiendo a las personas de hacerlo en libertad, de tener pensamientos indecentes, inmorales o simplemente molestos (BUBLITZ, 2019).

Al igual que en los casos anteriores, las propuestas en torno al derecho a la privacidad mental han sido objeto de algunas críticas y reflexiones.

Por ejemplo, SHEN (2013) refiriéndose al contexto estadounidense, ha afirmado que las actuales garantías constitucionales ya protegen frente a la lectura involuntaria de la mente por neuroimagen gubernamental. Advierte, además, que todos somos lectores de mentes en un sentido natural, puesto que somos capaces de inferir el estado mental o emocional observando un determinado comportamiento, es algo que hacemos a diario. No obstante, reconoce que el principal reto que se deriva de estos avances de la neurociencia no es tanto la recopilación de datos cerebrales sino cómo estos pueden ser «(mal)utilizados y (mal)interpretados en entornos legales y políticos por parte del gobierno y de actores privados por igual».

Más crítico se muestra BUBLITZ (2022) que se pregunta por qué debería reconocerse como un derecho independiente, ya que varios instrumentos internacionales contemplan un derecho general a la privacidad donde estaría implícita la mental, apoyándose para ello en las palabras de WARREN & BRANDEIS (1995; 1890:199): «El derecho consuetudinario asegura a cada individuo el derecho de determinar, ordinariamente, hasta qué punto sus pensamientos, sentimientos y emociones deben ser comunicados a otros». En su opinión, no se ha justificado suficientemente la diferencia entre la privacidad mental y la privacidad del dormitorio, por lo que simplemente se trataría de diferentes dominios del derecho a ser dejados en paz. Sin embargo, creemos que los argumentos antes expresados tienen el peso suficiente como para diferenciar lo general de lo específico, al menos en la vertiente de la neuroprivacidad. A ello se suman las reflexiones de BORBÓN & BORBÓN (2021) respecto del impacto negativo que tendría limitar o restringir el tráfico de datos cerebrales a la hora de prevenir los sesgos algorítimicos, puesto que si nos esforzamos por mantener privadamente nuestros datos individuales, será cada vez más complicado obtener bases de datos lo suficientemente representativas de los colectivos, lo que a su vez dificultará el desarrollo de algoritmos más justos sin sesgos potencialmente perjudiciales. Además, esta restricción limitaría el desarrollo e innovación de las neurotecnologías, cuyo valor procede de la posibilidad de elaborar modelos sólidos comparando datos de numerosos individuos. No obstante, como veremos en el apartado dedicado a las garantías, ya existen determinadas propuestas que salvaguardan la privacidad personal al tiempo que se permite entrenar a los algoritmos, exportándose a las bases de datos colectivas únicamente los resultados de dicho tratamiento, por lo que ello podría garantizar tanto la privacidad como la eliminación o reducción de sesgos. Por lo que respecta a la posible limitación de la innovación y desarrollo de estas tecnologías, sinceramente creemos que los modelos de negocio presentes y futuros no deben seguir prosperando sin restricciones a costa de vulnerar los derechos humanos, por lo que en este debate urge pensar en cómo someterlos debidamente.

Respecto de los límites del derecho a la privacidad mental, tampoco existe un consenso. Hay autores que defienden que la lectura mental consentida debería prohibirse completamente al suponer una afrenta fundamental a la dignidad humana (Stanley, 2012). Otros van más allá y sostienen que el comercio de los datos debería detenerse (Véliz, 2021). Por el contrario, otra parte de la doctrina defiende que limitar la privacidad mental podría ser aceptable en determinadas circunstancias cuando el interés público esté en juego (Ienca & Andorno, 2017). Para ello ponen el ejemplo de algunos países donde los exámenes genéticos ya son obligatorios cuando se intenta identificar a un criminal, por lo que como los escáneres cerebrales son de naturaleza no invasiva e indolora, podría estar justificado un uso no consentido, previa orden judicial, cuando existan motivos razonables de que un individuo haya cometido un delito grave o esté involucrado en su planificación. En el mismo sentido, Ligthart (2019) admite la posibilidad de una aplicación coercitiva de técnicas de lectura de imagen en el proceso penal, para responder a cuestiones relacionadas con la culpabilidad, la demencia legal o el riesgo de reincidencia, puesto que este tipo de aplicaciones no serían más sensibles que aquellos datos obtenidos a través de otros métodos de investigación criminal, como las pruebas obligatorias de ADN, por lo que en general y en determinadas condiciones y salvaguardas específicas, las pruebas de lectura de imagen en este ámbito no contravendrían el derecho a la intimidad establecido en el artículo 8 del CEDH por lo que, incluso, un derecho humano específico a la intimidad mental resultaría innecesario.

Sin embargo, Ienca & Andorno (2017) advierten de que el debate puede volverse más complicado cuando el resultado de un escaner cerebral no se considere como una mera información del individuo sino como un testimonio, donde entraría en juego el derecho fundamental a no declarar contra uno mismo y se requeriría obligatoriamente la colaboración del implicado. Permitir estas técnicas de lectura de la mente en los procedimientos penales podría acabar debilitando el derecho a no autoincriminarse, puesto que «las personas podrían seguir estando formalmente protegidas contra la autoincriminación oral pero no en contra de la fuente misma de tales testimonios: sus propios pensamientos». Por ello se requiere un debate sosegado para encontrar el equilibrio entre intereses privados y públicos en juego.

2.2.2.1. La peculiaridad de los datos cerebrales

Proteger los datos personales es de vital importancia para el disfrute del derecho a la vida privada, así se sostiene en el artículo 8 CEDH, que no permite injerencias de la autoridad pública salvo previsión legal siempre que constituya una medida «que, en una sociedad democrática, sea necesaria para la seguridad nacional, la seguridad pública, el bienestar económico del país, la defensa del orden y la prevención de las infracciones penales, la protección de la salud o de la moral, o la protección de los derechos y las libertades de los demás». También la CDFUE reconoce el derecho de toda persona a la protección de los datos de carácter personal que le conciernan, que «deben tratarse de modo leal, para fines concretos y sobre la base del consentimiento de la persona afectada o en virtud de otro fundamento legítimo previsto por la ley» pudiendo tener acceso a los mismos y a obtener su rectificación. Y el RGPD de la UE de 2016 regula extensamente su protección.

En América Latina, como ya vimos en el Capítulo II, la Red Iberoamericana de Protección de Datos se ha adherido a la Declaración del Comité Jurídico Interamericano de la OEA[169] que, partiendo de que la información del sistema nervioso permite la identificación personal, entiende que los neurodatos deben calificarse como categorías especiales, tanto por ser datos biométricos como por ser datos relativos a la salud, debiendo su tratamiento considerarse de alto riesgo al tener el potencial de acceder a la intimidad de la persona, así como de manipularla directa o indirectamente.

Tal y como hemos observado, las propuestas en torno a la privacidad mental tienen como común denominador la necesidad de velar no solo por la protección de la información mental no consentida, sino también por el contenido de los datos cerebrales o neurodatos, por su conexión con otros derechos como la identidad personal o la libertad de pensamiento. Y ciertamente estos datos tienen peculiaridades específicas que los diferencian del resto de datos personales. Su característica principal, para IENCA & ANDORNO (2017), reside en que la información a proteger no es fácilmente distinguible de la fuente misma que los produce, es decir, el procesamiento neuronal del individuo, por lo que se precisa no solo proteger la información que se registra y se comparte, sino también la *fuente* de dicha información, ya que ambos aspectos podrían ser inseparables. El problema, sin embargo, es que las ondas cerebrales pueden ser potencialmente registradas sin conocimiento y por tanto sin consentimiento sobre su recopilación y uso, por lo que es necesario proteger la información generada por debajo del umbral del control voluntario, lo que requiere de un derecho «que se adapte específicamente a las características de la información neuronal y las posibilidades abiertas por las tecnologías de lectura de la mente» (IENCA & ANDORNO, 2017).

Más concretamente, ANDORNO (2023) ha propuesto que la recolección, almacenamiento y uso de estos datos cerebrales solo se pueda realizar con el consentimiento libre e informado de las personas de quienes provienen. Al mismo tiempo considera que las normas de protección de datos personales deben considerarlos como «datos personales sensibles» tal y como ocurre con la colecta y análisis de datos genéticos humanos (Principio 2). Sin embargo, creemos que el consentimiento individual presenta algunos obstáculos relacionados no solo con la dificultad de comprender profundamente los términos del tratamiento o cesión, sino también con el desconocimiento sobre aquella información que en el nivel inconsciente podría tratarse sin nuestro conocimiento.

169. Declaración sobre Neurociencia, Neurotecnologías y Derechos Humanos: Nuevos Desafíos Jurídicos para las Américas CJI-DEC_01_XCIX-O-21 de 14 de agosto de 2021.

Desde un enfoque materialista, YUSTE & GOERING (2017) considerando que el cerebro es el que genera la mente y el que define cómo somos, diferencian los datos cerebrales del resto en que los primeros se basan en la actividad cerebral de la persona, por lo que es preciso definirlos como un órgano más del cuerpo. Su protección debe contemplar tanto los contenidos conscientes como los subconscientes, que son la mayor parte de la actividad mental. Ello, además, debería reforzarse con: (i) un tratamiento de los datos cerebrales con la misma confidencialidad que la aplicable a los trasplantes de órganos, y (ii) una regulación sobre la venta, transferencia comercial y uso de estos datos de manera que se traten al igual que los órganos o tejidos en la mayoría de países. Tales exigencias limitarían la posibilidad de que las personas renuncien a proteger sus datos neuronales o permitan que a cambio de una compensación económica se escriba en sus cerebros determinada actividad neuronal, al igual que ocurre con la legislación que prohíbe la venta de órganos humanos, pudiendo ser extraídos los datos cerebrales con el consentimiento del individuo solo por razones médicas o científicas. Esta especial protección estaría justificada, puesto que mientras que una persona puede discernir que está siendo manipulada desde fuera, la lectura o modificación cerebral podría conducirnos a pensar que se trata de algo nuestro, pensado y decidido por nosotros mismos. No obstante, recordemos que ciertas técnicas conductuales que se emplean en la actualidad, como el neuromarketing, ya permiten la manipulación de nuestras acciones, incluso de nuestra actividad emocional. Más fundamento encontramos en el riesgo añadido conocido como «agregación de neurodatos», que se produce en la interacción de la minería de datos con los algoritmos, puesto que cada vez que se comparten o se obtienen, aumenta la posibilidad de que se agreguen a otra información personal, con lo que incrementa el riesgo de que los datos sean identificables (YUSTE, 2023).

Como ha señalado en una entrevista Amunátegui Perelló, profesor de la Universidad Católica de Chile y asesor de los proyectos normativos del país en materia de neuroderechos, «estos datos son, en el fondo, la huella digital de tu conciencia» (RECHE TELLO, 2022) puesto que, con independencia del debate cerebro/mente, de alguna forma pueden acabar revelando tu propia identidad. Los estados mentales tienen un correlato neuronal, y si lo conoces podrás adivinar, predecir o determinar el estado mental. Estos datos son únicos de cada persona, por lo que deben ser absolutamente privados y gozar de la máxima protección que el sistema jurídico pueda dar. En el proyecto de ley chileno para regular las neurotecnologías se ha optado por otorgarles el estatus de datos de salud, puesto que el problema principal es el de garantizar la anonimización de los mismos, ya que actualmente estos procedimientos arrojan una falsa idea de seguridad porque son muy débiles, siendo fácil llegar a averiguar la identidad con unos pocos datos. En consecuencia, el otorgarles el estatuto de los datos médicos, con independencia del contexto en el que estos se recopilen, les proporciona la protección de datos especialmente sensibles. Como ya señalaran HALLINAN *et al.* (2014), la información que pueden arrojar tendría un valor considerable para quien los posea en múltiples contextos, en los que una parte busca influir o conocer a otra, especialmente cuando permite comprender y predecir de forma más completa las acciones de un individuo, o de un grupo. Por dicho motivo los neurodatos adquieren una forma única que puede plantear problemas en la aplicación de la normativa en materia de protección de datos, que no ha contemplado las particularidades específicas de estos. Los autores, previamente a la aprobación del RGPD de la UE 2016, sugerían la posibilidad de regular los neurodatos recogiendo como modelo los planteamientos aplicados para la regulación de los datos genéticos como datos sensibles, de forma que podría seguirse el mismo camino solucionando así algunas de las limitaciones presentes en la norma. Sin embargo, tal y como ya vimos en el Capítulo anterior, el RGPD de 2016 ni recogió estas propuestas, ni hace mención a los neurodatos, por lo que las limitaciones en esta materia siguen presentes. Por tanto, como señala el informe ICO (2023), desde la perspectiva de las empresas que ofertan neurotecnología al consumidor, uno de los principales retos es el de ofrecer descripciones claras e inteligibles de la compleja recopilación de información y el tratamiento automatizado, así como garantizar que los derechos de información de las personas sean accesibles y aplicables, ya que en caso contrario podrían poner en grave riesgo los derechos de protección de datos al recoger y tratar posteriormente estas categorías de información. Hasta el momento, en contextos no médicos, los neurodatos no están clasificados como datos de categoría especial, lo que podría reducir las garantías y restricciones legales en torno a su tratamiento permitiendo que las empresas no apliquen las mejores prácticas.

Sin embargo, por otra parte, la protección de los datos neuronales desde un enfoque orgánico o materialista, plantea a su vez varios inconvenientes. Cabe recordar que, la propuesta a nivel teórico la formulan Yuste, & Goering (2017) y se ha trasladado al proyecto de ley chileno, Boletín 13828 19, que considera los neurodatos, a efectos de su tratamiento jurídico, como un órgano y por tanto como datos especialmente sensibles. Según han señalado López Silva & Wajnerman (2022) un primer inconveniente se deriva de lo que denominan «el problema de la analogía», puesto que no es posible equiparar la extracción de datos cerebrales, que no implica ninguna transferencia de material orgánico, con la recolección de un órgano del cuerpo. Recabar datos cerebrales a través de un dispositivo de neurotecnología no consiste en mover una información de una fuente a otro receptor, sino en reproducir una copia en otro punto de una red. Esto significa que el registro físico de datos neuronales que utilizan médicos o investigadores no está constituido por material orgánico, por lo que es un contrasentido aplicar por analogía las mismas garantías que las contempladas para un órgano del cuerpo humano. Un segundo problema, relacionado con el anterior, es que si se aplica la analogía en la consideración de estos datos cerebrales como órganos, se requeriría obligatoriamente la prestación de un consentimiento previo y voluntario, lo que puede colisionar con las normas existentes en algunos países. Es el caso, por ejemplo, de Chile donde los ciudadanos son donantes de órganos por defecto[170], por lo que los datos neuronales podrían estar disponibles como una opción legal predeterminada, algo que iría en contra del espíritu de la propuesta. Para salvar estas dificultades, Wajnerman Paz (2022) refuerza el enfoque de la analogía argumentando que los datos cerebrales podrían estar protegidos por el derecho a la integridad psicológica, no física. Para ello, compara los neurodatos con las propiedades neurocognitivas del cerebro afirmando que estos constituyen un dominio de información exclusivo de la arquitectura cerebral. Por tanto, son una propiedad «independiente del medio» que se caracteriza por contener información semántica natural sobre el cerebro de la persona que constituye un dominio exclusivo de la arquitectura neurocognitiva.

En el mismo sentido, Bublitz (2022) ha destacado que establecer una propuesta de marco regulatorio de los neurodatos según las regulaciones para la donación de órganos resulta incoherente, tanto por las diferentes naturalezas ontológicas de órganos corporales y los datos neuronales, estos últimos multiplicables, al contrario que los primeros, así como por las diferentes preocupaciones que generan unos y otros. Mientras que en el caso de la donación de órganos estaríamos ante un riesgo de mercantilización y de presión financiera para vender partes del propio cuerpo, en la venta de neurodatos podrían coexistir una variedad de intereses legítimos por parte de actores privados, preguntándose incluso por qué una empresa no debería comprar datos de la corteza motora de los consumidores para optimizar su software de juegos BCI. En cuanto a lo previsto en el RGPD, los datos cerebrales derivados de exámenes médicos se considerarían dentro de la categoría especial de datos confidenciales del artículo 9, donde están incluidos los datos genéticos, por lo que su procesamiento ya estaría prohibido, salvo las excepciones que contempla. En la medida en que algunas formas de neurodatos no estén cubiertas, pero deberían estarlo, se podrían incluir en lo dicho, sin necesidad de más reformas. Sin embargo, tal y como señala Kellmeyer (2018), la cuestión más importante y sin resolver se refiere a la ausencia de una clasificación adecuada de los diferentes tipos y fuentes de datos altamente personales, en particular los biomédicos, con respecto a los marcos jurídicos y normativos apropiados y proporcionales. Actualmente no existe una definición generalmente aceptada, y mucho menos una clasificación de los datos biomédicos como una clase particular de datos[171].

170. La Ley 20.413, de 6 de enero de 2010, incorpora una política de exclusión voluntaria en la donación de órganos, de manera que todas las personas mayores de 18 años serán donantes de órganos a menos que declaren su renuencia a serlo.

171. El autor pone el siguiente ejemplo: mientras los análisis de sangre o los datos de los dispositivos portátiles de seguimiento de la actividad física constituyen datos biomédicos, existen otros como los datos de movimiento de los sensores GPS del teléfono de una persona o las entradas de texto (o imagen o voz) de una persona en su cuenta de redes sociales pero que podrían resultar valiosos para los análisis predictivos basados en IA con implicaciones en la salud de una persona.

La cuestión sigue sin resolverse, si bien, dado el avance en el desarrollo de métodos y dispositivos para recopilar cantidades de datos altamente personalizados, sería importante desarrollar un sistema de clasificación exhaustivo que defina con precisión los datos biomédicos y que permita estratificar el riesgo basado en una serie de pruebas (por ejemplo, en términos de potencial de uso indebido y otros riesgos para el individuo del que se recogieron los datos) y motivado en base a criterios éticos, jurídicos o políticos. Para garantizar que este proceso sea transparente y responsable, esta clasificación de datos biomédicos debería gestionarse por instituciones legitimadas democráticamente, como comisiones en (o entre) estados democráticos o instituciones supranacionales (por ejemplo, la Comisión Europea). En todo caso, su principal preocupación no sería tanto la neurotecnología, sino la recopilación incontrolada de datos cerebrales de personas vulnerables y la mercantilización no regulada de los mismos.

El problema, por tanto, se centra en qué categoría asignar a aquellos datos cerebrales que provienen de neurotecnología aplicada al consumo y que en principio no serían considerados como datos médicos o de salud, por lo que la mayoría de la doctrina aboga por que se les equipare a ese mismo estatus, otorgándoles así una primera capa de protección, al exigir que tanto el registro como todos sus usos posteriores requieran el consentimiento del interesado, proporcionando así una primera capa de protección (Rainey & Bublitz 2019).

2.2.3. Integridad mental

El derecho a la integridad personal está directamente relacionado con el derecho a la vida, lo que plantea ya a priori una primera duda sobre si en realidad tiene o no una sustantividad propia. Desde el Juramento Hipocrático forma parte de la deontología médica el principio ético de «no maleficencia», que postula la protección de la integridad de la persona, así como la prevención del daño. Ienca (2021) explica que es en la década de 1970 cuando se utiliza por primera vez la noción de integridad mental «para demarcar el límite ético entre la obligación de proporcionar tratamiento para mantener la vida y la obstinación terapéutica irrazonable». En los primeros textos internacionales de derechos humanos no se menciona. Tanto la DUDH como el CEDH prohíben la tortura, así como las penas o tratos crueles, inhumanos o degradantes (Artículo 5) y (Artículo 3). Por su parte, el PIDCP añade además que «nadie será sometido sin su libre consentimiento a experimentos médicos o científicos» (Artículo 7). La CDFUE reconoce expresamente «el derecho de toda persona a la integridad física y psíquica». Se trata de una declaración avanzada que recoge los adelantos científicos así como los cambios legislativos y jurisprudenciales. En su párrafo segundo establece expresamente el respeto, en el marco de la biología y la medicina, al consentimiento libre e informado de la persona conforme a la ley, la prohibición de prácticas eugenésicas, particularmente las que tienen por finalidad la selección de las personas, la prohibición de que el cuerpo humano o parte del mismo se conviertan en objeto de lucro, así como la de la clonación reproductora de seres humanos. Se fijan de este modo límites claros a los avances tecnológicos y se establecen dos características básicas del consentimiento en este ámbito. Finalmente, en el Convenio de Oviedo, relativo a los Derechos Humanos y la Biomedicina, de 1997, se contempla la protección de las personas con un trastorno mental grave definiendo las condiciones en las que pueden o no ser objeto de una intervención sin su consentimiento (Artículo 7).

Por su parte, el Convenio Americano sobre Derechos Humanos (Pacto de San José) de 1969 reconoce el derecho a la integridad personal, que comprende el respeto a la integridad tanto física como también psíquica y moral. Estas tres vertientes de la integridad se han justificado en la jurisprudencia de la Corte Interamericana de Derechos Humanos[172].

Así, en el plano internacional, toda persona tiene el derecho de mantener y conservar su integridad física, psíquica y moral (ALFONSO GALINDO, 2009:125) Mientras la integridad física resguardaría los órganos, partes y tejidos del cuerpo humano, además del estado de salud de las personas, la integridad psíquica alude a la preservación de las habilidades motrices, emocionales e intelectuales, y la integridad moral garantizaría el derecho de cada ser humano de poder desarrollar su vida de acuerdo con sus convicciones personales. No obstante, como señala el autor, la integridad personal es sumamente amplia, y los Estados tienen la obligación de prohibir en su legislación interna todos los actos que vulneren los derechos humanos, y en caso de que no cumplan con esta obligación las víctimas o sus familiares podrán acudir ante distintas instancias internacionales para responsabilizar a los gobiernos por su negligencia o incompetencia.

En el ámbito específico de la neurociencia, IENCA & ANDORNO (2017) proponen reconceptualizar el derecho a la integridad psíquica, para hablar de «integridad mental» fundamentándolo en torno a toda una serie de riesgos que podrían darse en el uso de neurotecnologías provocando algún tipo de daño[173].

---

172. La Corte IDH en el Caso Acosta y otros Vs. Nicaragua. Excepciones Preliminares, Fondo, Reparaciones y Costas. Sentencia de 25 de marzo de 201727 estableció: «En relación con la señora Acosta, la Corte considera que han sido aportados suficientes elementos para considerar que ha sufrido particulares afectaciones a su integridad personal, en razón no sólo del grave sufrimiento por el homicidio de su esposo, sino también como consecuencia de la falta de investigación adecuada del mismo; la infundada imputación dentro del mismo procedimiento penal que se suponía debía investigar y procesar a los responsables; la estigmatización que debió enfrentar al haber sido objeto de infundadas acciones judiciales, así como la frustración frente a la impunidad parcial. En este sentido, la Corte considera que el Estado es responsable por la violación del derecho a la integridad psíquica y moral, reconocido en el artículo 5.1 de la Convención, en perjuicio de la señora Acosta».

173. Entre estos daños destacan los siguientes:

-Los casos de hackeo cerebral a usuarios de BCI, donde una intromisión ilegítima podría alterar procesos neuronales y causar daños físicos o psíquicos (IENCA & HASELAGER, 2016).

Lo definen como «el derecho de las personas a ser protegidas de manipulaciones ilícitas y dañinas de su actividad mental». Así, al igual que ocurrió con la biogenética, estas nuevas tecnologías abren la posibilidad de afectar la integridad personal, debiendo actualizarse el marco normativo en esta nueva área.

LAVAZZA (2018), poniendo el foco en el desarrollo de neuroprótesis cada vez más desarrolladas capaces de detectar y alterar los patrones de conexión y activación neurales, advierte asimismo de situaciones en las que la integridad mental/cerebral peligraría. No obstante, propone un enfoque diferente a la hora de plantear un resguardo en sentido normativo, definiendo la integridad mental como: «el dominio por parte del individuo de sus estados mentales y de sus datos cerebrales de forma que, sin su consentimiento, nadie pueda leer, difundir o alterar dichos estados y datos para condicionar al individuo de alguna manera». Esta definición, al contrario de la planteada por Ienca y Andorno, se aproxima más bien a la idea de libertad cognitiva como autodeterminación mental y es que Lavazza concibe la integridad mental de una forma más amplia en relación con otros derechos.

Respecto de la fundamentación del derecho a la integridad mental, que ANDORNO (2023) define como uno de los principios de actuación para los poderes públicos (Principio 6), éste cobra especial relevancia por el posible surgimiento de nuevas formas de criminalidad basadas en el uso malicioso de neurotecnologías, por lo que exige ser protegida de modo específico para prevenir que puedan dañar a las personas. Esta protección se encuentra directamente relacionada con la dimensión del daño ocasionado por un uso malintencionado o negligente, por lo que habrá que prestar atención a las normas civiles y penales que se dirigen a repararlo y sancionar dicha conducta. Por el contrario, para LIGTHART *et al.* (2023), hay que seguir pensando en cómo justificar un respaldo a este derecho moral que lo diferencie del derecho a la integridad física. En primer lugar, podría afirmarse, desde una concepción monista, que la mente es parte del cuerpo o reside por completo en él y que el derecho a la integridad mental compartiría su justificación con el derecho a la integridad corporal. Si la mente está habilitada por el cuerpo, más concretamente por el sistema nervioso central, y el yo y la personalidad son funciones

-Aplicaciones militares neurotecnológicas para la mejora de soldados y donde se pudiese ejercer control sobre tropas de soldados, o casos donde los prisioneros de guerra podrían sufrir intervenciones invasivas de lavado de cerebro.

-Un mal uso de neuroestimuladores portátiles disponibles en el mercado o ensamblados del tipo *«do it your self»*.

-En el ámbito médico, en que pese a tenerse un consentimiento informado, un tratamiento de estimulación cerebral profunda pudiese provocar un daño desproporcionado.

-En el empleo de las técnicas para la modulación de los recuerdos de una persona y que podrían utilizarse por criminales para borrar selectivamente los recuerdos de sus víctimas para evitar ser identificados o simplemente para causarles un daño. O en un escenario a más largo plazo, por su uso por agencias de seguridad y vigilancia con el propósito de borrar selectivamente recuerdos peligrosos o inconvenientes de las personas.

de la mente, entonces la propiedad de uno mismo y la soberanía personal que sostienen el derecho a la integridad corporal, también fundamentarían el derecho a la integridad mental. Puesto que la mente es parte del cuerpo y está habilitada por él, y dado que el cuerpo ya goza de la protección establecida, un derecho a la integridad mental sería superfluo. Podría sostenerse, si acaso, por la diferencia entre las intervenciones corporales y las injerencias que provocan las neurotecnologías en la integridad psíquica. Así, por ejemplo, una estimulación cerebral no invasiva pero forzada, sin consentimiento, podría constituir una interferencia mental grave aunque, en ausencia de cambios significativos en la anatomía del cerebro, sus efectos no se apreciasen en un nivel estrictamente corporal. Entonces habrá que dilucidar, en primer lugar, cuándo una intromisión mental se puede calificar de interferencia y cuáles de ellas infringirían el derecho a la integridad mental. Una segunda cuestión por resolver es la relativa a si han de producir algún daño o ser significativas en cuanto a sus efectos. Por ello los autores advierten que, puesto que en «la dinámica social todo actor influye constantemente en otros actores —incluso a nivel de creencias, deseos y sentimientos— el derecho a la integridad psíquica amenaza con ser muy expansivo. Por lo tanto, sería necesario especificarlo de tal manera que distinga las violaciones de la integridad mental de las formas inocuas e inevitables de influencia mental, como la persuasión basada en argumentos de buena fe» LIGTHART *et al.* (2023).

En cuanto a su relación con otros derechos, como ya se avanzó, en una investigación más reciente, LAVAZZA & GIORGI (2023) profundizan en torno a la necesidad de su reconocimiento en un sentido amplio, apoyándose en la fundamentación filosófica y justificándolo conforme a las características de la mente que hasta ahora no podían alcanzarse directamente desde el exterior, precisando mejor lo que serían sus coordenadas éticas y jurídicas, y que necesariamente comprende aspectos relativos a diferentes derechos de la persona como la intimidad o la libertad de pensamiento y conciencia. De manera que un derecho a la integridad mental debería comprender tanto la privacidad mental, entendida como la protección frente a la interferencia directa en los estados y procesos de la mente/cerebro, además de otros fundamentos centrados en aspectos de la filosofía de la mente como la intencionalidad, la perspectiva de la primera persona y la autonomía moral en relación con la estructuración de normas de conducta, junto con la propia identidad narrativa y relacional. Todos ellos son aspectos básicos de la libertad y la dignidad de la persona que las neurotecnologías podrían exponer a violaciones sin precedentes. Por tanto, a la hora de establecer el derecho a la integridad mental consideran que «no debe entenderse como una garantía contra los usos malintencionados de las tecnologías, sino como una advertencia general contra la disponibilidad de medios que potencialmente ponen fin a una dimensión fundamental del ser humano. Por lo tanto, el reconocimiento de la existencia del derecho a la integridad mental constituye un primer paso necesario, incluso antes de sus posibles aplicaciones específicas». De esta forma estaríamos ante un único derecho atribuible a las personas, el derecho a la integridad psíquica, que incorpora también un componente de privacidad psíquica, para defender al individuo frente a los riesgos que plantean las nuevas tecnologías en general, y las neurotecnologías en particular. Esta protección es fundamental para la identidad, la autonomía y la valía de la persona. Dada la especificidad de los procesos mentales, los autores concluyen que tiene sentido incluir la privacidad mental en la integridad mental, en el sentido amplio del término, puesto que hacer públicos los procesos mentales de una persona a través de medios tecnológicos equivaldría a dañarla, socavando su identidad, autonomía y valor.

Por el contrario, Ienca & Andorno (2017), conectan la integridad mental con la salud al fundamentar este neuroderecho básicamente en la relación directa entre la injerencia mental y el daño causado en el dominio neural y/o mental, diferenciándolo de la protección de la privacidad mental entendida como la revelación del contenido de datos cerebrales de los que se puedan inferir aspectos de la intimidad de la persona.

También se ha relacionado la integridad mental con la no discriminación, ya que ésta ofrecería el sustento adecuado para proteger a las personas de la discriminación basada en sus características neuronales y/o mentales, la llamada «neurodiscriminación» (Ienca & Ignatiadis, 2020) Sobre este concepto se profundizará más adelante al abordar la prohibición frente a los sesgos algorítmicos en el uso de neurotecnologías.

Respecto del contenido de la integridad mental, vemos que también existen divergencias sustanciales. Para Lavazza & Giorgi (2023), el derecho englobaría los conceptos clásicos de privacidad y no interferencia en nuestra mente/cerebro. Por su parte, Ienca & Andorno (2017) establecen dos vertientes del derecho: en su sentido positivo, debería garantizar la protección de posibles daños en la dimensión mental. Más específicamente, en el caso de las personas con enfermedades mentales, se concretaría en el acceso a los servicios de salud y a recibir los tratamientos o apoyos psiquiátricos cuando sea necesario. En su vertiente negativa, establecería una protección contra posibles intervenciones neurológicas que impliquen una alteración no consentida de la actividad neuronal resultando en un daño directo a la víctima. Para ello debería tratarse de un acceso directo y manipulación de las señales neuronales sin autorización, es decir, sin consentimiento libre e informado, amén de producir un daño psicológico.

Por otra parte, Goering *et al.* (2021) replanteando conceptualmente el derecho a la integridad física, consideran conveniente reconocer el neuroderecho a la integridad mental para garantizar un contenido específico que establecería estrictamente que las personas no sean obligadas a que se les introduzcan datos o códigos cerebrales, lo que coincide con la vertiente negativa señalada por Ienca y Andorno, aunque estos autores no mencionan la necesidad de que exista un daño como resultado de dicha intervención coercitiva.

En cuanto a los límites, Ienca & Andorno (2017), si bien consideran que se trataría de un derecho limitado, plantean sus dudas poniendo el ejemplo de aquellos delincuentes violentos persistentes en que una intervención neurotecnólogica podría cambiar su comportamiento. Así, aunque ciertas manipulaciones obligatorias pudiesen justificarse en favor de un mayor beneficio de la sociedad, ello sería bastante controvertido, por lo que estas posibles excepciones al derecho requerirían un amplio debate social para determinar cuándo y en qué condiciones podrían adoptarse. Por su parte, LAVAZZA (2018) defiende en el mismo sentido que este derecho no puede considerarse absoluto si otros bienes o valores igualmente importantes corren un alto riesgo. En este caso, aunque el autor no profundiza sobre la cuestión de los límites, es evidente que al comprender un derecho más amplio con componentes de privacidad o de libertad de pensamiento y conciencia, será más complicado establecer límites claros.

2.2.4. Identidad personal y continuidad psicológica

La identidad personal no está recogida expresamente en la mayoría de los tratados internacionales. En la DUDH, por ejemplo, se cita la dignidad y el libre desarrollo de la personalidad como derechos indispensables en los artículos 22 y 29. Por su parte, el TEDH[174] ha reconocido que el derecho a la identidad se desprende del artículo 8 del CEDH, esto es, que forma parte integral de la noción de vida privada y advierte que «privar a alguien de su identidad supone privarle de todos sus derechos». En nuestro país, el Tribunal Supremo ha señalado que el reconocimiento de la propia identidad forma parte del principio del libre desarrollo de la personalidad que nuestra Constitución recoge en el artículo 10.1[175]. Otras normas internacionales contemplan algunos aspectos de la identidad personal, como el artículo 3[176] de la Declaración Internacional sobre los Datos Genéticos Humanos de la UNESCO, de 2003, que define la identidad de la persona; el derecho de los niños a conservar su identidad que se recoge en el artículo 8[177] de la Conven-

174. Entre otras, Sentencia de 28 de enero de 2003, asunto 44647/98, Peck vs. Reino Unido; Sentencias de 26 de junio de 2014, asuntos 65192/11 Mennesson vs. Francia y 65941/11 Labassee vs. Francia.

175. Entre otras, Sentencias del Tribunal Supremo, Sala 1.ª, de 28 de febrero, 6 de marzo o 18 de julio de 2008.

176. Artículo 3: Identidad de la persona:

«Cada individuo posee una configuración genética característica. Sin embargo, la identidad de una persona no debería reducirse a sus rasgos genéticos, pues en ella influyen complejos factores educativos, ambientales y personales, así como los lazos afectivos, sociales, espirituales y culturales de esa persona con otros seres humanos, y conlleva además una dimensión de libertad».

177. Artículo 8:

«1. Los Estados Partes se comprometen a respetar el derecho del niño a preservar su identidad, incluidos la nacionalidad, el nombre y las relaciones familiares de conformidad con la ley sin injerencias ilícitas.

ción sobre los Derechos del Niño de Naciones Unidas de 1989; o el Convenio de Oviedo para la Protección de los Derechos Humanos y la Dignidad del Ser Humano con respecto a las aplicaciones de la Biología y la Medicina de 1997, que en su artículo 1 establece que las partes «protegerán al ser humano en su dignidad y su identidad».

Se ha afirmado que la identidad es el derecho peor protegido en el derecho internacional (Genser *et al.*, 2022), ya que la mayoría de los tratados analizados[178] se encontraría mal definida. Además, ninguno de ellos, como las observaciones generales o la jurisprudencia, contemplan los tipos de información que perturban fuertemente el sentido del yo.

Para determinar el significado y la posible construcción de la identidad, como ha señalado de Asís Roig (2022: 145-150), el discurso de los derechos de las personas con discapacidad puede ser interesante partiendo de dos dimensiones ontológicas: la condición y la situación, además de una dimensión funcional: el proyecto de vida que la define como digna. Actualmente se pone el énfasis en la situación, es decir, en las barreras, separándose de la visión tradicional más próxima a la condición (o deficiencias). Ahora bien, el derecho a la identidad obliga a prestar también atención a la condición. Así, en torno a la idea del ser humano, la dignidad y el libre desarrollo de la personalidad pivotan tres presupuestos básicos: (i) todos somos igual de importantes, (ii) la lucha contra las barreras y (iii) la atención a las situaciones de vulnerabilidad.

En la sociedad digital es complicado definir la identidad. Como advirtiera Rodotà (2018:86), «tú eres quien Google dice que eres», por lo que su construcción se sustrae cada vez más a la propia decisión y al conocimiento individual y la persona se conoce y clasifica no por sus acciones o sus propensiones, sino por los propios algoritmos, lo que aleja la identidad de algo fruto de su autonomía. De manera que en el entorno digital puede llegar a ser difícil ser uno mismo, es decir, mantener la propia identidad, lo que sin duda va a requerir que en su definición, incluso en su gestión, «se requiera la interrelación entre el Derecho, la Técnica y la Ética» (Piñar Mañas, 2018:90:100). Para este autor, la identidad hoy día se configura en torno al tratamiento de datos personales, aunque esa representación digital de las personas puede traer consigo nuevas formas de vulnerabilidad, recordando que los datos no agotan ni la identidad personal ni las cualidades de las comunidades a las que pertenecen los individuos, ya que la protección de datos implica la protección de las personas que hay tras los datos.

2. Cuando un niño sea privado ilegalmente de algunos de los elementos de su identidad o de todos ellos, los Estados Partes deberán prestar la asistencia y protección apropiadas con miras a restablecer rápidamente su identidad».

178. Ha examinado al efecto el PIDCP, la Convención sobre los Derechos de las Personas con Discapacidad, la Convención Internacional sobre la Eliminación de todas las Formas de Discriminación Racial y la Convención sobre los Derechos del Niño.

Podemos preguntarnos si, a la luz de los avances de la neurociencia, es necesario reconocer un derecho a la identidad personal o a la continuidad psicológica, al constituir nuevos retos en la alteración del yo. Así, por ejemplo, aumentos cognitivos o neuropotenciación, podrían alterar ciertos rasgos de la personalidad. Sin embargo, Salles (2014) advierte que estas alteraciones no pueden interpretarse como un cambio de identidad, ya que ello supone entenderla de forma muy limitada, como algo consistente en rasgos centrales e inamovibles, y no existe una única lectura sobre su significado. Por tanto, la discusión desde una perspectiva ética no sería tanto si los adelantos neurocientíficos van a transformar la identidad humana y personal, sino más bien si, en caso de que efectivamente ocurriese tal transformación, sería moralmente problemático y por qué, ya que podría ser más importante la mejora de la calidad de vida de las personas que su potencial para cambiar la identidad humana.

Por otro lado, hay que tener en cuenta que el cerebro no es algo fijo e inmutable como declaró Ramón y Cajal, sino que, según han venido demostrando generaciones posteriores de neurocientíficos, su estructura y funciones está en constante cambio y sufre modificaciones significativas no solo a medida que se desarrolla, sino también a lo largo de toda la vida. Es lo que se conoce como «neuroplasticidad», que expresa los cambios en la estructura y función del cerebro, puesto que éste evoluciona para responder y adaptarse al medio, por lo que se trata de una propiedad intrínseca del tejido nervioso, que ocurre en todos los niveles de organización, desde el genético hasta el conductual. «La neuroplasticidad, por lo tanto, se encuentra en la esencia de lo que nos hace humanos y de lo que nos hace diferentes a todos los demás» (Costandi, 2020: 101-107).

Ahora bien, ciertos cambios en la función cerebral causados por la neuroestimulación pueden generar alteraciones en los estados mentales críticos para la personalidad, y por lo tanto afectar a la identidad personal por el impacto en la continuidad psicológica, un requisito esencial de aquella que consiste en experimentarse a sí mismo a través del tiempo como la misma persona. Por ello Ienca & Andorno (2017) se preguntan si estos cambios de personalidad inducidos por neuroestimulación o por tecnologías de manipulación de la memoria podrían constituir en algunas circunstancias una violación de un derecho humano básico[179]. En el mismo sentido, Pérez Luño (2018) ha

179. Los autores presentan diferentes ejemplos en los que se podría alterar la continuidad psicológica de una persona:

A) Un menor que estuviese siendo tratado con estas tecnologías y que estuviese viendo su personalidad perturbada, podría ver vulnerado su derecho a la continuidad psicológica si, en tal circunstancia, sus progenitores o su representante legal se negaran a consentir la extracción del dispositivo alegando que ha reducido los síntomas de los trastornos neurológicos.

B) Fuera del ámbito clínico, en el contexto de organismos de inteligencia y militares, se ha informado de que podrían haber tenido violaciones de derechos humanos en las últimas décadas por la realización de experimentos con electrodos cerebrales u otras técnicas, incluso la implantación de falsos recuerdos o la inducción de amnesia, llevados a cabo de manera involuntaria en civiles, sin supervisión externa ni autorización.

planteado, por ejemplo, que a través de la ingeniería de cyborg y de una BCI, no solo se conecte el cerebro humano con la IA, sino también distintos cerebros humanos entre sí, posibilitándose una transferencia del pensamiento, la memoria, los deseos y las experiencias de cada sujeto a otros. De este modo, la propia personalidad humana dejaría de fundarse en una identidad peculiar e irrepetible, para proyectarse y transmitirse a un número ilimitado de sujetos.

Objeciones similares a los avances de la neurociencia por sus fuertes implicaciones en la identidad personal se exponen desde la neuroética mediante algunos ejemplos en (Villar & Muñoz, 2023). Los autores alertan sobre la capacidad de técnicas como la optogenética para producir cambios en la memoria y por tanto como una de las formas más potentes de manipular el «yo», abogando por una regulación temprana basada en neuroderechos.

El debate pues, no es baladí, ya que nos enfrenta con nuestra propia naturaleza y la idea de quiénes somos y en qué casos es o no moralmente legítima la intervención de terceros en nuestra propia configuración de la identidad; si seguimos siendo dueños para modelar nuestra plasticidad cerebral o si, por el contrario, las alteraciones en la identidad dejarán de ser la consecuencia de nuestra propia autonomía. En este sentido, Llanos Alonso (2024, 65-66) considera que, dado que la línea que separa el mundo natural-real del universo digital-artificial es cada vez más tenue, parece razonable plantearse si no tendría sentido proteger el derecho a la identidad, o la capacidad de controlar nuestra integridad física y mental, dentro de la cuarta generación de derechos, referida a «aquellos derechos y libertades protectores de la condición humana frente a los embates del transhumanismo tecnológico».

Entre las propuestas de neuroderechos, Ienca & Andorno (2017) han definido el derecho a la continuidad psicológica como aquel que busca preservar la identidad personal y la coherencia del comportamiento del individuo, protegiéndola de la modificación no consentida por parte de terceros. Así se garantiza tanto la continuidad dada por los pensamientos habituales de una persona, sus preferencias y elecciones, por medio de la protección del funcionamiento neuronal subyacente. Mientras que los derechos de la personalidad que reconocen los tratados internacionales están pensados para proteger la traducción de los estados mentales en acción, la continuidad

C) Pueden producirse casos de secuestro cerebral a través de ataques de terceros sobre la actividad cerebral de usuarios de BCI o de implantes y que accedan sin autorización y puedan modificar su actividad cerebral.

D) La publicidad neural inconsciente que realizan empresas de neuromarketing para inclinar a las personas hacia la compra de un determinado producto sin que puedan advertirlo y que ha suscitado numerosas críticas por parte de organizaciones en defensa de los consumidores.

E) Nuevas formas de lavado de cerebro utilizando estimulación transcraneal para modular las regiones del cerebro responsables de los prejuicios sociales y las creencias políticas y religiosas, por lo que pueden ser utilizada para desencadenar un amplio espectro de alteraciones de las actitudes y creencias de una persona.

psicológica garantizaría la protección del funcionamiento neuronal en origen, no se trataría de una alteración de los estados mentales en acción sino de los propios procesos mentales. Por ello es preciso preservar la continuidad de la vida mental de una persona de ciertas alteraciones o intervenciones que alteren el funcionamiento neural. La continuidad psicológica, por tanto, hace hincapié en el sentido del yo.

Por su parte, ANDORNO (2023) considera que las leyes deben garantizar que la identidad personal no se altere intencionadamente por terceros a través de neurodispositivos sin el consentimiento libre e informado de la persona interesada, propugnando en consecuencia el derecho a la identidad personal como uno de los principios de actuación de las políticas públicas (Principio 5), si bien en el caso de ciertos tratamientos de enfermedades mentales, en la medida en que estuviese debidamente regulado, podría admitirse la utilización de terapias que de algún modo alteren la personalidad o el recuerdo de eventos del pasado.

Un enfoque diferente lo encontramos en YUSTE & GOERING (2017), que destacan la identidad como una de las prioridades éticas en relación con las neurotecnologías que afectaría a la capacidad de controlar nuestra propia integridad física y mental (YUSTE, *et al.*, 2021), esto es, en autopercibirse, por lo que habría que establecer limitaciones para que tecnologías externas no alteren el concepto de sí mismo o de la conciencia de una persona. En el mismo sentido, otros autores como WALKER & ROJAS (2023) defienden que la identidad propia de cada individuo debe quedar delimitada, sin que pueda sufrir atisbo alguno de alteración. En consecuencia, cualquier tecnología que se implemente deberá protegerla, de modo que los usos que impliquen posibles afectaciones habrán de ser informados y aclarados en cuanto a sus consecuencias, de la forma más precisa y transparente posible, debiendo prevalecer y mantenerse el valor de la autonomía personal.

Por su parte, GOERING *et al.* (2021), relacionan la identidad personal con la agencia considerando que se encuentran estrechamente conectadas. Si la identidad tiene que ver con la idea del «yo», la agencia sería la capacidad del individuo para adoptar decisiones a través de la acción. Aunque las neurotecnologías pueden contribuir a hacer posible la identidad y la agencia, también verse en peligro por ciertos usos de estas. A diferencia de otras formas de intervención que pueden favorecer o manipular las características humanas, posibilitan la intervención en el usuario sin que éste sea consciente de ello, al tener la capacidad de crear alteraciones no deseadas de la identidad. Por tanto, urge una regulación en este sentido. En el trabajo abordan toda una serie de supuestos de riesgo tanto en contextos médicos como no médicos[180], que van más allá de la prestación del consentimiento informado

180. Por ejemplo, neurotecnologías diseñadas para alterar el funcionamiento psicológico, intervenciones neurales, dispositivos diseñados para alterar la memoria en el tratamiento del trastorno de estrés postraumático, u otros dispositivos neuronales que «leen» del cerebro

y de la comprensión del riesgo individual, planteando un desafío a los tradicionales conceptos de ética y derecho que toman como unidad básica a un individuo claramente delimitado.

Pero también han surgido voces críticas, sobre todo en relación con la propuesta de Yuste y Goering (2017). Por ejemplo, Borbón & Borbón (2021), consideran que defender el derecho a la identidad personal supone una antinomia problemática respecto de otra de sus propuestas, concretamente el derecho a un acceso equitativo a la mejora cognitiva, puesto que parecen afirmar como inevitable el uso de neurotecnología con fines de mejora, de ahí que resulte necesario evaluar aquellas intervenciones cerebrales que pongan en peligro la identidad personal. Sin embargo, dependiendo de la definición que se otorgue a la identidad, prohibir que la tecnología altere estos rasgos personales podría implicar prohibir las neurotecnologías en general. Porque hoy día, uno de los grandes retos es precisamente el de trazar los límites en la definición de identidad personal y su alteración, del mismo modo que a priori no resulta sencillo determinar si las neurotecnologías podrían amenazar el sentido del yo para entonces regularlas.

En términos similares, Bublitz (2022), se pregunta por el significado del derecho a la identidad personal en este contexto, ya que debates anteriores en el ámbito de la bioética han demostrado su ambigüedad. En su opinión, las cuestiones sustanciales que no se abordan afectarían más bien a si cabe establecer límites entre humanos y máquinas, quién puede traspasarlos, o si puede el derecho prohibir mezclarse con tecnologías digitales.

En cuanto a la relación de la identidad o la continuidad psicológica con otros derechos, por lo que hemos visto hasta el momento, considerada como la capacidad para autodeterminarse, o como el libre desarrollo de la personalidad, estaría estrechamente relacionada con el resto de derechos sin los cuales no sería posible: privacidad, libertad de pensamiento, integridad psíquica, o libertad de actuación. Como ha señalado Ienca (2021), la continuidad psicológica presenta afinidades con la libertad cognitiva y la libertad de pensamiento, de las que podría ser un subtipo. Por el contrario, para Yuste y Goering (2017), se trata de un derecho estrechamente relacionado con la integridad mental, de hecho puede superponerse con él. Ambos protegen a las personas de alteraciones abusivas y no consentidas de su dimensión mental. No obstante, difieren en la medida en que el derecho a la continuidad psicológica podría aplicarse a escenarios emergentes que no involucren directamente daño neuronal o mental, ya que la presencia de éste sería una condición necesaria para que la acción se considere una vulneración del derecho a la integridad mental.

y ayudan a controlar periféricos externos proporcionando un enlace entre ambos, permitiendo una especie de extensión del yo. Incluso las BCI que pueden ampliar las capacidades cognitivas y sensoriales de un individuo más allá de su cerebro individual, afectando a la individualidad de la experiencia.

Entre las implicaciones en las que estaría en juego este derecho serían, por ejemplo, algunas prácticas de neuromarketing, que buscan provocar determinadas respuestas, o nuevas formas de manipulación cerebral capaces de alterar las regiones del cerebro responsables de los prejuicios sociales o las creencias políticas y religiosas, con los evidentes riesgos que ello conlleva. Para WAJNERMAN PAZ (2021), la identidad está estrechamente relacionada con la privacidad mental, entendida como la base psicológica de la privacidad, y que subyace en la construcción de nuestra identidad relacional. Por lo tanto, ésta puede convertirse en una preocupación que debería abordarse no sólo en relación con las neurotecnologías de escritura mental, sino también con la lectura neurotecnológica de la mente.

Finalmente, en cuanto a la existencia de límites, IENCA & ANDORNO (2017), consideran que algunas de las técnicas descritas, y que podrían alterar la identidad, serían tolerables: por ejemplo, en el caso de los delincuentes violentos persistentes, aunque se deben extremar las precauciones con este tipo de prácticas, además del necesario debate público antes de autorizar tales intrusiones intencionales en la personalidad.

Concluyendo este apartado, podemos afirmar que, pese a que parece haber una cierta consistencia doctrinal en torno a neuroderechos como la libertad cognitiva, la privacidad mental y la integridad mental, lo cierto es que, como hemos comprobado, entre las propuestas existen diferencias sustanciales y distintas percepciones respecto de su contenido, ámbito de aplicación, o límites que se acentúan aún más en el caso de la identidad personal.

2.3. Derechos derivados de la promoción de requisitos socioeconómicos

Las propuestas de neuroderechos que se han abordado en el apartado anterior son formulaciones que limitan o prohíben causar algún tipo de daño o intervención no consentida. Sin embargo, también se han realizado otras más en la línea de derechos de carácter prestacional o en relación con la igualdad de oportunidades, que pasamos a abordar a continuación. Son derechos relacionados con la promoción de requisitos socioeconómicos y que, como ha destacado IENCA (2021), serían instrumentalmente necesarios para la realización de los anteriores.

2.3.1. Acceso equitativo a tecnologías de aumento cognitivo

Como vimos en el Capítulo primero, el desarrollo tecnológico que ha potenciado la neurociencia está teniendo toda una serie de aplicaciones que posibilitan a personas con diferentes limitaciones físicas, por ejemplo, controlar el sistema motor y conseguir grados de autonomía personal hasta ahora impensables, como moverse portando un exoesqueleto[181], alcanzar objetos, incluso comunicarse con terceros a través del pensamiento. Las investigaciones de la neurociencia pretenden encontrar asimismo solución a enfermedades neurodegenerativas, o depresiones severas. Todo ello resulta loable desde la perspectiva de los derechos humanos, puesto que «toda persona tiene derecho a participar en el progreso científico y en los beneficios que de él resulten» como se recoge expresamente en el artículo 27 de la DUDH. Al mismo tiempo, otra línea de desarrollo tecnológico, según vimos, se enfoca en el desarrollo de BCI con diferentes finalidades: entretenimiento, control, reconocimiento de identidad, o mejoramiento cognitivo. La industria está invirtiendo cantidades millonarias para diseñar, cada vez más, nuevos dispositivos dirigidos a los consumidores con fines de mejora de forma explícita (GOERING *et al.*, 2021). Obviamente, se trata de enfoques muy diferentes que adelantan ya un debate ético en torno a los límites de utilizar estas tecnologías más allá del campo de la recuperación física o psíquica, esto es, en personas que carecen de limitaciones, puesto que la línea que separa la mejora del tratamiento puede ser casi imperceptible en función del propio contexto social y cultural.

Aunque las advertencias sobre los riesgos éticos de la mejora cognitiva comenzaron con la utilización de ciertos fármacos para incrementar el aprendizaje, la memoria y la concentración, en los últimos años han cobrado más atención las consecuencias de técnicas como la neuroestimulación, a lo que se suman los avances en robótica, IA, y desarrollo de BCI que nos obligan a pensar si no estamos ya en la antesala de una nueva concepción de lo que somos, en esa hibridación del ser humano con la tecnología.

Por ello, YUSTE Y GOERING (2017) señalan como otra de las preocupaciones éticas en este sentido las mejoras que permitan «a las personas ampliar radicalmente su resistencia o sus capacidades sensoriales o mentales». Exponen que debido a la presión que experimentamos con frecuencia en torno a los prejuicios sobre si nuestros cuerpos o cerebros funcionan de manera diferente a la mayoría, el acceso a estas mejoras podría incrementar tales estereotipos, y con ello plantear problemas de acceso equitativo y nuevas formas de discriminación. Por ello propugnan que se establezcan directrices tanto a nivel internacional como nacional para poner límites a las neurotecnologías, así como a los contextos en los que se podrían usar. Esta preocupación ética se ha concretado más adelante por la Fundación Neurorights, que dirige Yuste, en «el derecho a la igualdad de acceso a la mejora mental con directrices basadas en el principio de justicia para garantizar la igualdad de acceso a todos los ciudadanos» [182] .

181. Disponible en: https://www.xataka.com/medicina-y-salud/exoesqueleto-robotico-controlado-mente-permite-moverse-a-joven-frances-cuatro-anos

182. Disponible en: https://neurorightsfoundation.org/mission

No obstante, más que limitar los usos de estas tecnologías, el planteamiento principal parece más bien ir en la línea de asegurar que las ventajas que proporcionen se distribuyan equitativamente. Así lo expresan YUSTE *et al.* (2021: 160-161) al afirmar que este neuroderecho supondría «la capacidad de garantizar que los beneficios de las mejoras en la capacidad mental y sensorial a través de la neurotecnología se distribuyan de manera justa en la población». Ello se justifica por el hecho de que técnicas relacionadas con la posibilidad de ampliar radicalmente la resistencia o las capacidades sensoriales o mentales, pueden acabar ampliando las desigualdades, incluso generando nuevas formas de discriminación. Al mismo tiempo, estas tecnologías podrán aplicarse con fines bélicos, implementando mejoras en los soldados y agentes, debiendo regularse estrictamente su aplicación tanto en el derecho internacional como por parte de los propios países, definiéndose claramente los contextos en los que se pueden usar. Un esfuerzo normativo que ha de someterse a un amplio debate en el que se tenga en cuenta que «una prohibición absoluta de ciertas tecnologías podría empujarlas a la clandestinidad por lo que el uso de tecnología neuronal con fines militares debería estar estrictamente regulado». En tal sentido, ANDORNO (2023:29-31) advierte a los Estados sobre la especial cautela a la hora de regular el uso de dispositivos neurotecnológicos o farmacológicos de potenciamiento de las capacidades cognitivas en personas sanas (Principio 8), ya que podría generar una ventaja injusta de las neuropotenciadas sobre el resto, en diversos ámbitos de la vida social. No obstante, en el campo de la salud sí debería promoverse este derecho de acceso equitativo a los beneficios de las neurotecnologías en el ámbito terapéutico, máxime teniendo en cuenta su alto coste. Sobre todo en aquellos países en los que no existe una asistencia sanitaria universal, estos avances corren el riesgo de crear una brecha aún más grande en materia sanitaria entre la población.

GOERING *et al.* (2021) coinciden en que las neurotecnologías podrían exacerbar las brechas actuales de desigualdad, ya que son las personas con ingresos más altos (refiriéndose al contexto estadounidense) las que están comprando este tipo de dispositivos. No obstante, señalan, se podría alegar que lo mismo ocurre con otro tipo de mejoras no neurológicas —por ejemplo, quienes tienen mayores recursos disponen de una mejor educación—, por lo que la distribución equitativa y justa de estas técnicas todavía representa una preocupación potencial. Además, al contrario que las tecnologías implantadas que requieren cirugía y son más costosas, aquellas no implantadas que utilizan hardware relativamente simple pueden ser económicas y fácilmente disponibles.

El debate sobre la mejora cognitiva, a fin de cuentas, enfrenta a bioconservadores con transhumanistas. Las advertencias de RODOTÀ (2018) son claras a este respecto: «el proyecto transhumanista termina por encarnar la lógica de una competitividad sin límites, de la cual cada uno está llamado a ser protagonista. Si sucumbe, es solo porque no ha sido capaz de aprovechar las oportunidades ofrecidas por la tecnociencia. La nueva revolución desvela así un alma antigua y muestra inquietantes continuidades con la lógica de un mercado competitivo incontrolado». Y es que estamos ante perspectivas muy distintas, puesto que los transhumanistas defienden que solo somos solo materia y conexiones neuronales, es decir, «somos nuestro cerebro». Y es esta la perspectiva desde la que se propugna el neuroderecho que implícitamente parte de la base de que estas técnicas no deberían estar prohibidas. Sin embargo, un punto de vista acertado sobre cómo abordar los desafíos éticos que presenta la fusión entre los seres humanos y las máquinas, como señala de Asís Roig (2019), es prestar especial atención a la discusión entre terapia y mejora utilizando la perspectiva de la discapacidad. Aunque no es fácil discernir cuándo estaríamos ante una u otra, y sobre todo cuándo las mejoras son aceptables desde el punto de vista ético, una aproximación basada en derechos llamaría la atención sobre la cuestión de las barreras sociales y la discriminación. Afrontar los retos éticos debe hacerse en todo caso desde el marco de los derechos humanos, algo que nos compete a todos, puesto que el enfoque de derechos no está reñido con el avance tecnológico.

Las críticas más sólidas al reconocimiento de este derecho están relacionadas con la idea de que su formulación parece asumir el neuromejoramiento como algo inevitable, una cuestión que, como decimos, está lejos de encontrarse resuelta. Para Borbón & Borbón (2021) crear un nuevo derecho que promueva el acceso a las tecnologías de mejora, podría acarrear diferentes problemas. Por un lado, si empieza a asumirse la posibilidad de alterar la naturaleza humana creando nuevos estándares sociales, laborales o académicos, aquellos que no deseen mejorarse se sentirían presionados al no soportar ser tratados como inferiores en estos campos, en comparación con sus pares mejorados[183]. Por otra parte, si no se limita adecuadamente, ello podría implicar que el Estado deba asumir una nueva carga financiera para proveer y subvencionar este tipo de tecnologías. Teniendo en cuenta que la mayoría de los sistemas públicos de salud financian exclusivamente intervenciones terapéuticas, el Estado no debería asumir este compromiso añadido que no sirve a los intereses de la salud pública y no se prescribe médicamente. En países en vías de desarrollo, como los latinoamericanos, este derecho carecería de sentido puesto que en algunos de ellos ni siquiera se puede proporcionar acceso a las necesidades más básicas, por lo que las brechas entre países desarrollados y en vías de desarrollo se ampliarán, aumentando las asimetrías de poder. Rechazan, en consecuencia, incorporar como nuevo derecho humano una mera facultad subjetiva para reclamar el aumento mental. Ahora bien, en estos momentos se debe reflexionar sobre la manera de crear políticas de acceso al neuromejoramiento inclusivas y respetuosas con la diversidad dentro de las comunidades y entre ellas, inves-

183. En la novela de Kazuo Ishiguro «Klara y el Sol» se aborda precisamente desde la ficción esta cuestión.

tigando sobre sus posibles beneficios (Muñoz & Borbón, 2023), puesto que si no se regula, se corre el riesgo de que los países sigan caminos independientes y se agraven las ya inmensas desigualdades. En cuanto a las empresas, deben elevar sus estándares éticos y de seguridad aconsejando en este sentido seguir los principios rectores de las Naciones Unidas sobre empresas y derechos humanos, así como una gestión proactiva de los riesgos reales y potenciales de las aplicaciones neurotecnológicas. En cualquier caso, sería preciso antes de nada alcanzar un consenso conceptual entre disciplinas y culturas sobre el significado del neuromejoramiento.

Aunque Bublitz (2022) ha considerado que la propuesta de un derecho a la igualdad de acceso al aumento mental sería interesante, señala que ya existe una regulación en el derecho internacional referida al método más frecuente de mejoramiento mental, que son los fármacos, por lo que la demanda estaría cumplida. Consideramos, no obstante, que existe una clara diferencia entre la operativa de un fármaco neuropotenciador y una neurotecnología, por la capacidad de esta última de extraer y manipular la información neuronal, de hecho, como se ha estudiado en este trabajo, la mayoría de informes que las definen no incluyen dichos fármacos. Ahora bien, se trata de otro debate abierto. En realidad, como expresa Bublitz (2022), el verdadero problema real consiste en saber si esas regulaciones deberían reformarse. Coincide con los autores antes referenciados en que el debate sobre la mejora está lejos de haber alcanzado un consenso internacional, existiendo una heterogeneidad de puntos de vista en función del contexto social y cultural, por lo que la propuesta de derecho humano internacional no sería adecuada.

En su relación con otros derechos, también se ha destacado la contradicción que supone que el uso de estas neurotecnologías de mejora pueda repercutir en el neuroderecho a la identidad personal, alterando los aspectos característicos que definen la identidad del individuo, es decir, su personalidad (Salles, 2014).

En conclusión, la propuesta dista mucho de poder considerarse como un nuevo derecho humano, partiendo ya de sus mismos presupuestos teóricos, al no existir un acuerdo tanto en su conceptualización, su diferencia con la recuperación, o con aquellas mejoras que sí se considerarían éticas. Finalmente, cabe añadir que otros instrumentos tecnológicos que ya venimos utilizando, tales como teléfonos móviles, acceso a internet, ordenadores portátiles, sistemas de IA generativos, etc., ya sirven para incrementar nuestras capacidades cognitivas. En la actualidad nos enfrentamos a desigualdades manifiestas con respecto de aquellas personas que viviendo en países menos desarrollados no tienen acceso a estas tecnologías, de manera que, tratándose de derechos humanos universales, la desigualdad sigue siendo un problema antiguo que hasta el momento no ha hecho más que exacerbarse. Sin resolver esta cuestión de base, mal se puede pensar en un derecho de acceso igualitario como el que describimos, que podría responder en este caso a un supuesto de inflación del principio de igualdad y no discriminación.

2.3.2. Protección frente a la discriminación algorítmica en el uso de neurotecnologías

La prohibición de discriminación se encuentra extensamente regulada en el derecho internacional y europeo, así como de manera específica en diferentes documentos que se dirigen a la tutela antidiscriminatoria de ciertos colectivos vulnerables o de las mujeres. Aunque ninguno de estos textos menciona expresamente la ocasionada mediante el uso de tecnologías, a lo largo de los últimos años se han ido aprobado otros que, en forma de principios éticos o recomendaciones, pretenden orientar la actuación de los poderes públicos y privados a la hora de abordar las discriminaciones que puedan producirse en el empleo de neurotecnologías asistidas por IA[184]. Hasta que entre en vigor el Reglamento europeo de IA, no existe en la actualidad ninguna norma vinculante que recoja expresamente esta cuestión. El Reglamento, en su versión definitiva conocida en diciembre de 2023, recoge «merced a las enmiendas introducidas por el Parlamento Europeo (...) una serie de principios generales aplicables a todos los sistemas de IA y a los modelos fundacionales con el objetivo de promover un enfoque europeo coherente centrado en el ser humano con respecto a una inteligencia artificial ética y fiable, que esté plenamente en consonancia con la Carta, así como con los

---

184. En el Capítulo II abordamos las siguientes:

La Recomendación sobre Innovación Responsable en Neurotecnologías de la OCDE, entre sus directrices a los Estados establece: «d) promover políticas para evitar que los datos personales sobre el cerebro se utilicen para discriminar o excluir indebidamente a determinadas personas o poblaciones, en particular con fines comerciales, en el marco de procesos judiciales o en el ámbito del empleo o los seguros».

En Naciones Unidas, el Comité de Bioética de la UNESCO, informes preliminar, de septiembre de 2020, y definitivo, de 15 de diciembre de 2021, sobre «Cuestiones éticas de la neurotecnología» sugieren a los Estados la conveniencia de positivizar y garantizar neuroderechos como la protección frente a los sesgos y la discriminación, a fin de que la ciudadanía pueda reclamar su respeto, al tiempo que instan al desarrollo de regulaciones respecto de la producción y el uso de estas tecnologías; asimismo se dirigen a la industria, para que realice una innovación responsable, con el desarrollo transparente de algoritmos que eviten la discriminación, y «productos no sexistas que garanticen enfoques inclusivos».

Por su parte, la OEA, en su Declaración de Principios Interamericanos en materia de Neurociencias, Neurotecnologías y Derechos Humanos, incorpora entre los mismos el de «igualdad, no discriminación y acceso equitativo a las neurotecnologías» (Principio n.° 5) para orientar en la protección frente a la discriminación por parte de algoritmos vinculados a los sistemas de IA que utilizan las interfaces neurotecnológicas, haciendo hincapié en la tutela del principio respecto de grupos especialmente vulnerables, como los menores de edad.

En el plano europeo, el Borrador del Convenio sobre Inteligencia Artificial, Derechos Humanos, Democracia y Estado de Derecho del Consejo de Europa, de 18 de diciembre de 2023, contempla, entre los principios que deben regir las actividades dentro del ciclo de vida de los sistemas de IA, el principio de igualdad y no discriminación que obliga a que cada Parte adopte o mantenga «medidas con vistas a garantizar que las actividades relacionadas con el ciclo de vida de los sistemas de inteligencia artificial respeten la igualdad, incluida la igualdad de género, y la prohibición de la discriminación, según lo dispuesto en el derecho internacional y nacional aplicable».

valores en los que se fundamenta la Unión» (PRESNO LINERA, 2023: 102). Entre ellos encuentra el principio de «diversidad, no discriminación y equidad: los sistemas de IA se desarrollarán y utilizarán incluyendo a diversos agentes y promoviendo la igualdad de acceso, la igualdad de género y la diversidad cultural, evitando al mismo tiempo los efectos discriminatorios y los sesgos injustos prohibidos por el Derecho nacional o de la Unión». Ahora bien, lo anterior no significa que estemos desprotegidos frente a estos sesgos, puesto que, como decimos, existe todo un acervo multinivel en desarrollo del principio de igualdad y no discriminación.

Por otra parte, el examen realizado sobre las lagunas en la protección internacional de los derechos humanos en la era de la neurotecnología por GENSER *et al.*, (2022:10), afirma que «el neuroderecho a estar libre de prejuicios algorítmicos está, al menos en cierto modo, protegido por el lenguaje de los tratados y los comentarios generales que los acompañan, incluidos el PIDCP, el PIDESC, el CDPD, el CERD y el CDN». Por tanto, existen razones para sostener que no sería urgente, ni incluso necesario por el momento, reconocer un nuevo derecho a la no discriminación en relación con las neurotecnologías para hacer frente a los problemas en torno al sesgo. Del mismo modo, ANDORNO (2023:20) no cree necesario crear un derecho específico a tal fin, dado que ya existe el principio general de no discriminación, que también es aplicable a las neurotecnologías con apoyo en el informe del Consejo de Europa «Retos comunes en materia de derechos humanos que plantean las distintas aplicaciones de las neurotecnologías en el ámbito biomédico» (IENCA 2021:62).

No obstante, esta cuestión, en el contexto específico del tratamiento algorítmico de datos obtenidos por neurotecnologías, se advierte en el artículo publicado por YUSTE & GOERING (2017) como una de las preocupaciones éticas relacionada con la posibilidad de que aquellas, asistidas por algoritmos, puedan discriminar a ciertos grupos al interpretar erróneamente o de manera sesgada los datos cerebrales, puesto que «cuando las decisiones tecnológicas se basan en un conjunto limitado de conceptos y normas sistémicos, estructurales o sociales, la tecnología resultante puede privilegiar a ciertos grupos y dañar a otros». Advierten que el uso de algoritmos en la IA a menudo tiene sesgos implícitos, por lo que estas tecnologías podrían implantarlos en nuestro procesamiento cerebral sin que nos diésemos cuenta.

Como ya se expuso en el Capítulo primero, son numerosos los estudios que han puesto de manifiesto la existencia de sesgos y prejuicios en los procesos de decisión automatizada, tanto por que las personas trasladen los suyos propios, como por los datos de los que se nutren, a lo que cabe añadir, además, el riesgo de que estos sesgos refuercen los de los usuarios. Es lo que se conoce como «sesgo por automatización» (SCHEMMER *et al.*, 2022), de manera que si se permite la discriminación en sus múltiples formas a través nuevas tecnologías estaríamos retrocediendo en siglos de lucha por la igualdad y la justicia.

Yuste & Goering concretan el contenido de este derecho en que la eliminación de sesgos sea la norma en el aprendizaje automático. Al mismo tiempo abogan por que aquellas personas pertenecientes a grupos marginados participen en el diseño de algoritmos y dispositivos para garantizar que los sesgos se aborden desde las primeras etapas del desarrollo tecnológico, en una vertiente *ex ante*.

No obstante, Muñoz & Marinaro (2021) consideran que este neuroderecho podría invocarse en casos especialmente preocupantes, como los que se plantean en relación con el uso de neurotecnologías aplicadas en los sistemas penales de ciertas regiones del mundo, por ejemplo América Latina, en relación con los menores de edad. Como ya se advirtió, en algunos países la edad mínima de responsabilidad penal se fija de manera temprana, entre los 12 y 16 años, lo que rompe con el enfoque tradicional del derecho penal que se basa en el comportamiento de los adultos, y que conlleva el requisito de aceptar que el individuo es lo suficientemente maduro para decidir, cosa que no ocurre con los adolescentes, cuyos cerebros están aún en proceso de transformación y por tanto son inmaduros neurológicamente. De ahí que el empleo de estas herramientas para estimar el riesgo de reincidencia delictiva, aplicadas a grupos especialmente vulnerables, como los adolescentes, supondría una clara vulneración del «neuroderecho a la protección contra sesgos algorítmicos», en este caso por razón de la edad, que podría privar a este colectivo de oportunidades justas de reintegración y socialización. Además, este derecho debería complementarse, con vistas a garantizar su cumplimiento, con reformas en el artículo 6, apartado 3, de la Convención de Naciones Unidas sobre los Derechos del Niño, para incluir en la misma «el derecho a un desarrollo neurocognitivo saludable y a la no discriminación por sesgos algorítmicos y neurotecnológicos».

Por otra parte, Ienca *et al.* (2022) advierten un problema adicional de «neurodiscriminación», es decir, la discriminación basada en las características neuronales y/o mentales, cuando los datos cerebrales obtenidos por estas puedan revelar nuestra predisposición a padecer alguna enfermedad mental, incluso rasgos de personalidad, rendimiento cognitivo, intenciones o estados emocionales, los cuales podrían darse, por ejemplo, al contratar un producto o servicio, o en el acceso a un puesto de trabajo. Por tanto, consideran que debería prohibirse la discriminación basada en la estructura neuronal y/o el estado mental de una persona, tanto si la decisión se adopta por un algoritmo como por un ser humano. Ahora bien, ello no requeriría del reconocimiento de un nuevo derecho, puesto que la integridad mental ofrecería el sustento normativo adecuado para proteger a las personas de la neurodiscriminación (Ienca & Ignatiadis, 2020).

Para prevenir tanto la neurodiscriminación como los sesgos algorítmicos, Andorno (2023) ha propuesto la adopción de medidas en el sentido de que los Estados deberán evaluar si sus marcos legales permiten hacerles frente adecuadamente (Principio 7).

Respecto de las objeciones que se han planteado frente a este neuroderecho, Borbón & Borbón (2021) valorando inicialmente la propuesta de Yuste y Goering y sin oponerse frontalmente a su establecimiento, observan, no obstante, que deberían tenerse en cuenta algunas consideraciones. En primer lugar, en relación con la eliminación de todos los sesgos, señalan, citando el trabajo de Danks & London (2017), que algunos podrían ser beneficiosos para alcanzar diversos objetivos, destacando cómo un sesgo algorítimico puede utilizarse para mitigar el efecto de otro y contribuir a que el sistema se desarrolle conforme a las normas éticas y legales pertinentes, por lo que eliminar todos los sesgos sería una simplificación excesiva de un problema mucho más complejo. Además, garantizar que las tecnologías no introduzcan prejuicios y que los algoritmos estén menos sesgados requiere contar con el mayor número de datos posible, así como con la mayor representatividad. Por eso, una segunda cuestión, al hilo de la anterior, respecto de incluir las aportaciones de grupos de usuarios para eliminar discriminaciones con un mayor fundamento, tiene que ver con la dificultad de conseguir un conjunto de datos no sesgado, puesto que en muchas ocasiones las programaciones están protegidas por derechos de autor y patentes, siendo compleja la recopilación de datos representativos por cuestiones de privacidad. Como ya se dijo, la protección de la privacidad de los datos cerebrales tiene una contrapartida, y es que impide que puedan utilizarse para ir mejorando las programaciones algorítmicas que requieren de conjuntos de datos muy extensos.

Por otra parte, Bublitz (2022) se ha preguntado por qué un derecho únicamente contra los sesgos algorítmicos en las neurotecnologías, ya que la IA plantea toda una serie de preocupaciones éticas, más allá de la discriminación. Aunque es concebible que se requiera de la cooperación internacional y de nuevos instrumentos legales para establecer los límites entre la IA y los humanos, estos problemas deberían discutirse en el marco adecuado y de una forma integral, como por ejemplo en el Reglamento de IA propuesto por la Comisión Europea.

Pero la dificultad de abordar la cuestión de la discriminación algorítmica es aún mayor si se tiene en cuenta que tanto «sesgo» como «discriminación» son problemáticos, puesto que el significado de «igualdad» o «justicia» puede variar en función de los diferentes ordenamientos. De manera que dependiendo de cómo se conciban estos valores, la IA en la forma de aprendizaje automático puede introducir, mantener y agravar sesgos y por lo tanto desventajas y discriminación para individuos o grupos concretos, por ejemplo, para las personas definidas en términos de raza o género. Y es que «el problema no es la IA, sino lo que denominaríamos "capitalismo de IA"» (Coeckelbergh, Mark, 2023:66), ya que estas tecnologías interactúan y apoyan las estructuras jerárquicas existentes en la sociedad y las concepciones e ideologías problemáticas que las alimentan. Por ello, como nos dice el autor, para entender los conceptos normativos en torno al sesgo deberíamos preguntarnos por la igualdad o la justicia con el fin de conformar las respuestas a las preguntas respecto de los casos en los que está implicada la IA.

En primer lugar, porque existen diferentes justificaciones a favor de por qué la IA puede amenazar la igualdad, entendida en términos de oportunidades. Sobre la igualdad se manejan dos concepciones: la primera, para el pensamiento filosófico liberal, individualista, universalista, formal, la igualdad de oportunidades significa otorgar el mismo trato sin importar origen, género, origen etnia... Conforme a esta concepción, el algoritmo debería ser ciego frente a tales características[185]. Sin embargo, desde una concepción material de la igualdad, se exigiría prestar una mayor atención a la discriminación en las vidas concretas de los desafortunados, así como al trasfondo histórico de la misma, de manera que una igualdad real significaría crear las condiciones para que estas personas menos favorecidas tengan unas oportunidades idénticas para conseguir la educación deseada y la experiencia laboral que les permita competir en verdadera igualdad. Si esto no ocurre, el algoritmo discriminará contra ellas y su decisión estará sesgada.

En cuanto a la crítica al sesgo, con apoyo en la idea de justicia, el autor diferencia, al igual que ha hecho con la igualdad, entre distintas concepciones: una justicia igualitaria, que tomaría una decisión aplicando criterios irrelevantes para el caso particular, por ejemplo la educación, experiencia laboral y código postal; una justicia redistributiva, entendida como una cuestión de equidad, por ejemplo, que en ese barrio las personas no han tenido las mismas oportunidades para obtener una educación y una experiencia laboral; una justicia suficitaria, que todos tengan un mínimo de un bien particular; o una justicia en su concepción prioritarista, que otorgue ventajas a los más desfavorecidos sin importar otros criterios. «El problema del algoritmo sesgado (...) no reside en que su recomendación refleje una distribución desigual de los recursos de la sociedad, o una sociedad en la que algunas personas caigan por debajo del umbral mínimo, sino que refleja y revela una sociedad en la que no hay igualdad de oportunidades y en la que las desigualdades no maximizan la posición de los peor parados» (COECKELBERGH, 2023:63).

Por lo tanto, como apunta el autor, si bien queda mucho recorrido para implementar valores políticos y éticos desde el diseño y eliminar el sesgo, sobre todo cuando no hay referencias explícitas a criterios como género, raza, etc., en los datos de entrenamiento, el «tratamiento igualitario por diseño» en forma de discriminación positiva podría ayudar a identificar, medir y mejorar la equidad cuando se usan algoritmos de IA, de manera que los resultados no sean independientes de variables como el género o la etnia, sino por el contrario, que se cree un sesgo positivo hacia una o más de éstas corrigiendo así

185. El autor pone el ejemplo de que, en una selección de puestos de trabajo, la decisión automatizada se quedaría solo con la educación y la experiencia recibidas. Pero lo más probable es que en dicha selección «neutra» acabarían accediendo al trabajo aquellas personas que han tenido mayores oportunidades de recibir una buena formación.

la injusticia histórica. El debate sin resolver sigue siendo por tanto si debemos avanzar hacia principios universalistas de justicia en la programación algorítmica o, más bien, introducir sesgos respecto de grupos específicos adoptando medidas de discriminación, o mejor dicho, de acción positiva a través de la tecnología, incluso si ambos argumentos se pueden implementar y qué tensiones podrían surgir (Coeckelbergh, 2023:63).

3. Las garantías de los neuroderechos

Se ha afirmado que la causa de los derechos humanos ha entrado en el siglo XXI en una nueva era, la de la aplicación (de Asís, Rafael *et al.*, 2007: 303). Ante la insuficiencia de mecanismos contenciosos eficaces, los convencionales resultan exiguos frente a las graves violaciones de derechos humanos. Por tanto, los mecanismos de garantía de los derechos humanos han evolucionado en mayor medida en los ámbitos regionales de protección, si bien estos han de servir para reforzar el sistema universal, sobre todo con el fin de perfeccionar los sistemas nacionales de garantía de los derechos humanos. Por tanto, tienen un carácter subsidiario respecto de la protección específicamente nacional.

Ahora bien, de nuevo el problema es mucho más profundo, puesto que como señala George (2006: 571-578) muchos de los derechos reconocidos en la DUDH no pueden existir «sin un orden económico internacional justo» (...) que «debe actuar como garante de cualquiera de los derechos individuales recogidos». Sin ello, es completamente imposible garantizar cualquiera de los derechos humanos. La autora destaca que el proceso de globalización neoliberal, que ha abierto una nueva era del capitalismo, está conduciendo a una mayor violación de los derechos humanos. «En el mundo de hoy, se toman muchas decisiones en instancias en que no existe la democracia. Esto es verdad en la esfera internacional, dominada por las empresas transnacionales y los mercados financieros y por instituciones como el Banco Mundial, el FMI y la Organización Mundial del comercio. Casi no hay democracia en el ámbito europeo, donde la no elegida Comisión puede hacer más o menos lo que le place. Si queremos imponer la noción de derechos humanos a las entidades que sólo están interesadas en mayor poder y en mayores beneficios, debemos ser más numerosos y unidos. Debemos formar alianzas o nos arriesgamos a no lograr nunca nuestras aspiraciones».

De manera que desde esta perspectiva más amplia, y ciertamente pesimista, no parece posible que, aun con sistemas fuertes de garantías jurisdiccionales tanto nacionales como regionales, seamos capaces de asegurar eficazmente los derechos humanos *universales* si no nos aliamos en un nuevo pacto, si no avanzamos hacia un constitucionalismo global entendido como una actualización de la universalidad de los derechos humanos (Ferrajoli, 2022), para hacer frente a un modelo de economía de mercado global donde las personas somos meros peones reemplazables. Ferrajoli advierte que con la globalización se invierte la relación entre política y economía, situándose los poderes económicos por encima de la política, siendo esta primacía hoy la más grave amenaza para el futuro de la humanidad, puesto que estos «poderes soberanos y salvajes» someten a los Estados y dictan sus propias reglas, límites y vínculos. Amenaza que está creciendo enormemente a causa «del enorme desarrollo de las tecnologías, de las que se han apoderado los grandes poderes económicos, subordinándolas a sus intereses. El resultado es un poder inmenso capaz de llevar el planeta a la ruina. El poder tecnológico, sometido a los poderes económicos —a su fin primario, que es la maximización de los beneficios a cualquier precio, sea ecológico o social, y a la obsesión liberista, difundida en la clase política, de un crecimiento infinito en un planeta finito— es, en efecto, capaz de desarrollar potencialidades destructivas ilimitadas, que solo un constitucionalismo al mismo tiempo global y de derecho privado podría neutralizar» (FERRAJOLI, 2022: 91).

Pese a todo, reconociendo que los principales problemas deberían abordarse desde esta perspectiva global, y sin considerar ahora las garantías ya previstas en los diferentes procesos de gobernanza en marcha a los que hemos prestado atención en el Capítulo segundo, una nueva vía parece abrirse camino para los desarrolladores de software y empresas tecnológicas, no solo sancionando los incumplimientos legales, sino más bien estableciendo mecanismos preventivos. Y desde este desarrollo parecen enfocarse ciertas garantías específicas de los neuroderechos, pasando estos a ocupar un segundo plano, puesto que la atención principal parece dirigirse hacia otro tipo de actuaciones.

Instrumentos como los «Principios Rectores de Empresas y Derechos Humanos» aprobados en 2011 por el Consejo de Derechos Humanos de la ONU, Resolución 17/4[186], aunque no son vinculantes, suponen una norma de

186. Los Principios Rectores de la ONU contienen tres pilares que aclaran los respectivos deberes y responsabilidades de los Estados y las empresas: proteger, respetar y remediar, con el objetivo de proporcionar un marco global para prevenir y abordar el riesgo de impactos adversos sobre los derechos humanos vinculados a la actividad empresarial, a la vez que se proporcionan herramientas a todos los actores: sociedad civil, inversores, etc., para medir los progresos de las empresas en el cumplimiento de su responsabilidad de respetar los derechos humanos. Estos deberes y obligaciones son los siguientes:

A) El deber de protección del Estado: aclara las implicaciones de las obligaciones existentes de los Estados de proteger los derechos humanos de las personas que viven en su territorio o jurisdicción contra los impactos adversos de terceros, incluidas las empresas. Para ello es necesario promulgar y aplicar políticas, leyes, reglamentos y adjudicaciones eficaces.

B) La responsabilidad de respetar: establece la responsabilidad de respetar los derechos humanos como norma mínima mundial de conducta esperada para todas las empresas, dondequiera que operen. Exige que las empresas eviten causar o contribuir a los impactos adversos sobre los derechos humanos a través de sus propias actividades. Además, las empresas deben tratar de prevenir o mitigar los impactos que estén directamente relacionados con sus operaciones, productos o servicios por sus relaciones comerciales.

C) El acceso al remedio o la reparación: insta a las empresas a facilitar el acceso a una reparación eficaz para las víctimas de abusos relacionados con las empresas. No

conducta mundial aplicable a todas las empresas, independientemente del lugar en el que operen, y adicional a la del cumplimiento de las leyes nacionales, con estándares rigurosos para la protección de los derechos humanos. Estos principios han sido la base de diversas iniciativas tanto de la OCDE o del sector privado sobre responsabilidad social y, en la actualidad, se está debatiendo la creación de un tratado vinculante sobre derechos humanos y empresas que genere obligaciones internacionales de respeto a los mismos (Tole Martínez & Rosero Huertas, 2024).

En el ámbito de la UE, el RGPD de 2016 exige a los responsables establecer las medidas necesarias desde el momento inicial en que se lleva a cabo la definición del tratamiento de datos y se determinan los medios, así como durante toda la vida del mismo, atendiendo a los riesgos para los derechos y libertades que pueda llegar a representar. Para ello, la protección de datos desde el diseño tiene una finalidad eminentemente preventiva orientada a evitar daños a las personas físicas, como también a la propia empresa de manera colateral. En el mismo sentido, la Resolución del Parlamento Europeo, de 20 de octubre de 2020, con recomendaciones destinadas a la Comisión sobre un marco de los aspectos éticos de la inteligencia artificial, la robótica y las tecnologías conexas (2020/2012(INL)), afirma que «la confianza de los ciudadanos en la inteligencia artificial solo puede basarse en un marco regulador ético por defecto y ético desde el diseño que garantice que toda inteligencia artificial puesta en funcionamiento respete plenamente los Tratados, la Carta y el Derecho derivado de la Unión; considera que tal enfoque debe estar en consonancia con el principio de precaución que guía la legislación de la Unión y debe ocupar un lugar central en cualquier marco regulador para la inteligencia artificial; pide, en este sentido, un modelo de gobernanza claro y coherente que permita a las empresas y los innovadores avanzar en el desarrollo de la inteligencia artificial, la robótica y las tecnologías conexas» (Parlamento Europeo, 2020: 5).

De manera que un primer grupo de garantías de carácter precautorio se centra en la configuración del diseño del software de los dispositivos neurotecnológicos asistidos por IA. En este sentido, Ienca & Haselager (2016) han advertido de la importancia de que se adopten salvaguardas apropiadas en las primeras etapas del diseño de las neurotecnologías que se implementarán en un futuro próximo (de 5 a 20 años), como parte de las medidas destinadas a salvaguardar la privacidad mental, incluso la seguridad pública en los casos de hackeo cerebral.

---

obstante, la responsabilidad, la reparación y los mecanismos de reclamación a menudo parecen discutirse a posteriori, haciéndose frente a ello una vez se han abordado los sistemas y procesos de en materia de derechos humanos. El Pacto Mundial de las Naciones Unidas pretende cambiar esto e insistir en que la debida diligencia y la rendición de cuentas deben ir de la mano para garantizar el respeto de los derechos humanos.

Disponible en: https://www.pactomundial.org/noticia/aplica-los-principios-rectores-de-empresas-y-dd-hh-en-tres-sencillos-pasos/#:~:text=Esto%20condujo%20a%20Naciones%20Unidas,nombre%20de%20%E2%80%9CPrincipios%20Ruggie%E2%80%9D.

Por otra parte, YUSTE & GOERING (2017) han propuesto que los dispositivos de neurotecnología tengan como opción predeterminada la de no compartir los datos neuronales, de manera que, en caso contrario, obligaría a las personas a optar explícitamente por compartir, lo que implicaría «un proceso seguro y protegido, incluyendo un procedimiento de consentimiento que especifique claramente quién utilizará los datos, con qué fines y durante cuánto tiempo». No obstante, esta opción no resulta muy convincente puesto que parte del negocio de la neurotecnología consiste precisamente en la extracción de datos para el entrenamiento algorítmico de sus aplicaciones, por lo que los usuarios interesados consentirán sin mayores reparos, al igual que ya se viene haciendo con el resto de las tecnologías digitales[187].

Más concretamente, EINHORN (2020) explica que pueden establecerse una serie de garantías desde el diseño para salvaguardar la privacidad de los datos cerebrales. Una primera técnica denominada «aprendizaje federado» permite ayudar a los investigadores a utilizar los datos cerebrales para entrenar los modelos de aprendizaje automático sin vulnerar la privacidad. A grandes rasgos, esto significa que el dispositivo que recoge la actividad cerebral no permite que los datos salgan de la unidad, compartiendo únicamente el resultado del aprendizaje. El procedimiento habitual en estos procesos supone recopilar datos a partir de numerosas fuentes, y estos a su vez se agrupan en una base centralizada que los desarrolladores utilizan como conjunto de datos de entrenamiento para su modelo de aprendizaje automático. Esto resulta especialmente problemático porque puede exponer identidades personales o vulnerar información sensible al dar pleno acceso a los desarrolladores para analizar y compartir esos datos, sobre todo los que operan en circunstancias menos reguladas como podrían ser los dispositivos para consumo. Por el contrario, el aprendizaje federado permite que esos mismos datos de usuario entrenen el modelo predictivo, al tiempo que los datos permanecen únicamente en el dispositivo individual. Así, el desarrollador se beneficia del modelo predictivo actualizado, pero sin tener acceso a los datos en sí.

187. En este sentido es oportuno mencionar que recientemente, la Agencia Española de Protección de Datos (AEPD) ha ordenado una medida cautelar contra la empresa Tools for Humanity Corporation para que cese en la recogida y tratamiento de datos personales que está realizando en España en el marco de su proyecto Worldcoin, y proceda a bloquear los ya recopilados. La empresa llevaba varias semanas ofertando el escaneo del iris de personas a cambio de unas criptomonedas emitidas por ella misma. Esta decisión de la AEPD ha sido ratificada por la Audiencia Nacional, Sala de lo Contencioso-administrativo, Sección1ª, Auto 241/2024 de 11 de marzo de 2024, Rec. 274/2024, donde la Sala antepone el interés público frente al económico de la recurrente, con base en la afectación a numerosas personas, incluidos menores, y sin que constase acreditado el consentimiento y la información proporcionada acerca de dicho tratamiento.

Disponible en: https://diariolaley.laleynext.es/dll/2024/03/07/la-aepd-ordena-el-cese-cautelar-del-escaneo-de-iris-realizado-por-worldcoin#:~:text=La%20Agencia%20Espa%C3%B1ola%20de%20Protecci%C3%B3n,a%20bloquear%20los%20ya%20recopilados.

Una segunda técnica, la «privacidad diferencial» (Einhorn, 2020), consiste en etiquetar los datos cerebrales en función del grado de privacidad o nivel de sensibilidad, lo que podría ser muy útil para establecer un nivel garantizado de protección de la privacidad de los datos cerebrales de cada persona en el conjunto de datos. Se trata de un modelo matemático que presenta estadísticas resumidas, etiquetadas conforme al sistema de privacidad diferencial en información sobre los datos, y que no los comparte abiertamente, lo que asegura que cuando se realiza un análisis, el resultado no revele información sobre ninguna persona específica. Este sistema permite la consulta estadística de los datos al tiempo que evita la divulgación de las identidades asociadas a conjuntos de datos específicos. Los criterios de privacidad diferenciales pueden ser más o menos rigurosos, sin embargo, el problema que plantea es que para garantizar un nivel de seguridad alto se necesita introducir una gran cantidad de ruido en los datos, lo que hace que el resultado del análisis sea mucho menos preciso. En esta misma línea Yuste (2023:6) expone una tercera técnica que se utiliza para proteger la privacidad, similar a las descritas anteriormente, conocida como el «cifrado de datos», de manera que algoritmos criptográficos, como el cifrado homomórfico de última generación, convierten los datos en texto cifrado o encriptado que garantiza la protección de los neurodatos, al mismo tiempo que permite analizarlos como si conservasen su forma original. Ello previo consentimiento del usuario para que tuviera lugar cualquier descodificación. Se trata de algo similar a la propuesta de introducir ruido en los datos para impedir su desanonimización (Kearns & Roth, 2019).

Finalmente, con apoyo en el derecho vinculante de la Unión, Beltrán Heredia (2023: 164-165) aboga por detener el flujo extractivo de datos, de manera que los dispositivos que los captan y procesan deberían obedecer a la lógica de bucle cerrado por defecto, salvo circunstancias debidamente justificadas[188], por lo que estas directrices deberían extenderse de forma inmediata.

188. Concretamente pone como ejemplo «el Reglamento (UE) 2019/2144 del Parlamento Europeo y del Consejo de 27 de noviembre de 2019, *relativo a los requisitos de homologación de tipo de los vehículos de motor y de sus remolques, así como de los sistemas componentes y unidades técnicas independientes destinados a esos vehículos, en lo que respecta a su seguridad general. Y a la protección de los ocupantes de los vehículos y de los usuarios vulnerables de la vida pública»*. En concreto, se exige (art. 6.3 y 4.i) que los vehículos instalen sistemas avanzados de seguridad y registradores de datos. A su vez, también se obliga a que dichos dispositivos se adecuen a las disposiciones del RGPD y específicamente, que *«cualquiera de estos sistemas de seguridad debe funcionar sin utilizar ningún tipo de información biométrica sobre conductores o pasajeros, incluidos de reconocimiento facial»*. Asimismo, también se obliga que los registradores de datos de incidencias funcionen *«en un sistema de bucle cerrado en el que los datos almacenados se reescriban y que no permitan identificar al vehículo ni al titular de los datos»*. Añadiéndose, además que *«los sistemas de advertencia de somnolencia y de pérdida de atención del conductor o los sistemas avanzados de advertencia de distracciones del conductor no deben registrar ni conservar de manera continuada ningún dato que no sea necesario para los fines para los que los datos fueron recogidos, o tratados de otro modo, dentro del sistema de bucle cerrado»*. De forma explícita (art. 6.5) se establece que *«un registrador de datos de incidencias no podrá grabar y almacenar los cuatro últimos*

En resumen, estos mandatos desde el diseño y con carácter preventivo, han de ser la regla a la hora de introducir en el mercado cualquier tipo de neurotecnología, de manera que pueda garantizarse debidamente, ya desde el inicio del ciclo de vida del dispositivo, la privacidad y seguridad de las personas más allá del mero consentimiento individual, que resulta claramente insuficiente.

Una segunda garantía específica, dirigida también a las empresas de neurotecnología es el denominado «juramento tecnocrático», una especie de código ético, similar al juramento hipocrático que vincula moralmente a los profesionales de la medicina, y cuyos valores fundamentales se incorporaron a los principios de beneficencia, justicia y dignidad del Informe Belmont. Esta propuesta se ha planteado desde la Fundación Neuroright, junto con la empresa española de IA Sherpa.ia, la Universidad Católica de Chile, miembros del Centro de Investigación en Complejidad Social de la Universidad del Desarrollo, y las empresas Facebook e IBM que están aplicando programas piloto para que sus empleados lo suscriban (Rius, 2021). De manera similar al juramento hipocrático, se trataría de que, mediante un compromiso personal, empresas, científicos o ingenieros que desarrollen y utilicen neurotecnología en humanos, lo asuman en conciencia para «no causar daño». Con este fin la Fundación Neuroright ha establecido siete principios básicos: no maleficencia, beneficencia, autonomía, justicia, dignidad, privacidad, y transparencia[189]. El texto que se propone es el siguiente:

> «En todos los aspectos de mi trabajo, me aseguraré de que mis conocimientos no se utilicen para dañar a las personas; me aseguraré de que mis conocimientos se utilicen en beneficio de los usuarios; buscaré el consentimiento y respetaré la voluntad de quienes han confiado en mí; maximizaré la equidad de los resultados, evitando toda discriminación o promoción injusta de ciertas personas sobre otras; me aseguraré de respetar la dignidad de los usuarios, protegiendo sus derechos humanos; no infringiré la privacidad de la información confidencial de individuos; maximizaré la

dígitos de la sección del indicador del vehículo correspondiente al número de identificación del vehículo ni ninguna otra información que pueda permitir identificar el vehículo concreto de que se trate, a su propietario o a su poseedor» (Beltrán Heredia, 2023: 164-165).

189. 1. No maleficencia, es decir, que no hay intención de generar un daño con la tecnología aplicada.

2. Beneficencia, la intención de contribuir al bien común con el trabajo realizado.

3. Autonomía, que establece que nada se puede realizar sin el consentimiento voluntario de quienes intervienen en cualquier situación dada.

4. Justicia. Busca asegurar que la aplicación de la neurotecnología genere resultados justos e imparciales, evitando por ejemplo los sesgos de los algoritmos.

5. Dignidad. Es decir, que toda las personas han de ser tratadas con respeto y velar por su integridad.

6. Privacidad, que aboga por eliminar de los datos recogidos por la tecnología toda la información sensible e identificable.

7. Transparencia, cuya finalidad es garantizar que los algoritmos utilizados sean lo más transparentes y corregibles posible.

transparencia de los algoritmos que genero y uso. Hago este juramento libremente, por mi honor, y asumo cualquier responsabilidad si tuviera que romperlo».

Como ha aclarado Yuste una entrevista, «la intención de este juramento es contribuir a las preocupaciones emergentes sobre las pautas éticas en neurotecnologías actuales y futuras; si bien no es legalmente vinculante, el peso cultural de un juramento históricamente ha llevado a prácticas responsables en las áreas donde se implementa, como el juramento hipocrático en la práctica médica» (Rius, 2021). Esta idea de incorporar un juramento para las personas que van a trabajar con diferentes neurotecnologías en entornos académicos, clínicos o industriales busca introducir un código ético y moral que tenga un efecto transformador en los que juran y al mismo tiempo inspire la práctica de la neurotecnología guiada por la ética (Álamos, *et al.* 2022).

Ahora bien, defendiendo este enfoque de código ético como parte del respeto de la vida humana desde la neurociencia, Arran (2022) advierte de que resulta más problemático de lo que parece, ya que en principio implicaría el respeto a la autonomía de las personas como agentes conscientes, cuando lo cierto es que «la ciencia reduccionista dominante y quienes la financian enmarcan a los seres humanos como reservas permanentes que deben ser explotadas de forma eficiente». Y es que de nuevo el problema se torna más profundo, puesto que el código ético a adoptar va a depender casi por completo de cómo se entienda la relación entre mente y cerebro, ya que actualmente «es la ciencia reduccionista que culmina en la mecanización de la mente por la cibernética y la ciencia de la información la que se considera la vanguardia de la ciencia y está siendo adoptada no sólo por los científicos sino también por los filósofos». A partir de ahí, el autor se pregunta si este triunfo se debe a que se trata de una investigación prometedora o si es que la ciencia se está corrompiendo por la generosísima financiación de los gobiernos y las grandes empresas. Esta segunda premisa permitiría un mayor control sobre la naturaleza y las personas «para hacer avanzar la tecnología militar y/o generar más beneficios para las corporaciones. El objetivo implícito es sustituir a los seres humanos en la medida de lo posible para reducir las bajas de guerra y los costes laborales, y controlar o eliminar a las personas que ya no tienen cabida en este nuevo mundo feliz. En la actualidad hay varios trabajos que demuestran que esto es así, y que los gobiernos obligan a los académicos a obtener su financiación de las corporaciones empresariales para asegurarse de que sólo se financia este tipo de ciencia. Si este es el caso, lo que se necesita no es sólo un código ético para la neurotecnología, sino un código ético para la propia ciencia que impida su corrupción». De manera que la propuesta de ampliar el juramento hipocrático tendría que «abarcar el imperativo kantiano de tratar a la humanidad siempre como un fin en sí mismo, nunca como un mero medio, lo que implica que la neurociencia y sus prácticas médicas asociadas deberían tener como fin el mantenimiento y el aumento de la autonomía humana» Arran (2022). Por lo tanto, parece complicado que por la vía de un juramento tecnocrático la ciencia se someta sin más, por lo que aquel podría operar como mero *make-up*, y de manera indirecta afectar negativamente al prestigioso juramento hipocrático.

Una tercera vía de garantías que ya se ha explorado en el Capítulo segundo pasaría por la regulación de las neurotecnologías o la categorización de los datos cerebrales. Sin embargo, hay propuestas teóricas que plantean el establecimiento de mecanismos de tutela judicial efectiva de los neuroderechos, adaptando las normas procesales, de manera similar al modelo del *habeas corpus* y del *habeas data*. En tal sentido, ANDORNO (2023:31) ha propuesto una serie de principios para la elaboración de políticas públicas, entre los que se encuentra el «establecimiento de mecanismos de tutela efectiva de los derechos asociados a las neurotecnologías» (Principio 10) a fin de que los Estados promuevan la creación de mecanismos procesales para la tutela de los neuroderechos, aconsejando el reconocimiento de una acción que funcionaría como una herramienta de carácter procesal y urgente destinada a hacer cumplir las garantías relativas a los neuroderechos. Si el *habeas corpus*, como fundamento del Estado de Derecho, protege a la persona de actos coercitivos en su corporeidad, y el *habeas data*, como derecho de autodeterminación informativa, ha constituido el centro de gravedad de la protección de la persona en la sociedad de la información, «el *habeas mentem* debería representar entonces el núcleo de los verdaderos neuroderechos» (STANZIONE, P, 2021). Algo así como una especie de amparo constitucional tal como recoge nuestro artículo 53.2 de la Constitución.

Finalmente, y no por ello de menor importancia, hay que hacer mención a la educación como herramienta principal no solo de garantía de los derechos humanos y fundamentales sino por su potente capacidad transformadora. La protección de los derechos no se consigue solo con normas y declaraciones, sino que es necesario que «sean parte de la formación de todos aquellos implicados en las nuevas tecnologías y también sean contenido de los programas educativos» (DE ASÍS, 2022: 150:152). Formar en nuevas tecnologías es absolutamente necesario, pero esa formación tiene que tener en cuenta los derechos humanos. Algo que no ocurre en la actualidad, puesto que no hay una programación estructurada en torno a los derechos, ni en los colegios ni en la formación del profesorado. En 2018 la Comisión Europea lanzó el Plan de Acción de Educación Digital compuesto por 3 prioridades y 11 acciones que buscan fomentar y apoyar el uso de la tecnología en educación, así como el desarrollo de la competencia digital. Sin embargo, en las once acciones no hay alusión alguna a los derechos, más allá de ciertas menciones a la discriminación por razón de género, o a temas de seguridad vinculados a la privacidad, de manera similar a lo que ocurre en nuestro país, ya que los programas que ofrecen colegios e institutos como mucho integran perspectivas relacionadas con los Objetivos de Desarrollo Sostenible. Esta carencia, se confirma en otros documentos como la Resolución del Parlamento Europeo, de 20 de octubre de 2020, con recomendaciones destinadas a la Comisión sobre un marco de los aspectos éticos de la inteligencia artificial, la robótica y las tecnologías conexas. En el apartado destinado a la educación y cultura, considerando 118, se menciona que los nuevos sistemas de IA no deben agrandar la brecha digital existente en la sociedad, «y que no se debe prescindir de las formas tradicionales de educación, al tiempo que subraya que debe proporcionarse apoyo financiero, tecnológico y educativo, incluida formación especializada en tecnologías de la información y la comunicación, a los profesores que deseen adquirir las capacidades adecuadas para adaptarse a los cambios tecnológicos y no solo aprovechar el potencial de la inteligencia artificial, sino también comprender sus limitaciones» (Parlamento Europeo, 2020:5).

También se menciona la necesidad de adquisición de competencias digitales en el borrador del Convenio de IA del Consejo de Europa. Concretamente, el artículo 21 dedicado a la «alfabetización y competencias digitales» establece la obligación a cada Parte de fomentarla y promoverla en «todos los segmentos de la población, incluidos los responsables de la identificación, evaluación, prevención y mitigación de los riesgos planteados por los sistemas de inteligencia artificial». Ahora bien, tampoco se hace mención a que la adquisición de estas competencias esté orientada desde una formación en derechos. Sin esta cultura, difícilmente seremos conscientes de los riesgos a los que nos exponemos a diario y, sobre todo, las consecuencias que de ello se derivan.

Por último, la construcción de una teoría general de los neuroderechos desde los derechos humanos nos lleva a las siguientes consideraciones. La delimitación del estado de la cuestión se encuentra en una fase inicial de la doctrina, principalmente del campo de la neurociencia o la neuroética y, en menor medida, del derecho o de la filosofía. Se requiere no solo una mayor intervención del mundo jurídico, sino que las diferentes perspectivas se imbriquen desde una dirección común que son todos aquellos valores morales que se desprenden de la dignidad y el libre desarrollo de la personalidad humana.

En las propuestas que se han analizado se observan discrepancias teóricas en todos y cada uno de los neuroderechos, si bien es cierto que las relativas a la libertad cognitiva, la privacidad mental y la integridad mental cuentan con fundamentos sólidos en cuanto a la necesidad de, al menos, un desarrollo normativo o una reinterpretación por los órganos jurisdiccionales, o tribunales constitucionales, de nuevos contenidos o facultades de derechos fundamentales ya existentes, pudiendo configurarse como derechos implícitos de estos. Por el momento, más que reconocer nuevos derechos humanos, en el sentido del derecho internacional, deberían realizarse interpretaciones evolutivas de los clásicos. Ahora bien, ello no impide que en el estado de incertidumbre en el que nos encontramos, a la vista de nuevas pruebas justificativas, se reevalúe la necesidad de un reconocimiento explícito.

Por lo que se ya ha argumentado, incluso si se llevase a efecto un futuro reconocimiento en el plano internacional, por ejemplo, en un tratado específico al igual que ya se hizo con la biotecnología, o incluso añadiendo un protocolo adicional a éste, ello no tendría que suponer una devaluación de los derechos clásicos. No es una cuestión de cantidad, sino de calidad, de que su necesidad esté bien justificada. En cuanto a los fundamentos actuales, todas las propuestas, en mayor o menor medida, se apoyan en los valores dignidad, libertad e igualdad. La más discutible en este sentido es el derecho a un acceso igualitario al aumento cognitivo, que parece ser contraria a los postulados humanistas que defendemos.

De momento estamos ante derechos más bien morales pero que requerirán de su positivación, tanto en el ordenamiento internacional como en los estatales, para adquirir la denominación de derechos humanos o fundamentales. Por ello si bien parece difícil encontrar ahora una denominación diferente a la propuesta de «neuroderechos», por su tirón mediático, no parece la más adecuada desde la perspectiva de otorgar derechos a una parte de la persona. Por ejemplo, la propuesta de «derechos del yo inconsciente, o derechos YIP» realizada por Beltrán Heredia (2023) nos resulta en todo caso más acertada.

Respecto de la configuración y delimitación de cada propuesta, continúa sin haber acuerdo entre la doctrina sobre su verdadero significado y alcance. Más factibles y concretas se presentan algunas de las garantías específicas que se han expuesto, por lo que quizá sería una buena idea comenzar la tarea legislativa por las mismas, más que centrarse en las propuestas de nuevos derechos. De manera que, tal y como hemos estudiado, la implementación debe venir en el largo plazo por la vía del derecho internacional, a través de un tratado específico de la ONU. Entre tanto, por la regulación de la IA y la protección de los neurodatos en los sistemas regionales. Y finalmente, en los propios límites constitucionales que los países deben imponer al desarrollo tecnológico, de manera que esté siempre al servicio de los seres humanos, impidiendo que pueda vulnerar la dignidad y el libre desarrollo de la personalidad, así como los derechos fundamentales que de estos principios se desprenden. Es evidente que la regulación de la neurotecnología no va a pivotar, al menos principalmente, en torno a la promoción de los neuroderechos, aunque, por otra parte, este corpus teórico tiene ya un gran valor a la hora de inspirar otros mecanismos relacionados con la gobernanza de los actores de la neurotecnología en sectores especialmente sensibles como la salud, la protección de datos, el consumo, el ámbito penal y penitenciario, el militar, el educativo o el laboral. Y asimismo a los operadores jurídicos, especialmente a los aplicadores de la norma, que contarán con ese sustento teórico a la hora de resolver los futuros casos.

IV

MENS IURA FUNDAMENTALIA. LA NEUROTECNOLOGÍA ANTE LA CONSTITUCIÓN

1. ¿Necesitamos nuevos derechos para proteger nuestra mente?

1.1. Entornos offline y online ¿Son los mismos derechos?

En la gobernanza de la digitalización, uno de los protagonistas principales son estos derechos denominados de «cuarta generación», entre los que se encontrarían los derechos en el entorno digital y los neuroderechos. Si echamos la vista atrás, a lo largo del primer cuarto del siglo veintiuno se han incorporado a nuestras vidas, en mayor o menor medida, diferentes tecnologías como la telefonía móvil, internet, las redes sociales, la IA, el metaverso, las neurotecnologías... No se puede negar, a la vista de los numerosísimos documentos que se han adoptado ya, tanto en el plano ético como normativo, la proliferación de principios y derechos que suceden a introducciones o exposiciones de motivos que contienen numerosas advertencias y retos específicos del espacio digital. Y es que las alarmas no solo han venido de la neuroética en el tema que nos atañe sino que, si ampliamos el foco, en los últimos años se han publicado trabajos importantes que nos alertan de la transformación del capitalismo en un sistema de vigilancia de los seres humanos como nueva forma de explotación económica a nivel global sin ningún control estatal o social (Zuboff, 2020). Una particularidad de esta nueva era es que el sujeto no es consciente de su sometimiento porque la eficacia del «psicopoder» radica en que el individuo se cree libre, cuando en realidad es el sistema el que está explotando su libertad, lo que nos ha conducido a una auténtica crisis de la misma (Han, 2020b). Amenaza que es extensible lógicamente a la propia democracia[190], ya que las tecnologías digitales a través de sistemas de persuasión condicionan nuestro pensamiento, nuestra conducta y se aprovechan de nuestras vulnerabilidades (WILLIAMS, 2021). Así, mientras la tecnología nos ofrece una excusa para no afrontar problemas sociales cada vez más críticos, se aplica sin embargo, la IA, para gestionar los recursos públicos de las personas más vulnerables de forma discriminatoria (EUBANKS, 2021).

De manera que la digitalización, con su carácter disruptivo, en un corto espacio de tiempo ha transformado el modo de interactuar en sociedad, de comunicarnos, de trabajar, de aprender, lo que establece una diferencia clara con otros avances tecnológicos de etapas anteriores que no provocaron efectos tan intensos sobre aquellas actividades humanas propias, como la comunicación, el pensamiento o la reflexión. Aunque en el discurso se escucha habitualmente que la tecnología es neutra, ya que depende del uso que se le dé, esta calificación solo puede afirmarse fuera del contexto en el que se ejercita. Porque su objetivo principal es el de monetizar y expropiar la experiencia humana en sus múltiples formas y desarrollos, un proceso de extracción de datos que carece de cualquier limitación constitucional (BALAGUER CALLEJÓN, 2021: 116) y que ha generado toda una serie de mecanismos perversos. Ya en 2018 un estudio alertaba de que un 48% de los jóvenes estadounidenses que pasaban más de cinco horas al día conectados al móvil había sufrido depresión, aislamiento o tendencias suicidas[191]. Por supuesto que acogemos con alegría y enorme esperanza sus beneficios para la humanidad, pero ello no es óbice para, al mismo tiempo, combatir su lado más oscuro. Porque en el entorno digital global, las industrias tecnológicas han hecho caso omiso de nuestros derechos humanos[192] actuando con total impunidad sin someterse a las reglas del Estado de derecho, de forma que aquel se ha convertido en una infraestructura de dominación mercantil que socava los valores superiores del ordenamiento jurídico que consagra nuestra Constitución, y los sustituye por principios utilitaristas como la eficacia, la utilidad y el rendimiento (BALLESTEROS, 2022).

Como reacción a este escenario, el discurso dominante de los derechos en la sociedad digital afirma que las personas tienen los mismos derechos tanto *online* como *offline*. Por ejemplo, la Carta de Derechos Digitales española

190. El ejemplo de Cambridge Annalytica es significativo puesto que los datos personales de millones de usuarios de la red social Facebook fueron usados para determinar procesos electorales. Utilizando IA se identificaron los grupos que podían cambiar su preferencia, sesgando el contenido que recibían e interfiriendo con la libre elección.

191. Disponible en: https://elpais.com/tecnologia/2018/02/09/actualidad/1518209058_401300.html

192. Por ejemplo, tecnologías de la vigilancia como los teléfonos móviles o el reconocimiento facial se han convertido en herramientas de espionaje durante más de una década, de la minoría racial uigur en Xinjiang, China, como ha investigado el profesor Darren BYLER. Disponible en: https://www.lanacion.com.ar/tecnologia/darren-byler-xinjiang-es-el-primer-gran-modelo-en-la-era-de-la-vigilancia-digital-masiva-nunca-se-ha-nid06052022/

sostiene que: «no se trata necesariamente de descubrir derechos digitales pretendiendo que sean algo distinto de los derechos fundamentales ya reconocidos, o de que las nuevas tecnologías y el ecosistema digital se erijan por definición en fuente de nuevos derechos». En otra ocasión insiste en que: «no se trata de crear nuevos derechos fundamentales sino de perfilar los más relevantes en el entorno y los espacios digitales o describir derechos instrumentales o auxiliares de los primeros». Pero lo cierto es que las vulneraciones que se produzcan, o las garantías que requieran nuestros derechos, pueden ser muy diferentes en función de los entornos *offline* u *online* en que se ejercen, puesto que cada uno tiene sus propias características.

Pero no compete ni a la tecnología ni a la ciencia otorgar nuevos derechos, sino al poder de reforma que debe reaccionar frente a una nueva realidad que impacta y transforma el funcionamiento de las relaciones sociales, políticas y económicas afectando a todos los sectores de actividad, a los derechos de la persona, al funcionamiento del mercado y al funcionamiento mismo del sistema democrático, lo que obliga a adoptar una perspectiva holística en el tratamiento de los retos que plantea la sociedad digital (DE LA QUADRA-SALCEDO FERNANDEZ DEL CASTILLO, 2018). Por ello, la supuesta equivalencia normativa en materia de derechos entre lo *offline* y lo *online,* o la ausencia de necesidad sobre incorporar nuevos derechos o reinterpretaciones de los clásicos, es cuestionada en la medida en que podría no estar ofreciéndose realmente una protección efectiva de los derechos humanos en la era digital. Por ejemplo, DROR-SHPOLIANSKY & SHANY (2021), en su evaluación sobre el paradigma de la equivalencia normativa adoptada por organismos internacionales para la aplicación *online* de los derechos humanos, son bastante críticos al respecto. Consideran, por el contrario, que es necesario describir un nuevo marco de derechos digitales, que presenta hasta tres modalidades de evolución: la reinterpretación radical de los ya existentes, el desarrollo de nuevos derechos y la introducción de nuevos titulares de derechos y deberes. Este marco, sin duda, respondería mucho mejor que el paradigma de equivalencia normativa a las características y desafíos que presenta la defensa de los derechos humanos en el ciberespacio. Así, derechos como el de acceso a Internet, el derecho a la desconexión digital, o el derecho a no ser objeto de decisiones automatizadas, aparecen como nuevos derechos prototípicos, mientras que, por ejemplo, asistimos a una nueva área en la evolución de la gobernanza tecnológica que tiene que ver con el uso de datos digitales por parte de los sectores público y privado (DOWD, 2021), y que, según DROR-SHPOLIANSKY & SHANY (2021), encajaría dentro de la clasificación de nuevos titulares de derechos y deberes.

En nuestra opinión, el comienzo del siglo veintiuno ha marcado un punto y aparte en el proceso histórico evolutivo de los derechos humanos, como parte del contexto en que el que surgen y se reinterpretan y con ellos las grandes transformaciones relacionadas con la globalización, como el incremento de poder de ciertos actores privados en la gobernanza digital, lo que obliga a pensar en la necesidad de reformular el pacto social. A estas alturas no podemos negar que los derechos subjetivos, humanos y fundamentales, son actualmente objeto de nuevos riesgos y que sus garantías, tal y como están concebidas, resultan claramente insuficientes por no adaptarse bien al espacio *online*. Manifestaciones de derechos clásicos, por ejemplo, la libertad de pensamiento, serán diferentes dependiendo del entorno en que se ejerzan. De ahí, como se viene insistiendo, la pertinencia de defender la necesidad de incorporar nuevos derechos o de reinterpretar los existentes.

Ahora bien, se debe actuar sin precipitación y, al mismo tiempo, siendo conscientes de que es necesario regular de forma armónica la digitalización, partiendo de los valores y principios que nos protegen a todos y que siempre van a ser los mismos: dignidad, igualdad, y libertad, sin olvidar aquello que diferencia sustancialmente al humano de la máquina, así como de la necesidad de que esta última y sus desarrolladores y/o propietarios se someta a los valores y principios sobre los que se sustenta el Estado de derecho.

1.2. El proceso de positivación de los derechos en el entorno digital

Otra cuestión que ha surgido al hilo del debate sobre los derechos de última generación tiene que ver con la forma de proceder a su reconocimiento. Como se ha visto de manera práctica en el Capítulo segundo de este trabajo, mientras países como Chile, Brasil o México están reformando sus Constituciones para garantizar la integridad mental de cualquier injerencia tecnológica, por el contrario, otros como España, incluso organizaciones internacionales como la Secretaría General Iberoamericana, o la UE, han aprobado cartas o declaraciones de derechos, donde se incluyen los neuroderechos, si bien se trata de instrumentos de carácter político, sin eficacia jurídica, por lo que la adhesión no genera efectos vinculantes, debiendo utilizarse más bien como un punto de referencia para los responsables de las políticas públicas, así como para la ciudadanía, las empresas y las organizaciones de la sociedad civil.

En efecto, en el debate sobre la necesidad, o no, de llevar a la Constitución los derechos digitales o los neuroderechos se han identificado, a partir de la experiencia normativa de diferentes países, dos formas de abordar el fenómeno de su regulación: o bien el reconocimiento al más alto nivel en la norma suprema, o, por el contrario, la reinterpretación y actualización de los ya existentes, es decir, la digitalización de los derechos constitucionales sobre la base de la doctrina constitucional, la jurisprudencia del Tribunal de Justicia de la UE, del TEDH, o en la legislación pertinente (Verlos, 2020).

Así, en nuestro país existen partidarios de realizar reformas en la Constitución como vía preferente para actualizarla a la era digital, incorporando esa nueva generación de derechos fundamentales, y reconocer al tiempo alguna nueva facultad a los derechos ya previstos (Barrio Andrés, 2023). Existen incluso propuestas concretas como la que realiza ÁLVAREZ ROBLES (2024) respecto del derecho de acceso a internet, abogando por una reforma constitucional con el propósito de establecer un sistema de garantías más sólido, abarcando garantías normativas, institucionales y jurisdiccionales. Abundando en esta necesidad, RALLO LOMBARTE (2020: 107) señala que el mandato del artículo 18.4 de la Constitución al legislador para reconocer y regular derechos digitales adolece de la limitación de someter a discreción legislativa su tipología y contenidos básicos, por lo que la reforma del texto constitucional sería la mejor respuesta para constitucionalizar los derechos digitales, siendo en todo caso ineludible su reconocimiento, como así hizo el legislador orgánico en la Ley Orgánica de Protección de Datos y Garantías de los Derechos Digitales de 2018, en su Título X, respondiendo al mandato constitucional vigente.

Por el contrario, otra parte de la doctrina considera que los derechos fundamentales clásicos no quedan desprotegidos frente a los problemas a que da lugar la sociedad digital, no siendo necesario reformar la Constitución para redefinir el contrato social en el entorno digital, lo que podría hacerse a través de una ley orgánica en algunos casos y una ley ordinaria en otros (DE LA SIERRA MORÓN, 2021). Ahora bien, el desarrollo y aplicación de las ciencias neurológicas y las tecnologías a ellas asociadas van a exigir a los Estados tomar postura sobre su empleo en una sociedad que siga promoviendo los valores de libertad y justicia (DE LA QUADRA-SALCEDO FERNÁNDEZ DEL CASTILLO, 2023). Por tanto, como reconoce MADRID (2021), aunque la idea de actualizar las Cartas Fundamentales en materia tecnológica no es nueva y, técnicamente, no sería estrictamente necesaria para incluir estas cuestiones, ya que los derechos suelen estar cubiertos por las garantías fundamentales —incluso aquellos implícitos que resultasen de la aplicación de los adelantos científicos y tecnológicos—, sí podría ser políticamente aconsejable para mejor salvaguarda de estos aspectos de dichas garantías.

Y es que, como decimos, aunque los derechos sigan siendo los mismos, es posible que su ejercicio en el entorno digital requiera de garantías diferentes al del físico[193]. Como sostiene BALAGUER CALLEJÓN (2021: 120), los derechos constitucionales están mediatizados por el desplazamiento de lo estatal al ámbito global y de lo público al ámbito privado, de forma que en la sociedad digital se produce una fuerte asimetría entre la vertiente institucional y la declarativa de los derechos, resultando inviable su protección constitucional

193. Así la Carta de Derechos Digitales española reconoce tres órdenes de garantías para los derechos digitales:

- mecanismos de autorregulación regulada, incentivar legalmente estándares de cumplimiento voluntario y que deben ser supervisados por una tercera parte independiente;
- garantías extrajurisdiccionales de la Administración: con dos posibilidades, crear una agencia administrativa independiente para la garantía de los derechos digitales incardinada en el poder ejecutivo como la AEPD, o incorporar esa función o distribuirla entre varias agencias como la CNMC;
- mejorar la tutela jurisdiccional, reforma leyes procesales vigentes.

cuando es el propio ciudadano quien «cede» esos derechos a grandes compañías globales que no se dejan condicionar, en términos generales, por los Estados y sus constituciones.

Consideramos que, idealmente, la incorporación de derechos en los diferentes entornos digitales en la Constitución tendría que llevarse a cabo en el marco de una reforma más profunda, a través de un nuevo pacto constitucional. Un nuevo contrato social que debe comenzar por reconocer expresamente la subjetividad jurídico-política de las mujeres así como aquellos ámbitos privado/domésticos hasta ahora ignorados por la Constitución tales como el cuidado, la conciliación corresponsable, los derechos sexuales y reproductivos, el derecho a una vida libre de violencia machista, o la participación equilibrada de mujeres y hombres en todos los espacios de la vida pública, tal y como se ha reivindicado desde la Red Feminista de Derecho Constitucional[194]. Además, para avanzar hacia un constitucionalismo supranacional como sería la integración europea BALAGUER CALLEJÓN (2021:169-174) propone diseñar nuevas estrategias, que permitan una actuación como agente global capaz de limitar a los grandes poderes privados «para controlar el poder allí donde está actualmente, en gran medida fuera del Estado y de los circuitos internos de formación de la voluntad estatal».

De manera previa a formular nuestra propuesta, nos detendremos en las declaraciones que se han ido aprobando en los diferentes niveles del ordenamiento con el propósito de evidenciar la entidad que ha ido cobrando el movimiento por estos derechos de última generación en el entorno digital, al tiempo que comprobar si en los textos se contienen referencias específicas relacionadas con los neuroderechos.

Por ejemplo, desde el ámbito académico se han suscrito varios documentos con el propósito de avanzar hacia una nueva generación de derechos en defensa de un «humanismo digital». En tal sentido, la Declaración de Deusto sobre Derechos Humanos en Entornos Digitales de 2018[195], llama a reflexionar y debatir sobre la necesaria y urgente defensa de los derechos humanos en el contexto de la revolución tecnológica, desde compromisos basados en la prioridad del ser humano sobre la tecnología, la defensa de la integridad de la persona, la prevalencia del bien común sobre los intereses particulares, la reivindicación de la autonomía y la responsabilidad personal, la equidad y justicia universal en el acceso, protección y disfrute de los bienes y derechos que posibilitan una vida digna del ser humano, o la especial atención a la pro-

194 Posicionamiento de la Red Feminista de Derecho Constitucional con motivo del trigésimo noveno aniversario de la Constitución española hecho público el 4 de diciembre de 2017. Disponible en https://feministasconstitucional.org/posicionamiento-de-la-red-feminista-de-derecho-constitucional-ante-la-necesaria-reforma-de-la-constitucion/

195. El catálogo de derechos que se promueve se encuentra disponible en: https://www.deusto.es/cs/Satellite/deusto/es/universidad-deusto/sobre-deusto-0/derechos-humanos-en-entornos-digitales

tección de los menores por su mayor vulnerabilidad y el impacto que la transformación digital tiene en el desarrollo de su personalidad y en su educación.

Por su parte, el Manifiesto de Viena sobre Humanismo Digital[196], suscrito en mayo de 2019, es también una llamada a deliberar y actuar sobre el desarrollo tecnológico actual y futuro para configurar las tecnologías de acuerdo con los valores y las necesidades humanas, en lugar de permitir que estas den forma a los humanos. Apelan «a un Humanismo Digital que describa, analice y, lo más importante, influya en la compleja interacción de la tecnología y la humanidad, para una vida y una sociedad mejores, respetando plenamente los derechos humanos universales». Proclaman al efecto una serie de principios fundamentales con el fin de promover la democracia superando las desigualdades actuales, y utilizando el potencial emancipador de las tecnologías digitales para hacer que nuestras sociedades sean más inclusivas.

En el plano internacional, el Consejo de Derechos Humanos de Naciones Unidas hizo pública la Resolución de 27 de junio de 2016, sobre Promoción, Protección y Disfrute de Derechos Humanos en Internet, relativa a la necesidad de que la gobernanza se base en los derechos humanos y que los derechos de las personas también deban estar protegidos en Internet.

Más recientemente, el 28 de abril de 2022, los países de la UE, EE. UU. y 32 países más firmaron una Declaración por el Futuro de Internet[197], con el objetivo de unificar el criterio que deben seguir organizaciones globales como ONU, OCDE, G20, G7, o la Organización Mundial del Comercio, alineándolas con base en unos principios «universales por naturaleza». Para ello se comprometen a promover una red «abierta, libre, global, interoperable, fiable y segura» estableciendo una serie de objetivos como la protección de los derechos humanos y las libertades fundamentales, la conexión universal a internet, la confianza en la seguridad y la confidencialidad de las tecnologías digitales, la promoción del pluralismo, la libertad de expresión, la sostenibilidad, el crecimiento económico inclusivo y la lucha contra el cambio climático global, así como la implantación de infraestructuras seguras, interoperables, fiables y sostenibles o posibilitar la innovación empresarial en un ecosistema justo y competitivo.

En Iberoamérica, como vimos, la Secretaría General Iberoamericana aprobó el 25 de marzo de 2023 la Carta Iberoamericana de Principios y Derechos en los Entornos Digitales[198], donde se acordó «promover acciones específicas en el ámbito de la Sociedad Digital, con especial y urgente atención a la reducción y eliminación de la brecha digital, las formas de trabajo a distancia, la privacidad

---

196. Los principios pueden consultarse en: https://dighum.ec.tuwien.ac.at/wp-content/uploads/2019/07/Vienna_Manifesto_on_Digital_Humanism_ES.pdf

197. Disponible en: https://ec.europa.eu/commission/presscorner/detail/es/ip_22_2695

198. Disponible en: https://www.segib.org/?document=carta-iberoamericana-de-principios-y-derechos-en-entornos-digitales

y la protección de datos, la veracidad de la información y los derechos en línea, en el marco del mandato de impulsar una Agenda Digital Iberoamericana y promover la organización de un Foro Digital». En su contenido, y en relación con el abordaje de las tecnologías emergentes, se insiste en que: «la innovación tecnológica y los nuevos desarrollos tecnológicos y científicos, tales como la Inteligencia Artificial, neurotecnologías o computación cuántica, entre otros, suponen retos que deben abordarse garantizando los derechos de las personas».

En la UE, la Recomendación 2008/2160 (INI) sobre el refuerzo de la seguridad y de las libertades fundamentales en internet, así como la Recomendación CM/REC (2014) 6 sobre una Guía de los derechos humanos para los usuarios de internet, adoptada por el Consejo de Ministros, recuerda a los Estados miembros la obligación de garantizar los derechos y libertades fundamentales consagrados en el CEDH también en el contexto de internet.

Siguiendo el orden cronológico en el proceso de configuración de los derechos digitales destaca el RGPD de 2016 de la UE en lo que respecta al tratamiento de datos personales y a la libre circulación de estos, que introduce nuevos derechos digitales vinculados al derecho a la protección de datos como: a) el derecho reforzado de información al usuario; b) el derecho al olvido; c) el derecho a la notificación de la rectificación o supresión de datos; y d) el derecho a la portabilidad.

La Declaración de Tallín sobre Administración electrónica, de 6 de octubre de 2017, elaborada por 32 países de la UE y de la Asociación Europea de Libre Comercio, establece seis líneas de acción con diversas actuaciones, así como un anexo con principios sobre el diseño y la prestación de servicios públicos digitales que deberán tener en cuenta siempre al usuario[199].

Ya en plena pandemia, el 8 de diciembre de 2020, se aprueba la Declaración de Berlín sobre Sociedad Digital y Administración Digital, que establece siete principios esenciales[200] para la transformación digital basada en valores y bajo los cuales se desarrollarán toda una serie actuaciones para fomentar la participación y la inclusión digital en la sociedad.

---

199. Las líneas actuación son: 1) versión digital por defecto, inclusión y accesibilidad, 2) Principio de «Solo una vez» *(once only)*; 3) Fiabilidad y seguridad; 4) Apertura y transparencia; 5) Interoperabilidad por defecto y 6) Medidas políticas horizontales.

En cuanto a los principios a la hora de diseñar y prestar servicios digitales se establecen los siguientes: interacción digital; accesibilidad, seguridad, disponibilidad y usabilidad; reducción de la carga administrativa; prestación digital de los servicios; implicación del ciudadano; incentivos para el uso de los servicios digitales; protección de datos personales y privacidad y mecanismos de reparación y reclamación.

200. Los principios que se establecen son: 1) Vigencia y respeto de los derechos fundamentales y los valores democráticos en el ámbito digital; 2) Participación social e inclusión digital para dar forma al mundo digital; 3) Empoderamiento y alfabetización digital; 4) Confianza y seguridad en las interacciones digitales 5) Soberanía digital e interoperabilidad; 6) Sistemas centrados en el ser humano y tecnologías innovadoras en el sector público; y, 7) Una sociedad digital resiliente y sostenible.

El 9 de marzo de 2021, la Comisión presenta la «Comunicación Brújula Digital: el enfoque de Europa para el Decenio Digital», donde se exponen cuáles han de ser las vías y los objetivos para que la transformación digital en Europa, hasta 2030, sea un éxito[201].

Finalmente, el 15 de septiembre de 2021, la Comisión presenta el «Itinerario hacia la Década Digital para lograr la transformación digital de Europa de aquí a 2030» y que consiga alcanzar los cuatro objetivos lanzados en la Brújula Digital 2030. En esta Comunicación se propone ya desarrollar un marco de principios y derechos digitales para la ciudadanía europea, donde se sentarán las bases para que la Comisión Europea comience a trabajar en la elaboración de un «marco de referencia para las personas y una guía para las empresas y los responsables políticos» que culminará finalmente en la Declaración Europea sobre los Derechos y Principios Digitales para la Década Digital[202], presentada en enero de 2022, y ratificada el 15 de diciembre de 2022 por el Parlamento Europeo, el Consejo y la Comisión. La Declaración va a marcar la hoja de ruta europea para la protección de los derechos de todas las personas en el marco de la transformación digital. En ella se establecerán las pautas sobre las que deba promoverse y defenderse el proyecto de transformación digital en Europa, convirtiéndose así en «una guía para los responsables políticos y las empresas en relación con las nuevas tecnologías». Al igual que en la Carta de Derechos Digitales española, se establece la premisa básica de que los valores, principios y derechos reconocidos en el marco jurídico de la UE deben respetarse tanto en el mundo físico como en el espacio digital, y su propuesta se estructura en torno a seis principios: las personas en el centro de la transformación digital; solidaridad e inclusión; libertad de elección; participación en el espacio público digital; seguridad, protección y empoderamiento, y sostenibilidad. Estos principios, a su vez, desarrollarán toda una serie de compromisos para asegurar los derechos de la ciudadanía europea en el entorno digital cotidiano.

201. Para ello se delimitan cuatro puntos clave: formación en capacidades digitales a la ciudadanía; desarrollo de infraestructuras seguras, eficaces y sostenibles; transformación digital de las empresas; y digitalización de los servicios públicos. Además, se facilitará la puesta en marcha de proyectos plurinacionales que combinen inversiones con cargo al presupuesto de la UE que hagan frente a las carencias existentes en el espacio de la Unión en este ámbito. En este sentido, el 1 junio de 2021 se lanza la «Declaración de Lisboa, Democracia digital con propósito», una iniciativa de la Presidencia portuguesa del Consejo de la Unión Europea, que define el nuevo paradigma de transición digital reforzando como un valor reconocido mundialmente la «forma europea de hacer negocios» que fija tres líneas de actuación: la defensa de los derechos humanos, la promoción de una cooperación internacional más amplia en el contexto digital, y el reconocimiento de la importancia de las tecnologías verdes y digitales como elemento clave para un nuevo paradigma de crecimiento económico, equilibrando la innovación y la competitividad con el desarrollo social y ambiental sostenible.

202. Disponible en: https://ec.europa.eu/commission/presscorner/detail/es/ip_22_452

Por otra parte, para concluir con este breve repaso por el «cartismo digital», países miembros de la UE, como Italia, Francia, Portugal o España aprobaron regulaciones sobre derechos digitales.

En Francia, la «LOI n° 2016-1321 du 7 octobre pour une République numérique» es un referente al establecer un amplio número de disposiciones que abarcan desde el impulso de la digitalización de todo el territorio nacional, al del Open Data, la protección de los consumidores, la garantía de acceso a internet de los ciudadanos y la protección de datos, consagrando auténticas obligaciones y derechos y garantizando su dimensión prestacional al otorgarles rango legal.

En sentido parecido, la «Carta Portuguesa de Direitos Humanos na Era Digital» aprobada a través de la Ley n.° 27/2021 de 17 de mayo, incluye además de la proyección de derechos clásicos en el mundo digital, otros recientes como el derecho al olvido y la protección contra la geolocalización abusiva, el uso de la IA y los robots (PRESNO LINERA, 2022:88).

Por el contrario, en Italia, la «Dichiarazione dei Diritti in internet», de 14 de julio de 2015, fruto del trabajo de una comisión parlamentaria, liderada por el profesor Rodotà, pretende «identificar los derechos y los principios específicos del mundo digital subrayando no solo sus peculiaridades, sino la forma en que suelen contribuir a la redefinición de toda la esfera de derechos». Aunque la Declaración carece de eficacia jurídica su valor consiste en la innovación que aporta, adelantándose al RGPD de la UE de 2016 en cuestiones como el derecho al olvido, el derecho a no ser objeto de decisiones individuales automatizadas o el derecho a la identidad.

Finalmente, también sin valor normativo, España, aprobó en 2021 la Carta de Derechos Digitales con tres objetivos: describir los contextos y escenarios digitales determinantes de conflictos, anticipar futuros escenarios así como revalidar y legitimar los principios, técnicas y políticas que, desde la cultura misma de los derechos fundamentales, deberían aplicarse en los entornos y espacios digitales presentes y futuros. La Carta recoge un apartado para derechos digitales en entornos específicos, entre los que incluye «derechos digitales en el empleo de las neurotecnologías».

Entre todos los documentos mencionados, solo la Carta española de 2021 y las Cartas iberoamericana y mexicana de 2023, hacen mención a los derechos en relación con las neurotecnologías. Es especialmente llamativo que la Declaración Europea sobre los Derechos y Principios Digitales para la Década Digital no se pronuncie sobre esta cuestión, máxime teniendo en cuenta que desde el año 2013 la UE lleva financiando uno de los siete proyectos a nivel mundial sobre el cerebro humano, el Human Brain Proyect, al que hicimos referencia anteriormente, y cuyo objetivo es profundizar en el funcionamiento y plasticidad del cerebro para aplicar este conocimiento al desarrollo de redes neuronales artificiales asistidas por IA.

Por tanto, al hilo de lo anterior, cabe preguntarse sobre la posible categorización de los neuroderechos como parte, o no, de los denominados genéricamente «derechos digitales». A la vista de las declaraciones analizadas, creemos que sí cabría diferenciarlos ya que, en primer lugar, como hemos comprobado, en la mayoría de los textos que desarrollan los derechos digitales no se introduce ninguna mención. Además, teniendo en cuenta algunos movimientos de la UE, todo parece discurrir en el sentido de diferenciarlos: así, recordemos que el pasado 3 de mayo de 2022, el Parlamento Europeo, en la Resolución sobre la IA en la era digital, trasladaba al Consejo su preocupación por la ausencia de normativa sobre los datos neurológicos pidiéndole estudiar la posibilidad de presentar una iniciativa relativa a los neuroderechos, con el objetivo de proteger el cerebro humano contra la injerencia, manipulación y control por parte de la neurotecnología impulsada por la IA[203]. En segundo lugar, la doctrina que ha prestado atención a esta distinción, aun de forma indirecta, también los diferencia como categorías distintas. Por ejemplo, al reflexionar sobre el proceso de reconocimiento de nuevos derechos por la incidencia de las neurotecnologías, DE ASÍS ROIG (2022) se pregunta si la identidad digital estaría comprendida dentro de la categoría de los derechos digitales o en la de los neuroderechos, optando por distinguirlos a la hora de revisar la incidencia de estas tecnologías en nuestras vidas en dos grandes líneas: los derechos digitales y los neuroderechos. Otros autores, por ejemplo LÓPEZ SILVA & WAJNERMAN (2022), establecen esa delimitación por las diferentes salvaguardas que necesitarían los distintos retos que plantean las nuevas tecnologías. Y mientras que el reconocimiento de ciertos derechos digitales sería la respuesta para garantizar la privacidad en las redes sociales, en el contexto de las neurotecnologías estas salvaguardas serían los neuroderechos y sus garantías. La respuesta obedece, a fin de cuentas, a la propia lógica que se deriva de la distinción entre ambas tecnologías: la primera de ellas requeriría de una externalización de nuestras ideas y pensamientos a través de acciones activas en los medios digitales que, aun

203. Concretamente en el punto 36 «Señala que la IA puede contribuir al rápido desarrollo de las nuevas tecnologías, como la obtención de imágenes cerebrales, que ya tienen aplicaciones importantes en la medicina, pero también entrañan riesgos sustanciales para la voluntad humana y la expresión de los derechos fundamentales sin necesidad de consentimiento; muestra su preocupación por la falta de legislación sobre los datos neurológicos y opina que la Unión debe aspirar a convertirse en líder mundial del desarrollo de tecnologías neurológicas seguras». En consecuencia, en el punto 247 «pide a la Comisión que estudie la posibilidad de presentar una iniciativa relativa a los neuroderechos, con el objetivo de proteger el cerebro humano contra la injerencia, la manipulación y el control por parte de la neurotecnología impulsada por la IA; anima a la Comisión a que defienda una agenda de neuroderechos a nivel de las Naciones Unidas con el fin de incluir estos derechos en la Declaración Universal de Derechos Humanos, concretamente en lo que respecta a los derechos a la identidad, al libre albedrío, a la privacidad mental, a la igualdad de acceso a los avances en materia de aumento del cerebro y a la protección frente al sesgo algorítmico». Disponible en: https://www.europarl.europa.eu/doceo/document/A-9-2022-0088_ES.html

no conscientes del uso posterior que se dé a esa información, no pueden entenderse sin un proceso previo y acotado de voluntariedad. Por el contrario, los dispositivos con capacidad de lectura mental operan justo en la dirección contraria, adentrándose en un espacio ignoto en buena medida hasta para los propios investigadores de la materia, y con capacidad de extraer de él datos que sí cabe considerar desvinculados de nuestra propia voluntad.

En conclusión, parece claro que es necesario positivizar de algún modo tanto los derechos digitales de la Carta española, como aquellas propuestas más firmes y consensuadas en torno a los neuroderechos: libertad cognitiva, privacidad mental e integridad mental, así como sus garantías. Con ello respondemos a la pregunta que nos formulábamos al principio de este apartado. Ahora bien, la cuestión es cómo hacerlo.

Una primera opción es la vía legislativa, que nos parece la más sensata y factible, habida cuenta de la complejidad del proceso de reforma constitucional, que incluso requeriría una reconfiguración profunda del Capítulo primero. Tanto los neuroderechos como los derechos digitales, deberían regularse y desarrollarse por una ley orgánica, un proceso que posibilitase un debate amplio de todas las fuerzas políticas. Recordemos que su incorporación en la Ley de Protección de Datos y Garantías de los Derechos Digitales de 2018 introdujo una serie de ellos en el Título X, lo que fue objeto de críticas al incorporar derechos digitales, muchos relativos al ámbito laboral, en una ley de protección de datos. Desde que se aprobó en 2021, la Carta de Derechos Digitales española sigue sin encontrar un desarrollo normativo que bien podría canalizarse por esta vía lo suficientemente tuitiva para dotar a ambas familias de contenido, límites y garantías, sin necesidad de que ello deba hacerse a través de una reforma constitucional (DE LA SIERRA MORÓN, 2021).

Lejos de tratar de incorporar en el texto constitucional los postulados de la Fundación Neurorights —presentes en la Carta de Derechos Digitales—, la constitucionalización de los neuroderechos, como se expondrá en el apartado siguiente, ha de expresarse más bien en forma de un principio constitucional donde, en vez de aplicar el microscopio, nos alejemos y tomemos distancia, para dirigirlo a ese marco común que viene denominándose, erróneamente, «ecosistema digital», que ejerce el capitalismo de la vigilancia y que transciende el uso de una u otra tecnología. El problema es que estamos aún muy lejos de poder abordar una regulación global ambiciosa de la Constitución, de ahí la necesidad de acometer la ordenación sectorial a través de instrumentos más específicos que respondan a su complejidad y características, y que posean la suficiente flexibilidad para ir adaptándose a su vertiginoso desarrollo.

Esto va a requerir, además, siguiendo a DE LA CUADRA SALCEDO (2024, p. 97), de «un cierto cambio en el modo tradicional de concebir el Derecho. De un Derecho continental clásico concebido como el encaje de los hechos en las normas, sobre la base de silogismos, hemos de pasar a un Derecho —con antecedentes en el romano de la época clásica— que va construyéndose pretorianamente al hilo de la vida y dando las respuestas que proceden solo a base de expertos en cada materia relevante y con el control último de los tribunales. Todo ello debe hacerse, además, cohonestando el respeto a los derechos de la persona con el derecho a la libertad científica y técnica y al desarrollo económico». Y es que, como bien explica el autor, no es posible que el legislador de una sola respuesta definitiva para los numerosos problemas que va a plantear el uso cotidiano de las neurotecnologías, y menos aún esperar que los tribunales sean quienes los solucionen. Será precisa, por tanto la creación de Administraciones independientes que puedan «gestionar la solución de los casos que se les presenten teniendo en cuenta tanto los intereses particulares de los afectados como los intereses de la sociedad».

No se trata ni mucho menos de figuras desconocidas en nuestro ordenamiento, pues en muchos sectores especializados, como el propio de la protección de datos, la contratación administrativa, la competencia en el mercado, o la distribución de medicamentos, etc., son las instancias encargadas de interpretar la norma base que ordena tales ámbitos, sin dejar por ello, obviamente, de interpretar y aplicar el resto del ordenamiento jurídico, aunque la última palabra la tenga la respectiva jurisdicción.

2. La incorporación de las garantías al rango constitucional

2.1. El papel del Tribunal Constitucional en la interpretación evolutiva de los derechos fundamentales

A lo largo de este trabajo hemos puesto de manifiesto los riesgos que pueden comportar las neurotecnologías para determinados derechos fundamentales de la ciudadanía, de los que como directa consecuencia surge la necesidad de una respuesta jurídica que los dote de garantías; asimismo hemos analizado las iniciativas que desde diversos países, organismos e instituciones se han llevado a cabo en ese sentido, para continuar con un apartado en el que hemos tratado de discernir y conceptualizar los derechos que configurarían esa esfera tuitiva capaz de compatibilizar el desarrollo tecnológico y la integridad de esos bienes jurídicos amenazados. Todo ello nos ha conducido a la conveniencia de una rigurosa regulación normativa por vía de ley orgánica con los rasgos que acabamos de definir.

Llegados a este punto resulta pertinente reflexionar sobre una propuesta de regulación constitucional en el ordenamiento jurídico español, partiendo de la base de que la protección a articular ha de ser efectiva, tanto en su aplicación frente a las cuestiones que, ya de hecho, se están planteando, cuanto en su capacidad de adaptarse a los problemas futuros de una actividad en permanente y vertiginosa evolución. Consideramos, en este sentido, que solo el más alto nivel de garantía, encarnado por el derecho constitucional, es capaz de concitar ambos propósitos.

Autores como Mascitti (2022), al plantearse esta cuestión, han subrayado que «la existencia de los neuroderechos deriva de modo indirecto de los principios constitucionales, que interrelacionados constituyen el principio supremo de justicia como el elemento basal del "edificio jurídico", por lo que "otorgándoles rango constitucional se convertirían en 'muros' frente al crecimiento ilimitado de la estructura tecnológica" y se les dotaría de la imprescindible certeza; solución que debería adoptarse de forma inmediata, ya que "una vez que se conozca el funcionamiento completo del cerebro, es decir, el hardware del sistema cognitivo, las soluciones podrían resultar ineficaces por ser inoportunas"».

Ciertamente que el contenido de los neuroderechos, como vimos, está vinculado con valores y principios básicos de justicia que desde el inicio de los regímenes democráticos se presenta como la legítima aspiración que les da sustento. De no verse afectados los derechos humanos que hemos referido, y de no resultar exigibles unas garantías coherentes con su relevancia para el desarrollo vital de las personas, estaríamos hablando de una mera regulación de carácter técnico relativa a novedosos medios tecnológicos que bien podría articularse, sin más, a través de normativa sectorial e incluso códigos de buenas prácticas. No es el caso, obviamente, y planteada así la necesidad, únicamente surge la duda acerca de cuál sería la manera más adecuada de introducir tales derechos en el nivel constitucional. Hay que recordar que nuestra Constitución, pese a carecer de cláusulas que permitan el reconocimiento de otros derechos, no tiene un carácter exhaustivo, puesto que ha de entenderse, como vimos, que el artículo 10.1, el principio de la dignidad humana, constitucionaliza la existencia de todos aquellos derechos fundamentales, presentes o futuros, inherentes a ella. La vía para su reconocimiento, en primer lugar, ha de ser la reforma constitucional, si bien el Tribunal Constitucional, con apoyo en el artículo 10.1 y 10.2, ha creado nuevos derechos fundamentales por vía jurisprudencial, como es el caso del habeas data, a partir del artículo 18.1 y 4, así como de determinada normativa y jurisprudencia supranacional.

En este sentido, el debate sobre los neuroderechos iniciado en Chile planteó también la cuestión de si era necesario o no, incorporar en el texto constitucional algún tipo de salvaguarda frente a las neurotecnologías. Por ejemplo, entre otros, López Silva & Madrid (2021) reflexionaron sobre esta cuestión analizando las dos posibles posturas desde un plano teórico: por un lado, la de quienes están a favor de su inclusión en la Constitución, fundamentalmente por cuanto que «dado el carácter potestativo de la información, la concentración de estas tecnologías en el poder público podría suponer nuevos desafíos al constitucionalismo, al igual que ocurrió con los derechos humanos de primera generación: sería necesario limitar el poder político. Esto es lo que se denomina problemas estructurales, y sería el argumento para incorporar constitucionalmente elementos como los neuroderechos»; por el contrario, se considera que las garantías constitucionales suponen «un catálogo abierto desde un punto de vista hermenéutico, como ocurre por regla general con la afirmación de derechos: por su propia naturaleza consideran la posibilidad de nuevas atribuciones y deberes que se desprendan de los grandes focos de significado que constituyen sus diversos numerales. Los catálogos abiertos se enriquecen a través de la interpretación de las normas ya existentes (...) Esto implicaría afirmar que los problemas que se presenten en el futuro en relación con la subespecie de datos personales (sobre los que recaerían los neuroderechos) ya estarían protegidos por la Constitución, porque se encuentran contenidos en la respectiva garantía fundamental antes mencionada». Lo decisivo, en esta línea de argumentación, «no sería la referencia textual propiamente tal, sino su reinterpretación jurisprudencial y la construcción que la sentencia produce en cada caso», por cuanto «el cambio continuo en el panorama tecnológico aumenta las dificultades para que los legisladores nacionales brinden una protección suficiente de los derechos fundamentales. El corolario inmediato de esta insuficiencia del plan legislativo, a su vez, es la ampliación del papel creativo y sustitutivo de los tribunales».

Del mismo modo, HOFFMANN-RIEM (2018: 86-90) explica cómo en la Sentencia de 18 de marzo de 2008 el Tribunal Constitucional Federal de Alemania «mediante el reconocimiento de contenidos jurídico-objetivos ha ampliado la orientación en la protección de derechos fundamentales». Así, con motivo de una ley que permitiera al Estado hacer pesquisas en línea o la vigilancia de las telecomunicaciones, reformuló el derecho calificándolo como «derecho fundamental a la garantía de confidencialidad e integridad de los sistemas de tecnología de la información», puesto que las nuevas tecnologías «habían modificado las premisas empíricas de la tradicional protección del derecho fundamental», pero considerando esta labor no como creación de derechos fundamentales nuevos, sino concreciones o perfeccionamientos de sus garantías.

ALCÓN & DE MONTALVO (2018:69-70) plantean la misma alternativa: «si las Constituciones no se someten a una revisión de sus preceptos que renueve los contenidos no aplicables o caducos, la doctrina aprecia la posibilidad de una segunda vía, menos ortodoxa, que puede desembocar en una verdadera reforma constitucional encubierta. Se trata de "la mutación constitucional", que se produce cuando se modifican preceptos constitucionales sin que estos cambios se recojan en el propio texto constitucional. Esta figura tiene lugar por vía interpretativa, cuando se produce una interpretación sesgada, pero continuada, de determinados preceptos constitucionales. En cierta medida, estas modificaciones resultan inevitables (...)». Un ejemplo de ello, en materia de derechos digitales, ha sido la definición jurisprudencial del llamado «derecho al olvido» realizada por la STC 58/2018, de 4 de junio, con inspiración en la STJUE de 13 de mayo de 2014, que lo configura como «una vertiente del derecho a la protección de datos personales frente al uso de la informática (art. 18.4 CE), y es también un mecanismo de garantía para la preservación de los derechos a la intimidad y al honor, con los que está íntimamente relacionado, aunque se trate de un derecho autónomo» (FJ 5).

Vemos, pues, que esta «segunda vía» no es ni mucho menos inédita en los ordenamientos jurídicos contemporáneos, y de hecho resulta un elemento fundamental para poder entenderlos como sistemas abiertos (Vidal Gil, 2001). A fin de cuentas, como recuerda este autor, desde sus primeras sentencias el Tribunal Constitucional ha reafirmado el proceso de positivización y generalización, puesto que «nada que concierna a los derechos fundamentales podrá considerarse nunca ajeno a su competencia ni a su atención» (STC 26/81 FD. n.º 4 y STC 7/83 FD. n.º 1), y en tal sentido, «las leyes deben ser interpretadas de manera que se maximalice, en lo posible, la eficacia de los derechos fundamentales en un criterio hermenéutico derivado del "mayor valor" de aquéllos» (STC 66/85 FD. n.º 2). En consecuencia, señala, «la creación judicial del derecho constituye una garantía de que los cambios se darán conforme a las reglas del propio ordenamiento jurídico», y más concretamente «a la armonización de los aspectos materiales y formales de la seguridad con los demás valores y principios constitucionales, especialmente con la justicia, la libertad y la igualdad, ponderando su significado en un Estado social y democrático de derecho en el que no cabe concebirla como un factor de inmovilismo jurídico antinómico respecto de esos valores» Vidal Gil, 2001:73-112).

Interpretar la Constitución de este modo supone, en definitiva, respetarla y defenderla.

A ello debemos añadir, como explica (Balaguer Callejón, 2022:217), que «el artículo 10 de la Constitución obliga a una interpretación que ha de ser conforme a los compromisos internacionales en esta materia», de forma que para la autora «sí es posible encontrar un espacio para una interpretación judicial de los derechos fundamentales, que no sea disidente, pero tampoco mimética de la proporcionada por el TC», lo que permite concluir que «la doctrina del TC no se agota en la interpretación de la Constitución, sino que, en la medida en que "las leyes y reglamentos" han de ser interpretados según los preceptos y los principios constitucionales, y según la interpretación que de ellos haga el TC, parece razonable que finalmente, toda norma se ha de interpretar no ya "conforme a la Constitución", sino más bien "conforme a la interpretación del TC"» Balaguer Callejón, 2022: 238).

Si acudimos a cotejar estos criterios con el desarrollo de los sectores más afines al que nos ocupa, vemos que este papel de la jurisprudencia constitucional ha adquirido gran relevancia en los últimos años en un aspecto tan directamente vinculado con las neurotecnologías como el de la protección de datos personales. De hecho, tal como señala Garriga Domínguez (2016:94-101), la ausencia de precisión en el art. 18.4 de la Constitución acerca de cómo establecer límites al uso de la informática o garantizar el honor y la intimidad personal ha desplazado al Tribunal Constitucional la tarea de dotar de contenido a estos derechos. Así, el TC, en sentencias como la 11/1998, de 13 de enero, ha destacado el carácter instrumental del derecho a la protección de datos personales, pues a través de él pueden garantizarse otros derechos fundamentales, entre ellos los de contenido ideológico y de participación política. Para ello la doctrina constitucional configura un contenido del derecho tanto negativo —«limitar el uso de la informática»— como positivo, al comprender «un haz de facultades consistentes en diversos poderes jurídicos» sobre los datos personales cuyo ejercicio «impone a terceros deberes jurídicos».

En la misma línea merece la pena destacar cómo el Tribunal Constitucional ha llegado a declarar inconstitucional un precepto aprobado por unanimidad en el Congreso de los Diputados, hablamos de la Ley Orgánica 3/2018, de protección de datos y garantía de los derechos digitales, que introdujo un nuevo artículo 58.bis en la Ley Orgánica 5/1985, del Régimen Electoral General, y en su apartado 1 disponía que «la recopilación de datos personales relativos a las opiniones políticas de las personas que lleven a cabo los partidos políticos en el marco de sus actividades electorales se encontrará amparada en el interés público únicamente cuando se ofrezcan garantías adecuadas». Esto suponía, según explica Veiga Copo (2023), que se permitía a los partidos políticos recabar datos personales de cualquier fuente —internet, redes sociales, páginas web, tratamientos no automatizados, etc.— con el fin de perfilar a las personas en función de sus opiniones políticas, y todo ello sin su consentimiento. La sentencia del TC aludida declaró que la sola invocación de un genérico interés público para intentar justificar la recopilación de datos de opiniones políticas no era en absoluto suficiente, amén de que la norma no había «limitado el tratamiento regulando pormenorizadamente las restricciones al derecho fundamental» ni «establecido ella misma las garantías adecuadas para proteger los derechos fundamentales». Por el contrario, permitir el antes citado tratamiento de datos «en el marco de las actividades electorales» de los partidos políticos no cumplía con las exigencias de certeza y precisión que cabría pedir. Se trata de un ejemplo palmario de la labor del Tribunal en defensa de los derechos fundamentales afectados por ese tráfico no autorizado de datos, revisando en un sentido constitucionalmente adecuado la decisión unánime del poder legislador.

En coherencia con lo que exponemos, nuestra propuesta no va en la línea de incorporar una serie de neuroderechos en el catálogo constitucional, o anclarlos en un determinado derecho fundamental sin más. Tal y como hemos visto en el Capítulo anterior, ni siquiera actualmente existe un consenso en torno a cuáles deberían ser éstos, y las conclusiones de la mayoría de la doctrina especializada están más a favor de una reinterpretación de derechos clásicos como la libertad de pensamiento, la integridad personal o la privacidad. Se trataría, más bien, de por vía de la interpretación constitucional, ir revelando nuevas facultades de estos derechos, que los irá dotando de mayor contenido, incluso descubriendo facetas implícitas o un derecho evolucionado o reinterpretado en relación con los ya existentes.

No obstante, sí consideramos necesario y urgente introducir en la Constitución un principio general que establezca límites a ese desarrollo científico y tecnológico no consensuado socialmente y que se traduce en procesos incontrolados de digitalización y automatización de numerosos sectores de la vida cotidiana, por ejemplo, excluyendo a los mayores de su condición ciudadana, haciendo a los jóvenes más vulnerables, privando a los trabajadores de su medio de vida, o expulsando a aquellos que desean seguir viviendo en un mundo analógico; en la manipulación, vigilancia, extracción y comercio de nuestros datos personales; o en la conquista final del espacio más íntimo y reservado de nuestra mente. Esta instrumentalización y sometimiento de las personas al nuevo «Leviatan digital» significa la ruptura del contrato social, con Estados nación impotentes o incapaces de hacer frente a los gigantes tecnológicos.

A principios de marzo de 2024 se ha hecho público un memorando explicativo por parte de la OCDE[204] sobre la definición de la IA que incorporará el futuro Reglamento europeo, y que acoge explícitamente esta noción de sistemas inteligentes. Entre otras cuestiones, se afirma que: «algunos sistemas de IA pueden generar resultados sin que éstos hayan sido descritos explícitamente como objetivos», así como que «algunos sistemas de IA pueden desarrollar la capacidad de realizar nuevas formas de inferencia no previstas inicialmente por sus programadores». No es necesario aclarar mucho más al respecto, en el momento en el que se acepte que la herramienta puede desentenderse de las órdenes humanas habremos perdido la batalla.

Son tantos los documentos y declaraciones sobre estas materias que a menudo nos resulta ya difícil tomar perspectiva sobre su contenido. Pero si la aplicamos a estas afirmaciones que acabamos de reproducir nos damos cuenta de que estamos asumiendo ya que hemos perdido el control sobre una tecnología que incide en aspectos fundamentales de nuestra vida personal. De ahí que la reafirmación de la esencia humana a través de un principio general en nuestra Constitución no resulte gratuito. A fin de cuenta las constituciones nacieron para poner freno al poder sometiéndolo a un derecho consensuado cuyo fin último es la salvaguarda de los derechos más básicos de la ciudadanía. Este nuevo poder que supone el progreso tecnológico, con la posibilidad real de un uso indebido o malintencionado de sus herramientas, tanto por el poder público como por el poder privado, necesita una respuesta desde los fundamentos mismos de todo aquello que nos hace humanos.

En palabras de Piñar Mañas (2018:108), citando a su vez al maestro García de Enterría, «ante la innovación tecnológica hemos de volver a los principios, a lo esencial, pues de otro modo corremos el riesgo de movernos en un escenario cambiante, improvisando soluciones que terminan por quedar obsoletas antes incluso de ser plenamente aplicadas, desbordadas por la evolución, inmisericorde para el derecho, de los avances de la técnica».

204. Disponible en: https://www.oecd.org/publications/explanatory-memorandum-on-the-updated-oecd-definition-of-an-ai-system-623da898-en.htm

2.2. Propuesta de un principio general holístico en la Constitución frente al desarrollo tecnológico incontrolado

En primer lugar, consideramos que la ubicación de ese principio debería ser el artículo 15 de la Constitución que actualmente reconoce el derecho a la vida y a la integridad física y moral. Como ha señalado Rey Martínez (2023: 321) el Tribunal de Estrasburgo se viene apoyando en el artículo 8 del Convenio de Roma, el derecho a la vida privada, para crear «nuevos» derechos. Sin embargo, en nuestra Constitución, el derecho a la intimidad personal del artículo 18.1 «tiene otro sentido y alcance, y el Capítulo segundo del Título I de nuestra Constitución no cuenta con ningún precepto que reconozca la libertad como derecho general (lo que hay en él son diversas manifestaciones concretas de la misma)». Ahora bien, el derecho de integridad personal del art. 15 CE, íntimamente conectado con el artículo 10.1 CE, por su particular enunciado abstracto, sí permitiría revelar nuevas facetas del derecho de libertad y «convertirse, por ello, en el derecho-puerta que toda Constitución necesita para identificar los derechos no enunciados». Una lectura que ha de hacerse teniendo en cuenta, además el derecho internacional de los derechos humanos como así lo establece el artículo 10.2 CE.

En definitiva, tanto por la vía interna como por la internacional, parece razonable entender que en el sentido y finalidad del derecho de integridad física y moral del art. 15 CE se podría incluir, teniendo en cuenta todo lo visto hasta ahora, una protección extensible a los efectos de tecnologías como la IA o la neurotecnología que reiteradamente hemos venido describiendo. En añadidura, es posible que en un futuro el Tribunal acabe deduciendo del artículo 15 nuevas facetas relacionadas con la tutela de la integridad mental, y la privacidad mental, junto con la libertad de pensamiento en su vertiente *ad intra* identificada con la denominada libertad cognitiva. Ello con apoyo en los postulados teóricos de la doctrina que ha ido construyendo estas nuevas garantías denominadas «neuroderechos». El novedoso asunto Girardi vs. Emotiv de 2023 dictado por la Corte Suprema de Chile que hemos analizado, puede contribuir igualmente a orientar esa labor.

En cuanto a la propuesta de reforma constitucional que formulamos, para la incorporación de un mandato similar al introducido en el artículo 19.1 de la Constitución chilena, que en nuestro caso, como decimos, debería incluirse en el artículo 15, se sustenta en base a las siguientes consideraciones:

La primera se dirige a sustituir «integridad física y moral» por «integridad personal».

A este respecto es importante poner de relieve que ya en el proceso constituyente existió una diferencia relevante entre el Anteproyecto y el texto finalmente aprobado por las Cortes y el pueblo en referéndum. Se trata de la formulación del derecho a la «integridad física y moral». Esta expresión fue introducida por la Comisión Constitucional del Senado en la enmienda número 259, en sustitución del término más limitado «integridad física». Sin embargo, la expresión «integridad moral» resulta poco adecuada y en los propios debates parlamentarios trató de propugnarse la «integridad personal», propósito que no llegó a buen término por un particular contexto sociopolítico que actualmente podemos entender superado.

En segundo lugar, la redacción que proponemos, aun con la inspiración de la reforma constitucional chilena[205], prescinde de la frase «debiendo resguardar especialmente la actividad cerebral, así como la información proveniente de ella» incluida en aquella, al considerar que el respeto a la dignidad y al resto de derechos fundamentales de la Constitución es suficiente puesto que la integridad personal comprende tanto la física como la psíquica o mental.

En tercer lugar, consideramos que debería revisarse el principio antropocéntrico tantas veces expresado en numerosos documentos que hemos analizado, de forma genérica y en ocasiones poco coherente con el desarrollo posterior de los textos, en favor de un enfoque holístico que trata de conciliar la relación entre personas, naturaleza y tecnología con apoyo en una definición normativa universal de «naturaleza», que ha sido objeto de consenso y deliberación prácticamente unánimes de los Estados de la comunidad internacional, como en la Carta Mundial de la Naturaleza de la ONU, elaborada en 1982, en la que se reconoce que «la especie humana forma parte de la naturaleza y la vida depende del funcionamiento ininterrumpido de los sistemas naturales que son fuentes de energía y materia». Cuando hablamos de los riesgos éticos a que nos someten las neurotecnologías ya avanzamos que resultaban inescindibles del impacto que provocan en el entorno natural que nos da sustento. De poco serviría colocar al ser humano en el centro de la ordenación, particularmente constitucional, si lo desvinculamos de la naturaleza de la que se extraen y sobre la que igualmente operan estas novedosas herramientas que de forma inédita presentan la potencialidad de alterar nuestra propia evolución como especie. Si ya el empleo de numerosas innovaciones tecnológicas a lo largo de la historia ha puesto en riesgo el equilibro medioambiental, cuánto más deberíamos preocuparnos por él cuando tratemos con instrumentos que no solo son capaces de escapar al específico control del ser humano, sino de modificar su propia percepción del mundo que lo rodea. Integrar límites y garantías para la naturaleza en nuestra propuesta atiende al núcleo mismo de la materia en conflicto, y establece también una guía interpretativa que puede abordar el problema en toda su complejidad.

205. Recordamos que la reforma del artículo 19.1 de la Constitución de la República de Chile establece lo siguiente: «El desarrollo científico y tecnológico estará al servicio de las personas y se llevará a cabo con respeto a la dignidad humana, a la vida, a la integridad física y psíquica y a los demás derechos que esta Constitución establece. La ley regulará los requisitos, condiciones y restricciones para su utilización en las personas, debiendo resguardar especialmente la actividad cerebral, así como la información proveniente de ella».

Finalmente, la propuesta se inspira asimismo en las nuevas leyes de la robótica, (PASCUALE, 2024) que establecen los cuatro mandatos siguientes: 1. Los sistemas robóticos y de IA deberán servir de complemento a los profesionales, no reemplazarlos. 2. Los sistemas robóticos o la IA no tienen que falsificar lo humano. 3. Los sistemas robóticos y la IA no deben fomentar la carrera armamentística de suma cero. 4. Los sistemas robóticos y de IA deben siempre indicar la identidad de sus creadores, controladores y propietarios. Como vemos, estas exigencias son perfectamente aplicables a la neurotecnología que estamos abordando en el presente trabajo, tanto en su sentido negativo —que veda la sustitución o distorsión de lo humano— como en el positivo, centrado en la transparencia y seguridad de sus procesos de fabricación y comercialización. Obviamente nuestra intención no es trasladarlos en su literalidad, sino compartir su espíritu tuitivo, que podrá ser posteriormente desarrollado en normativas específicas.

En consecuencia, la modificación del artículo 15 de la Constitución que proponemos tendría el siguiente tenor (destacamos en cursiva los añadidos que formulamos):

Artículo 15

> Todos tienen derecho a la vida y a la integridad *personal*, sin que, en ningún caso, puedan ser sometidos a tortura ni a penas o tratos inhumanos o degradantes.
>
> *El desarrollo científico y tecnológico estará al servicio de las personas, así como de los sistemas naturales, fuentes de energía y materia de los que depende la vida, debiendo respetar la dignidad y los derechos fundamentales que la Constitución reconoce, sin dañar ni falsear lo humano*.
>
> *La ley regulará la concreción, contenido, condiciones de ejercicio así como los límites de los derechos constitucionales afectados en el proceso de digitalización*.
>
> Queda abolida la pena de muerte, salvo lo que puedan disponer las leyes penales militares para tiempos de guerra.

De manera compatible con el resto de medidas que hemos mencionado, la introducción de este principio en el rango constitucional constituiría un baluarte ético insoslayable, tanto para el legislador como para los distintos operadores jurídicos y de mercado que intervienen en el sector. Lo sería además de una forma clara y directa, sin necesidad de buscar encaje en unos u otros derechos ya reconocidos, a unas u otras infracciones, como una invocación solemne a esa reserva de humanidad que tal vez nunca como hasta ahora se ha visto amenazada.

2.3. Conclusiones

En «la guerra de los mundos», genial broma radiofónica de Orson Wells de 1938, el público se sintió aterrorizado por un peligro que en realidad no existía. Casi un siglo más tarde el cineasta Adam McKay, en la película «No mires arriba», nos hablaba de todo lo contrario, un pueblo que, a causa del ruido mediático y político, vivía ajeno al riesgo —esta vez real— que se cernía sobre ellos.

Las cosas no suelen ser tan claras o tan extremas como nos muestra la ficción, pero aun así, creemos que, a lo largo de este trabajo, y más allá de las discusiones conceptuales o de oportunidad, han quedado claro los riesgos que conlleva el ámbito innovador que hemos descrito en permanente y rápido desarrollo. Máxime si tenemos en cuenta las experiencias ya vividas respecto de otras tecnologías disruptivas como las redes sociales o la IA.

El reto que plantea presenta perfiles éticos y jurídicos tan novedosos que probablemente nos sitúan ante una circunstancia inédita para la humanidad. Y es que, a diferencia de otros avances técnicos que han hecho progresar a la sociedad o han solventado problemas que hasta entonces parecían irresolubles, la potencialidad de estas herramientas para operar en planos inadvertidos de la consciencia, sustancialmente a través de la extracción y la utilización de datos cerebrales, conforma una amenaza tan sutil como inquietante. No debemos obviar que su introducción en la sociedad no solo se producirá a través de aplicaciones médicas incuestionablemente beneficiosas, sino de novedosas y sofisticadas formas de ocio que situarán a la persona usuaria en un dilema ético del que apenas será consciente al otorgar su consentimiento para portar alguna clase de implante cerebral que probablemente le comportará numerosas gratificaciones; por no hablar del posible uso militar, o de las diversas técnicas de neuromejoramiento que, sin causa patológica que las justifique, tendrán la capacidad económica como único criterio distintivo.

Se trata, pues, de ordenar esta actividad con arreglo al instrumento quizá más eficaz en favor de la convivencia de que se ha dotado el ser humano, el derecho. La norma debe nacer de rigurosos estudios previos, de la toma en consideración del criterio de los especialistas e investigadores en la materia, y en diálogo constructivo entre organizaciones internacionales y regionales, instituciones públicas y privadas y cada una de las naciones que tienen que velar por los derechos de su ciudadanía. En este sentido hay que aplaudir la incorporación de la ciencia a la gobernanza, la complejidad del mundo moderno demuestra que sus aportaciones resultan imprescindibles en la consecución del bienestar colectivo, y sin su informado criterio la regulación se convertiría en improvisación o reproducción mimética de tendencias normativas «a la moda». Y es que no hay nada más eficaz para matar una buena idea que convertirla en una moda. Por el contrario, nos encontramos ante un proceso que avanza con tal rapidez que exige del legislador no solo una natural prudencia, sino un conocimiento científico lo suficientemente profundo para discernir tanto los riesgos reales como potenciales del fenómeno. En este caso, como hemos visto, voces autorizadas desde la ciencia han apostado ya por anticiparse a estas tecnologías capaces de interactuar con el cerebro y evitar así problemas inesperados que puedan surgir en entornos en los que actualmente no existe legislación específica.

Paradójicamente la crítica más frecuente a las iniciativas que se han venido adoptando por los poderes públicos ha sido la de que se está intentando regular sin saber muy bien cuáles serán los efectos de las neurotecnologías en las personas, incluso sin que estas se hayan impuesto aún en el uso cotidiano, desconociéndose por tanto sus implicaciones en los derechos humanos. Habida cuenta de la realidad de los riesgos que sobradamente hemos reflejado, ese argumento pareciera necesitar que el proceso se completase para después intervenir, esto es, convertir al poder público y en particular al legislador en un gestor de daños. Adoptar una regulación *ex ante*, no solo responde a un eficaz modelo preventivo, sino que se preocupa del impacto en los derechos que eventualmente puedan verse afectados, y es que en el fondo el dilema es muy simple: o regulamos con la mira puesta en el interés público o permitimos, sin más, que sean los propios agentes de mercado quienes lo hagan con arreglo a sus propias motivaciones y normas de conducta, según ha ocurrido con las redes sociales. Consideramos que el grado o el alcance en que todo ello se articule podrá ser objeto de discusión, pero no así la pertinencia de hacerlo. De hecho, hemos comprobado como a nivel práctico se ha optado por distintas vías en los diversos países e instituciones: desde las meras declaraciones sin efecto vinculante, a la reforma de normativa relevante ya existente, pero también en casos como el del Reino Unido se ha preferido realizar un diagnóstico concienzudo de manera previa a la actuación normativa. Más allá de su diferente alcance y efectos podemos afirmar que el balance general de los pasos dados hasta ahora es positivo. De un lado, el debate generado en sede parlamentaria y en los expertos está contribuyendo a tomar conciencia de los beneficios y riesgos de las nuevas tecnologías, así como de las formas de afrontarlos. Por otro, las ideas y objeciones que ya se han planteado podrán servir como punto de partida en terceros países que, al menos, cuentan con estos intentos de regulación como referencia. En el momento presente podemos afirmar que existe ya un *corpus* ético consolidado, en torno a aspectos tales como la IA o las neurotecnologías. Son abundantes y bien fundamentados los informes, documentos de recomendaciones y acuerdos internacionales que se han puesto sobre la mesa a ese respecto.

Ahora bien, el avance regulativo no puede estar liderado, exclusivamente, desde la política y la ciencia. Ni la ciencia se puede convertir en legislador, ni éste prescindir de aquella. Es inexcusable la actuación del derecho, siendo una de sus funciones la de ofrecer respuestas frente al cambio social, por tanto debe actuar incluso cuando los cambios se estén aun gestando, señalando el camino, estableciendo límites éticos, sin que ello tenga necesariamente que generar prejuicios, máxime en este ámbito. Semejante intervención dista de ser inédita, pues, fundamentalmente en el ámbito internacional, desde los años setenta se ha tratado de dar respuesta jurídica a los avances médicos, sobre todo en el campo de la genética. En este proceso se ha de tener presente la perspectiva constitucional y también filosófica, puesto que la constatación de ciertos descubrimientos por la ciencia, máxime de esta envergadura, no puede concluir con la elaboración de normas sin un previo examen desde la teoría del derecho, y más concretamente desde la teoría del derecho constitucional.

No obstante, otras de las objeciones habituales que encontramos cuando hablamos de nuevos derechos tiene que ver con la idea de que una proliferación injustificada propaga el escepticismo sobre todos ellos, produciéndose una «inflación de derechos». Como ya expusimos, en nuestra doctrina, mientras una parte defiende la tesis de que los derechos humanos han de ser pocos si se les ha de atribuir una especial fuerza moral (Laporta, 1987: 23), otra parte argumenta que una mayor extensión de los mismos va acompañada de una mayor intensidad en su protección (Pérez Luño, 1987:61). Lo cierto es que lo que se debe demostrar es su exigibilidad, mediante pruebas justificativas para derechos humanos específicos (Hierro Sánchez Pescador, 1999: 354). En este sentido, la propuesta de Ienca & Andorno (2017) argumenta las razones por las cuales tanto los nuevos derechos propugnados como la reconceptualización de los clásicos reúnen dichos requisitos y, por tanto, no aumentarían el riesgo de inflación.

Por otra parte, el debate teórico debe poner el acento en varias cuestiones:

En primer lugar, al hilo de cómo debemos regularnos en la sociedad digital, y si es preciso reconfigurar el pacto constitucional, resulta precisa una nueva lectura de sus valores y principios. Desde una perspectiva filosófica existen dos grandes posturas para enfrentarnos a las nuevas tecnologías. Por un lado, los bioconservadores, que subrayan las consecuencias desastrosas que los avances tecnológicos pueden producir a la humanidad y al medio ambiente; por otro, los transhumanistas, que pretenden emplear la tecnología para mejorar la vida de las personas y para resolver los problemas sociales contemporáneos. El constitucionalismo no debe dar la espalda a tales cuestiones, puesto que estas distintas posiciones pueden tener una traslación en cuanto a la forma de articular regulaciones ante los nuevos contextos. Nos enfrentamos a la disyuntiva de si se debe, como hasta ahora, legislar desde el reconocimiento de aquellos valores superiores y principios para protegerlos o si, como parecen demandar las grandes tecnológicas, han de posibilitarse técnicas que, de manera horizontal, sin valores identificados, establezcan sus propias pautas de configuración de la tecnología. En este sentido, no solo vamos a necesitar pensar en nuevos derechos o en un replanteamiento de los clásicos, sino que también debemos centrarnos en aquellos valores sociales que habrían de regir las infraestructuras, ya que la tecnología no entiende al individuo, tiene una visión colectivista (Jaume Palasí, 2022).

Pero al mismo tiempo, los poderes privados tienen que convertirse también en protagonistas imprescindibles del pacto constitucional en esta era digital. Debemos preguntarnos si avanzamos hacia pactos regulatorios con plataformas tecnológicas y con otros actores, incluso explorar alianzas por el interés general con empresas más poderosas que nuestros Estados-nación, presionando para que se adhieran a códigos éticos. Y todo ello sin perder de vista el liderazgo de los poderes públicos, pues en último término son los directamente legitimados desde el punto de vista democrático. Ahora bien, no podemos afrontar los riesgos por los usos indebidos de estas nuevas tecnologías utilizando solo enfoques de derecho indicativo, o mecanismos de autorregulación de las empresas, sino que necesitamos políticas que den prioridad a los derechos fundamentales y establezcan líneas rojas y obligaciones estrictas.

Se hace por tanto preciso reflexionar sobre la constitucionalización del espacio privado, o más bien, una posible reconfiguración del pacto constitucional compartido entre los poderes públicos y privados.

Un segundo aspecto es el de las garantías que han de regir para que los poderes públicos y privados no dañen o alteren derechos fundamentales mediante el uso de la tecnología, por ejemplo, estableciendo límites o prohibiciones legales, creando organismos autónomos de vigilancia o control; incluso potenciando nuevos desarrollos tecnológicos que tutelen los derechos fundamentales. Además, la vertiente prestacional del Estado se hace imprescindible para la protección de estos derechos clásicos de libertad en su proceso de reconceptualización.

En este sentido, la pandemia mundial ocasionada por la Covid-19 nos ha alumbrado un precedente esperanzador: en una situación de claro riesgo de orden global, el ser humano ha conseguido, por vía de la investigación científica, encontrar una solución y emplearla desde principios democráticos, de manera igualitaria, y bajo criterios médicos y de orden social. Del mismo modo, resulta en este caso imprescindible una actuación coordinada en el espacio internacional, no solo en favor de la igualdad en materia de protección de los derechos humanos, sino para evitar la desventaja estratégica que supondría para países reguladores de esta materia un entorno geopolítico con menores restricciones al desarrollo tecnológico (Wajnerman, 2021). No podemos olvidar que, amén de los importantes beneficios que conlleva para aspectos tales como la salud, también constituye un importante sector económico de futuro. La estrategia digital de la UE que hemos examinado da cuenta de ello.

En general, los contenidos de las iniciativas que hemos analizado, desarrollados en sede de organizaciones internacionales de la máxima relevancia, como la ONU, la OCDE o la OEA, se traducen en una serie de recomendaciones de orden jurídico, pero también social y comunicativo, que de ser articuladas conformarían un marco normativo y una estructura organizacional de análisis y seguimiento que podrían resultar ciertamente eficientes para tutelar los derechos de la ciudadanía frente al avance de las neurotecnologías. Quizá, en este sentido, se haga preciso un trabajo profundo de información y toma de conciencia que permita dar un impulso ciudadano a la voluntad política; y que esa tarea se adelante a la de «seducción tecnológica» que sin duda desarrollarán sus agentes productores.

En este ámbito, habrá de ser la ONU quien lidere principalmente el debate por los neuroderechos, una vez constatados los déficits actuales de los tratados internacionales y la necesidad de incorporar un nuevo nivel de protección, partiendo del establecimiento de unos principios éticos comunes y sobre todo teniendo en cuenta que la industria digital es global. Al tiempo habrá de avanzarse en la discusión para alcanzar consensos en torno a qué derechos necesitaríamos reconocer para proteger debidamente a las personas, así como cuál sería el vehículo más adecuado, esto es, adicionándolos a la propia DUDH o bien desarrollándose a través de un tratado o protocolo específico. En este sentido creemos que, aunque se trataría de respuestas a medio o largo plazo, la segunda opción sería más conveniente, por las reticencias a modificar la Declaración Universal, teniendo en cuenta además las advertencias acerca de la proximidad de estos desarrollos tecnológicos en el mercado, de igual forma que ya se hizo a propósito de los descubrimientos sobre el genoma humano.

De forma paralela al esfuerzo que pueda hacerse en el ámbito internacional, los países deben iniciar cuanto antes un proceso de reflexión sobre cómo abordar sus propios procesos regulatorios, tal y como ha hecho Reino Unido, o siguiendo el ejemplo de Chile, que creemos es uno de los desarrollos más sólidos.

Una cuestión especialmente relevante, pero que presenta probablemente las mayores dificultades por su eventual fricción con ciertos derechos de la persona, es la del alcance que pueda darse al consentimiento, aun informado con arreglo a los protocolos o prácticas que se determinen. La realidad nos está proporcionando ya ejemplos de la facilidad con que los consumidores aceptan, con mayor o menor grado de consciencia y reflexión, invasiones en su privacidad o el manejo libre de sus datos a cambio de determinados «beneficios» que les aporta la tecnología. Cuánto más podrá ser así cuando la sofisticación de las herramientas, fundamentalmente de ocio, haga tan sutiles esas apropiaciones de información que apenas resulten discernibles.

Nos encontramos ante una cuestión indudablemente jurídica, pero que al mismo tiempo excede de las fronteras del derecho para plantear debates filosóficos en torno al libre albedrío. No obstante, abogamos porque esa discusión se acometa sin prejuicios, y con la seguridad de que no resulta inédita en los ordenamientos jurídicos contemporáneos, puesto que ya se ha abordado en asuntos como la indisponibilidad de derechos en materia laboral, el alcance del consentimiento informado en la práctica médica o los contratos de adhesión, por no hablar de los dilemas existentes acerca de las manifestaciones de voluntad en relación con la responsabilidad penal.

Resulta interesante comprobar cómo los límites del consentimiento, en relación con el principio de autonomía del individuo, encuentran su explicación en que «todo ordenamiento protege y tutela unos bienes jurídicos, como la vida, la salud, el bienestar, la prosperidad, la seguridad, no pudiendo ser indiferente a la destrucción de tales bienes, por muy voluntaria que sea»

(PEÑA & AUSIN, 2001), y ello a causa de varios motivos lógicos, como que, aun tratándose de derechos inalienables que admitan una renuncia parcial o momentánea, el daño al bien protegido siempre afecta de una u otra manera a los demás, no solo al individuo que consiente; o que la libertad «está al servicio de bienes jurídicos más básicos: la vida, la equidad, la igualdad, la concordia, la salud, el bienestar, el conocimiento, el perfeccionamiento intelectual. La mera libertad —o sea la no obligación de hacer algo ni de no-hacerlo— difícilmente puede concebirse un bien supremo o absoluto o incluso independiente» (PEÑA & AUSIN, 2001). De ahí que el principio de autonomía esté «al servicio de la protección de un cúmulo de bienes socialmente amparados; bienes materiales, o de contenido, que forman un entramado complejo y no exento de colisiones. No un principio formal abstracto y perfectamente universalizable» (PEÑA & AUSIN, 2001).

No debe extrañarnos, por tanto, que el ordenamiento jurídico haya empleado conceptos como el de «irreversibilidad»[206] para concluir, por ejemplo en la práctica médica, que «los deseos expresados en el documento de instrucciones previas carecerán de virtualidad en aquellos casos en los que el respeto a la voluntad de su autor suponga adoptar una decisión irreversible o irreparable» (DE MONTALVO JÄÄSKELÄINEN, 2010), de forma que la medida restrictiva de la libertad de los sujetos exija acreditar que se trata de la única solución al conflicto, que persigue garantizar la protección de la vida y la salud, y que existe un equilibrio razonable entre renuncia y beneficio.

Ahora bien, es evidente que, en lo que atañe al empleo de las neurotecnologías, los supuestos que podemos encontrarnos distarán de ser tan obvios, que, salvo en el estricto empleo terapéutico, por ejemplo, para tratar graves enfermedades neuronales, pocas veces resultarán aparentemente «irreversibles» las decisiones en juego.

Sin embargo, tampoco debemos minusvalorar los efectos del empleo de datos cerebrales no solo con fines meramente comerciales, sino para el procesamiento de información que pueda conducir a decisiones que conlleven la discriminación de personas vulnerables; a la manipulación de su pensamiento y voluntad con fines políticos o de otro tipo, o a la mejora de su capacidades físicas o mentales en perjuicio de terceros. En estos casos el paradigma de la irreversibilidad resulta insuficiente, y habrá que acudir quizá a los criterios de orden filosófico que hemos expuesto, relacionados con los rasgos esenciales del ser humano en cuanto individuo y, más aún, de su interrelación e integración con el resto de personas que conforman una sociedad democrática junto a él.

Regular los límites del consentimiento en el ámbito de las neurotecnologías requerirá de una voluntad legislativa proactiva, que no se quede en la mera evitación de sesgos o vulneración de datos personales, sino que defienda

206. Por ejemplo, en la Sentencia del Tribunal Constitucional 120/1990, de 27 de junio.

la indisponibilidad de los elementos fundamentales de nuestra personalidad que nos hace seres racionales, y que permite la construcción de espacios colectivos de convivencia. Es cierto que ello dependerá de un inevitable debate ideológico en torno a la libertad y el intervencionismo, pero también que contamos con los suficientes precedentes en los ordenamientos jurídicos como para afrontarlo sin miedo. Y partiendo de que los derechos humanos son inalienables, es decir, irrenunciables, consideramos que la propuesta de reforma constitucional que hemos formulado constituye un principio ético inspirador que permitirá precisamente, con el propósito de salvaguarda de la reserva holística de humanidad a la que hemos hecho referencia, adoptar soluciones normativas y jurisprudenciales que aborden el consentimiento en sus justos límites.

Confiamos, en cualquier caso, que este trabajo haya aportado claridad al lector en la toma de conciencia del alcance del problema y la dificultad de las soluciones. Si algún aspecto realmente positivo podemos extraer es que el planteamiento se encuentra ya sobre la mesa: hemos podido comprobar que son muchas las iniciativas en que se está trabajando para, en primer lugar, estudiar en profundidad las implicaciones que las neurotecnologías van a tener sobre la ciudadanía en un futuro más próximo de lo que sería deseable. Sin embargo, una vez elaborado el diagnóstico, parecería que la respuesta del derecho a este reto, inédito en buena medida en la historia de la humanidad, podría perderse en un sinfín de informes, recomendaciones, resoluciones y proyectos inconclusos. Sin embargo, en «el otro lado», por así decirlo, los avances no se detienen, y corremos el riesgo de que antes de establecer medidas tuitivas las sociedades contemporáneas se encuentren con un uso generalizado de neurotecnologías, tan discretamente invasivas como realmente útiles, o atractivas desde el punto de vista del ocio. Al mismo tiempo, los grandes poderes público-privados podrían beneficiarse, para fines a menudo inconfesables, de esa gigantesca laguna legal a que conduce la inacción de los legisladores. Se requiere, por tanto, una acción pública decidida que pase, ante todo, por recabar un amplio respaldo social fruto de una adecuada información. No se trata de salir huyendo de una inexistente invasión alienígena, pero tampoco de evitar mirar hacia arriba para no preguntarnos qué es eso que se dirige hacia nosotros haciéndose cada vez mayor.

Es cierto que la tarea normativa requiere de numerosas discusiones de carácter técnico, muchas de las cuales se han apuntado aquí, pero también lo es que el propósito último que ha de guiarla resulta evidente: tal vez la clave esté en que el ser humano no termine renunciando por completo al derecho, ese logro de la civilización, imperfecto y en constante desarrollo, elaborado a lo largo de siglos sobre pilares tales como el sentido de la justicia, la necesidad de reparar el daño, la empatía y el establecimiento de un sistema de valores comunitario... Para entregarlo a la neurociencia sin las cautelas propias de una sociedad madura, sabia y dueña de sus pasos. En las sencillas palabras de Isaac Asimov, en su visionaria obra de ficción *Yo, robot*, «la máquina no puede, no debe hacernos desgraciados».

AGRADECIMIENTOS

Esta obra ha sido posible gracias al apoyo y la confianza que han depositado en mí los directores de la Colección científica Cátedra de Relaciones Privadas Internacionales UMH-ICAO, Alfonso Ortega Giménez, profesor titular de Derecho internacional privado, y Manuel Ramón Rives Fulleda, abogado y Diputado 2ª del Ilustre Colegio de Abogados de Orihuela y responsable de formación.

Mi agradecimiento también a los catedráticos de Derecho constitucional, Rosario Tur Ausina y Fernando Rey Martínez, por sus valiosas aportaciones, así como sus certeros consejos que han contribuido a mejorar este trabajo.

Y al catedrático de Derecho penal, Fernando Miró Llinares, por incluirme en el Proyecto de Investigación que lidera, y del que forma parte esta obra.

Finalmente, quiero manifestar mi reconocimiento a la editorial Colex por su excelente trabajo y profesionalidad.

BIBLIOGRAFÍA

Alcón, M., & **De Montalvo Jääskeläinen**. (2018). «La reforma de la Constitución». En *Lecciones de Derecho Constitucional*, Álvarez Vélez, M. I. (Dir.). Tirant lo Blanch.

Alamos, M. F., **Kausel, L.**, **Baselga-Garrida, C.**, **Ramos, P.**, **Aboitiz, F.**, **Uribe-Etxevarria, J.**, & **Yuste, R.** (2022). «Chapter 14 A Technocratic Oath». En *Protecting the mind*, López Silva, P., Varela, L. (Edits). Springer.

Alegre, S. (2017). «Rethinking Freedom of Thought for the 21st Century». *European Human RightsLaw Review*, 3.

Alfonso Galindo, J. A. (2009). «Contenido del derecho a la integridad personal». *Revista Derecho del Estado*, 23.

Alston, P. (1984). «Conjuring up new human rights: A proposal for quality control». *The American Journal of International Law*, 78 (3), pp.607-621.

Altimus, C. M. (2017). «Neuroscience Has the Power to Change the Criminal Justice System». *eNeuro*, 4 (1). https://doi.org/10.1523/ENEURO.0362-16.2016

Álvarez Conde, E., & **Tur Ausina, R.** (2021). *Derecho Constitucional*. Tecnos.

Álvarez Robles, T. (2024). *El Derecho de acceso a Internet. Especial referencia al constitucionalismo español*. Tirant lo Blanch.

Amoedo-Souto, C. A. (2018). «El derecho administrativo español ante las neurociencias y el neuroderecho: Desarrollos y perspectivas». *IUS ET SCIENTIA*, 4 (1), pp. 84-106.

Amunátegui Perelló, C. (2024). «Neuroderechos ante los Tribunales. Primera Sentencia en el mundo». En *En defensa de los neuroderechos*, López Silva, P. y Varela, L. (Edits). Fundación Kamanau.

Arran, G. (2022). «Chapter 4 Ethics and Neuroscience: Protecting Consciousness». En *Protecting the mind*, López Silva, P. y Varela, L. (Edits). Springer.

Ariès, P., & **Duby, G.** (1989). *Historia de la vida privada V. De la Primera Guerra Mundial a nuestros días*. Taurus Alfaguara.

Atienza, M. (1989). «Contribución para una teoría de la legislación». *Doxa*, 6.

Balaguer Callejón, M. L. B. (2022). *Interpretación de la Constitución y ordenamiento jurídico*. Centro de Estudios Políticos y Constitucionales.

Balaguer Callejón, F. (2022). *La constitución del Algoritmo*. Fundación Manuel Giménez Abad.

Balaguer, M. (2020). *Libre Albedrío*. Ediciones UC y Massachusetts Institute of Technology.

Ballesteros, A. (2022). «Entorno digital, macrodatos y valores constitucionales». En *La teoría constitucional frente a la transformación digital y las nuevas tecnologías,* Reche Tello, N., Tur Ausina, R. (Dirs.). Aranzadi Thomson Reuters.

Bandini, S. (2023). «¿Regulación de la IA? Primeros pasos de la UE y futuros escenarios». En *The risk and challenges of neurotechnologies for human rights*. UNESCO. Department of Business and Law and State University of New York (SUNY) Downstate.

Barrio Andrés, M. (2023). *Los derechos digitales y su regulación en España, la Unión Europea e Iberoamérica*. Colex.

Beltrán Heredia, I. (2023). *Inteligencia artificial y neuroderechos: La protección del yo inconsciente de la persona*. Aranzadi Thomson Reuters.

Beltrán De Heredia Ruiz, I. (2023). «Algoritmos y condicionamiento por debajo del nivel consciente: Un análisis crítico de la propuesta de Ley de Inteligencia Artificial de la Unión Europea». *Revista de la Facultad de Derecho de México*, 73 (286), pp. 621-650. https://doi.org/10.22201/fder.24488933e.2023.286.86406

Bennett, M. R. & **Hacker, P. M. S**. (2003). *Philosophical Foundations of Neuroscience*. Blackwell.

Bobbio, N. (1991). *El tiempo de los derechos*. Sistema.

Borbón, D., & **Borbón, L**. (2022). «NeuroDerechos Humanos y Neuroabolicionismo Penal: Comentarios críticos frente a la neuropredicción y la detección de mentiras». *Cuestiones Constitucionales. Revista Mexicana de Derecho Constitucional*, pp. 29-64. https://doi.org/10.22201/iij.24484881e.2022.46.17047

Borbón, D. & **Borbón, L.** (2021). «A Critical Perspective on NeuroRights: Comments Regarding Ethics and Law». *Frontiers in Human Neuroscience*, 15.

Borbón, D., **Borbón, L**., **Mora Gómez, X**., & **Villamil Mayoral, S**. (2023). «El preocupante clausulado de la Ley Modelo de Neuroderechos del Parlatino». *IUS ET SCIENTIA*, 9 (2).

Borbón Rodriguez D., Borbón Rodríguez, L., & Laverde Pinzón, J. (2020). «Análisis crítico de los NeuroDerechos Humanos al libre albedrío y al acceso equitativo a tecnologías de mejora». *IUS ET SCIENTIA*, 6.

Bublitz, C. (2013). «My Mind Is Mine!? Cognitive Liberty as a Legal Concept». En *Cognitive Enhancement* (pp. 233-264). Springer. https://doi.org/10.1007/978-94-007-6253-4_19

Bublitz, C. (2015). «Cognitive Liberty or the International Human Right to Freedom of Thought». En *Handbook of Neuroethics* (pp. 1309-1333), Clausen, J. & Levy, N. (Eds.). Springer Netherlands. https://doi.org/10.1007/978-94-007-4707-4_166

Bublitz, C. (2016). «Moral Enhancement and Mental Freedom». *Journal of Applied Philosophy*, 33 (1), pp. 88-106. https://doi.org/10.1111/japp.12108

Bublitz, J. C. (2019). «Privacy Concerns in Brain–Computer Interfaces». *AJOB Neuroscience*, 10 (1), pp. 30-32. https://doi.org/10.1080/21507740.2019.1595783

Bublitz, J. C. (2022). «Novel Neurorights: From Nonsense to Substance». *Neuroethics*, 15 (1), 7. https://doi.org/10.1007/s12152-022-09481-3

Bublitz, J. C., & Merkel, R. (2014). «Crimes against minds: On mental manipulations, harms and a human right to mental self-determination». *Criminal Law and Philosophy*, 8 (1), pp. 51-77.

Camargo Brito, R., & Ried Soto, N. (2021). «Neurociencia y derecho El impacto del neuroderecho en la práctica judicial chilena». *Revista Chilena de Derecho*, 48, pp.1-24.

Carbonell Moreau, E. (2022). «La regulación de los neuroderechos». *Revista General de Legislación y Jurisprudencia*, pp. 69-98.

Cartabia, M. (2011). «La edad de los "nuevos derechos"». *Revista de Derecho Político*, 81, pp. 61-100.

Chavarriaga, R., Rickli, J-M, & Mantellassi, F. (2023). *Neurotechnologies: The new frontier*. Geneva Centre for Security Policy.

Chneiweiss, H. (2023). «Ethics issues and global governance of neurotechnology». En *Riesgos y retos de las neurotecnologías y los derechos humanos*. UNESCO, University of Milan-Bicocca – Department of Business and Law and State University of New York (SUNY) Downstate.

Coeckelbergh, M. (2023). *Filosofía política de la inteligencia artificial*. Cátedra.

Collingridge, D. (1980). *The Social Control of Technology*. St. Martin's Press.

Colom, R. (2016). «El papel de la neurociencia en la Psicología». *Blog de ROBERTO COLOM*. https://robertocolom.wordpress.com/2016/02/05/el-papel-de-la-neurociencia-en-la-psicologia/

Córdoba Marentes, J. F. (2024). «Tres paradojas no resueltas en el caso Emotiv». En *Defensa de los neuroderechos*, Sánchez, M., Colombara, C., Monti, N. (Eds.). Fundación Kamanau.

Cornejo-Plaza, M. I., & **Saracini, C**. (2023). «On pharmacological neuroenhancement as part of the new neurorights' pioneering legislation in Chile: A perspective». *Frontiers in Psychology*, 14.

Costandi, M. (2020). *Neuroplasticidad*. Ediciones UC y Massachusetts Institute of Technology.

Cunego, A. (2016). *La evaluación de políticas de desarrollo a través de una perspectiva de derechos humanos*. Berg Institute. https://doi.org/10.2307/j.ctvkwnnrz

Danks, D., & **London, A. J**. (2017). «Algorithmic Bias in Autonomous Systems». *Proceedings of the Twenty-Sixth International Joint Conference on Artificial Intelligence*, 4691-4697. https://doi.org/10.24963/ijcai.2017/654

D´Avila Lopez, A. M. (2024). «Protección jurídica de los neuroderechos: Iniciativas brasileñas y chilenas». En *En defensa de los neuroderechos*, Sánchez, M., Colombara, C., Monti, N. (Eds.). Fundación Kamanau.

De Asís, Roig, R. **Bondía, D**., & **Maza, E.** (Eds.). (2007). *Los desafíos de los Derechos Humanos hoy*. Dykinson.

De Asís, Roig, R. (2022a). *Derechos y tecnologías*. Dykinson.

De Asís, Roig, R. (2022b). «Inteligencia Artificial y Neurotecnologías. La demanda de nuevos derechos». En *La teoría constitucional frente a la transformación digital y las nuevas tecnologías*, Reche Tello N. & Tur Ausina (Dirs.). Aranzadi.

De Asís Roig, R. (2023). «Sobre los derechos evidentes». *Cuadernos Electrónicos de Filosofía del Derecho*, 49, 602. https://doi.org/10.7203/CEFD.49.26131

De la Quadra-Salcedo Fernández Del Castillo, T. (2018). «Retos, riesgos y oportunidades de la sociedad digital». En *Sociedad Digital y Derecho,* de la Quadra Salcedo, T. y Piñar Mañas J.L, (Dirs.). Boletín Oficial del Estado, Ministerio de Industria, Comercio y Turismo, REDES.ES

De la Quadra-Salcedo Fernández Del Castillo, T. (2023). «Derechos y libertades y neurotecnologías convergentes aplicadas a la actividad cerebral» (1). *Diario La Ley Derecho Digital e Innovación*, 18.

De la Cuadra-Salcedo Fernández Del Castillo, T. (2024). «El reto que nos plantea la sentencia». En *En defensa de los neuroderechos*, Sánchez, M., Colombara, C., Monti, N. (Eds.). Fundación Kamanau.

De la Sierra Morón, S. (2021). «Control judicial de los algoritmos: Robots, administración y estado de derecho». *El Derecho (Tribuna)*. https://elderecho.com/control-judicial-de-los-algoritmos-robots-administracion-y-estado-de-derecho

De Montalvo Jääskeläinen, F. (2010). «Límites a la autonomía de voluntad e instrucciones previas: Un análisis desde el derecho constitucional». *Revista de Derecho y Salud*, 20 (1), pp. 71-95.

Díaz Fuenzalida, J. P., & **Peredo Rojas, M. I.** (2021). *¿Cómo avanzar en los nuevos neuroderechos y en su regulación? Comentarios al proyecto de reforma constitucional (Boletín No 13827-19) y al proyecto de ley (Boletín n.º 13828-19)* [Documento de trabajo]. Instituto de Investigación en Derecho, Universidad Autónoma de Chile.

Díaz Soto, J. M., & **Borbón, D.** (2022). «Neurorights vs. neuroprediction and lie detection: The imperative limits to criminal law». *Frontiers in Psychology*, 13.

Diéguez, A. (2017). *Transhumanismo: La búsqueda tecnológica del mejoramiento humano*. Herder Editorial.

Dowd, R. (2021). *The Birth of Digital Human Rights*. Palgrave Macmillan.

Drew, L. (2023). «The rise of brain-reading technology: What you need to know». *Nature*, 623 (7986), 241-243. https://doi.org/10.1038/d41586-023-03423-6

Dror-Shpoliansky, D., & **Shany, Y.** (2021). «It's the End of the (Offline) World as We Know It: From Human Rights to Digital Human Rights – A Proposed Typology». *European Journal of International Law*, 32 (4), 1249-1282. https://doi.org/10.1093/ejil/chab087

Dura-Bernal, S. (2023). «Introduction to part I: State of the art and challenges of neurotechnology». En *The risks and challenges of neurotechnologies for human rights*. UNESCO, University of Milan-Bicocca – Department of Business and Law and State University of New York (SUNY) Downstate.

Embid, A. (2009). *Retos jurídicos de la radiación no ionizante*. Carlos III de Madrid.

Eubanks, V. (2021). *La automatización de la desigualdad*. Capitán Swin.

Farahany, N. (2012). «Incriminating Thoughts». *Stanford Law Review*, 64 (2), pp. 351-408.

Farahany, N. (2019). «The Costs of Changing Our Minds». *Emory Law Journal,* 69 (1), 75.

Faranay, N. (2023). *The battle for your brain*. St. Martin's Publishing Group.

Ferrajoli, L. (2022). *Por una Constitución de la Tierra La Humanidad en la Encrucijada*. Editorial Trotta.

Filipova, I. A. (2022). «Neurotechnologies in law and law enforcement: Past, present and future». *Law Enforcement Review*, 6(2), 32-49. https://doi.org/10.52468/2542-1514.2022.6(2).32-49.

Fins, J. (2022). «The Unintended Consequences of Chile's Neurorights Constitutional Reform: Moving beyond Negative Rights to Capabilities». *Neuroethics*, 15 (3), 26. https://doi.org/10.1007/s12152-022-09504-z

García Deltell, J. J. (2013). «El neuroderecho y el impacto de las neurociencias como nuevo paradigma para la filosofía del derecho». En *Bioética, Neuroética, Libertad y Justicia*, Lopez Frías et al (Edits.), pp. 919-931. Comares.

García Gómez, A., **Abellán Salort, J. C.** (2019). «Derechos humanos, libre albedrío y neuroética. Retos biojurídicos de las neurotecnologías emergentes». *Medicina y Ética*, 3.

García-López, E. (2022). «Neuroderecho y Neuroderechos en Hispanoamérica». En *Derecho penal y comportamiento humano: Avances desde la neurociencia y la inteligencia artificial*, pp. 713-732. Tirant lo Blanch.

García-Martínez, I., **Torres-Hernández, N**., **Espinosa-Fernández, I**., & **Checa-Domene, L.** (2023). «Mapping the Use of Neurotechnology in Education from an Ethical Perspective». *Revista de Medios y Educación*, 68, pp. 273-304. https://doi.org/10.12795/pixelbit.100461

Garriga Domínguez, A. (2016). «El Derecho a la Protección de Datos Personales en la Jurisprudencia del Tribunal Constitucional». En *Nuevos Retos Para La Protección de Datos Personales en La Era Del Big Data y de La Computación Ubicua*. Dykinson

Gazzaniga, M. (2005). *The Ethical Brain*. Dana Press.

Gazzaniga, M. (2019). *El Instinto de la Conciencia*. Paidós.

Genser, J., **Herrmann, S**., & **Yuste, R**. (2022). *International Human Rights Protection Gaps in the Age of Neurotechnology*. Neurorights Foundation.

George, S. (2006). «Conferencia de clausura del Congreso». En *Los desafíos de los derechos humanos hoy*, de Asís, R. Bondía D. y Maza, E. (Eds). Dykinson.

Goering, S., Klein, E., Specker Sullivan, L., Wexler, A., Agüera y Arcas, B., Guoqiang, B., G., Carmena, J. M., Fins, J. J., Friesen, P., Gallant, J., Huggins, J. E., Kellmeyer, P., Marblestone, A., Mitchell, C., Parens, E., Pham, M., Rubel, A., Sadato, N., Teicher, M., Yuste, R. (2021). «Recommendations for Responsible Development and Application of Neurotechnologies». *Neuroethics*, 14 (3), pp. 365-386. https://doi.org/10.1007/s12152-021-09468-6

Gracia Calandín, J. (2013). «El reto de la libertad para las neurociencias». En *Bioética, Neuroética, Libertad y Justicia*. Lopez Frías et al (Edits.) Comares.

Gregory, R. L. (1995). *Diccionario Oxford de la mente*. Alianza Diccionarios.

Habermas, J. (1986). *Técnica y Ciencia como Ideología*. Tecnos.

Hain, D., Jurowetzi, R., Squicciarini, M. G., & Xu, L. (2023). *Unveiling the neurotechnology landscape: Scientific advancements innovations and major trends*. UNESCO. https://unesdoc.unesco.org/ark:/48223/pf0000386137

Hallinan, D., Schütz, P., Friedewald, M., & Hert, P. De. (2014). «Neurodata and Neuroprivacy: Data Protection Outdated?». *Surveillance & Society*, 12 (1), pp. 55-72. https://doi.org/10.24908/ss.v12i1.4500

Han, B.Ch. (2020a). *En el enjambre*. Herder.

Han, B.Ch. (2020b). *Psicopolítica*. Herder.

Herranz Ortiz, A. (2023). «A vueltas con los neuroderechos: ¿es tiempo de configurar nuevos derechos constitucionales en España?». *Revista General de Derecho Constitucional*, 38.

Hierro Sánchez Pescador, L. L. (1999). «¿Qué derechos tenemos?». *Doxa*, 23.

Hildebrandt, M. (2008). «Legal and Technological Normativity: More (and less) than twin sisters». *Techné*, 12 (3).

Hoffmann-Riem, W. (2018). *Big Data. Desafíos también para el Derecho*. Thomson Reuters.

Hooks, B. (2022). *Enseñar pensamiento crítico*. Ciclogénesis 17 Rayo Verde.

Hunt, L. (2010). *La invención de los derechos humanos*. Tusquet.

Ienca, M. (2015). «Neuroprivacy, neurosecurity and brain-hacking: Emerging issues in neural engineering». *Bioethica Forum*. https://doi.org/10.24894/BF.2015.08015

Ienca, M., & Haselager, P. (2016). «Hacking the brain: Brain–computer interfacing technology and the ethics of neurosecurity». *Ethics and Information Technology*, 18 (2), pp. 117-129. https://doi.org/10.1007/s10676-016-9398-9

IENCA M. & ANDORNO R. (2017a). «Towards new human rights in the age of neuroscience and neurotechnology». *Life Sciences, Society and Policy,* 13 (5).

IENCA, M. & ANDORNO, R. (2017b). «A new category of human rights: Neurorights». *Research in Progress Blog*. https://blogs.biomedcentral.com/bmcblog/2017/04/26/new-category-human-rights-neurorights/

IENCA, M. & VALLENA, E. (2018). «Cambridge Analytica and online manipulation». *Scientific American*, 30.

IENCA, M., & IGNATIADIS, K. (2020). «Artificial Intelligence in Clinical Neuroscience: Methodological and Ethical Challenges». *AJOB Neuroscience,* 11 (2), pp. 77-87. https://doi.org/10.1080/21507740.2020.1740352

IENCA, M. (2021a). «On Neurorights». *Frontiers in Human Neuroscience*, 15, 701258. https://doi.org/10.3389/fnhum.2021.701258

IENCA, M. (2021b). *Common Human Rights Challenges Raised by Different Applications of Neurotechnologies in the Biomedical Field*. Comité de Bioética del Consejo de Europa.

IENCA, M., FINS, J. J., JOX, R. J., JOTTERAND, F., VOENEKY, S., ANDORNO, R., BALL, T., CASTELLUCCIA, C., CHAVARRIAGA, R., FERRETTI, A., FRIEDRICH, O., HURST, S., MERKEL, G., RICKLI, J.-M., SCHEIBNER, J., VAYENA, E., YUSTE, R., & KELLMEYER, P. (2022). «Towards a Governance Framework for Brain Data». *Neuroética*, 15, 19. https://doi.org/10.1007/s12152-022-09498-8

JACKSON, F. (1986). What Mary Didn't Know. *The Journal of Philosophy*, 83 (5). https://doi.org/10.2307/2026143

JAUME PALASÍ, L. (2022). «Justicia: Inteligencia artificial y discriminación - una arquelogía». En *La teoría constitucional frente a la transformación digital y las nuevas tecnologías*, RECHE TELLO, N., TUR AUSINA, R. (Dirs.). Thomson Reuters Aranzadi.

KEARNS, M. & AARON R. (2019). *El algoritmo ético. La ciencia del diseño de algoritmos con conciencia social*. Oxford University Press.

KELLMEYER, P. (2018). «Big Brain Data: On the Responsible Use of Brain Data from Clinical and Consumer-Directed Neurotechnological Devices», *Neuroethics*. 1–16 (2018), https://doi.org/10.1007/s12152-018-9371-x

LAPORTA, F. (1987). «Sobre el concepto de derechos humanos». *Doxa*, 4.

LAVAZZA, A., & GIORGI, R. (2023). «Philosophical foundation of the right to mental integrity in the age of neurotechnologies». *Neuroethics*, 16 (1), 10. https://doi.org/10.1007/s12152-023-09517-2

LAVAZZA, A. (2018). «Freedom of Thought and Mental Integrity: The Moral Requirements for Any Neural Prosthesis». *Frontiers in Neuroscience*, 12.

LI, P., YANG, J., ISLAM, M. A., & REN, S. (2023). *Making AI Less «Thirsty»: Uncovering and Addressing the Secret Water Footprint of AI Models* (arXiv:2304.03271). arXiv. https://doi.org/10.48550/arXiv.2304.03271

LIBET, B. (1999). «Do we have free will?». *Journal of Consciousness Studies*, 6 (8-9).

LIGTHART, S., IENCA, M., MEYNEN, G., MOLNAR-GABOR, F., ANDORNO, R., BUBLITZ, C., CATLEY, P., CLAYDON, L., DOUGLAS, T., FARAHANY, N., FINS, J. J., HASELAGER, P., JOTTERAND, F., LAVAZZA, A., MCCAY, A., PAZ, A. W., RAINEY, S., RYBERG, J., & KELLMEYER, P. (2023). *Minding rights: Mapping ethical and legal foundations of «neurorights»*. Camb Q Healthc Ethics. doi: 10.1017/S0963180123000245.

LIGTHART, S. L. T. J. (2019). «Coercive neuroimaging, criminal law, and privacy: A European perspective». *Journal of Law and the Biosciences*, 6 (1). https://doi.org/10.1093/jlb/lsz015

LLANO ALONSO, F.H. (2024). *Ética de la inteligencia artificial y Derecho digital ante el horizonte de la singularidad tecnológica*. Tirant lo Blanch.

LÓPEZ SILVA, P. & MADRID, R. (2021). «Sobre la conveniencia de incluir los neuroderechos en la Constitución o en la ley». *Revista Chilena de Derecho y Tecnología*, 10 (1).

LÓPEZ SILVA, P., & MADRID, R. (2022). «Acerca de la protección constitucional de los neuroderechos: La innovación chilena». *Prudentia Iuris*, 94, pp. 39-68. https://doi.org/10.46553/prudentia.94.2022.

LÓPEZ SILVA, P. & MADRID, R. (2022). «Protegiendo la mente: Un análisis al concepto de lo mental en la ley de neuroderechos. RHV». *An International Journal of Philosophy*, 20. https://doi.org/DOI: https://doi.org/10.22370/rhv2022iss20, pp. 101-117.

LÓPEZ SILVA, P. & WAJNERMAN, A. (2022). «Chapter 12. Mental Privacy and Neuroprotection: An Open Debate». En *Protecting the mind*. LÓPEZ SILVA, P., VARELA, L. (Edits), Springer.

LUCCIONI, A. S., JERNITE, Y., & STRUBELL, E. (2023). *Power Hungry Processing: Watts Driving the Cost of AI Deployment?* (arXiv:2311.16863). arXiv. http://arxiv.org/abs/2311.16863

MADRID, R. (2021). «Constitución y cambio tecnológico». En *Conceptos Fundamentales para el Debate Constitucional*. Universidad Católica de Santiago de Chile.

MALACALZA, B. & HIRST, M. (2020). «¿Podrá reinventarse el multilateralismo?». *Nueva Sociedad*, 287.

Mascitti, M. (2022). «El rango constitucional de los neuroderechos como una exigencia de justicia». *Cuestiones Constitucionales*, 46. https://doi.org/10.22201/iij.24484881e.2022.46.17051

Martí, M. C., **D´Agostino, M. J.**, **Veiga De Cabo, J.**, & **Sanz-Valero, J.** (2008). «Alfabetización Digital: Un peldaño hacia la sociedad de la información». *Medicina y Seguridad del Trabajo*, 54 (210).

Mccay, A. (2022). «Control mental y derechos humanos». *The Law Society Gazette*.

Miller, S., & **Selgelid, M. J.** (2007). «Ethical and Philosophical Consideration of the Dual-use Dilemma in the Biological Sciences». *Science and Engineering Ethics*, 13 (4), 523-580. https://doi.org/10.1007/s11948-007-9043-4

Moffett, S. (2008). *El enigma del cerebro*. Robin Book.

Monasterio Astobiza *et al.* (2019). «Traducir el pensamiento en acción: Interfaces cerebro-máquina y el problema ético de la agencia». *Revista de Bioetica y Derecho*, 46.

Mozo Seoane, A. (2021). *Los límites de la tecnología. Marco ético y regulación jurídica*. Reus.

Muñoz, J. M., & **Borbón, D.** (2023). Equal access to mental augmentation: Should it be a fundamental right? *Brain Stimulation*, 16 (4). https://doi.org/10.1016/j.brs.2023.05.003

Muñoz, J. M., & **Marinaro, J. Á.** (2021). «Implicaciones para los neuroderechos de la disparidad axiológica entre sesgos algorítmicos y neurodesarrollo». *Acta Psiquiátr Psicol Am Lat*, 67 (3).

Muñoz, J. M., & **Marinaro, J. Á.** (2022). «Algorithmic biases: Caring about teens' neurorights». *AI & SOCIETY*, https://doi.org/10.1007/s00146-022-01516-w

Muñoz, J. M., & **Marinaro, J. Á.** (2023). «Neurorights as reconceptualized human rights». *Frontiers in Political Science*, 5.

Muñoz, J. M. (2019). «Chile — El derecho al libre albedrío necesita una definición». *Nature*, 574.

Nadelhoffer, T., & **Sinnott-Armstrong, W.** (2012). «Neurolaw and Neuroprediction: Potential Promises and Perils». *Philosophy Compass, 7* (9). https://doi.org/10.1111/j.1747-9991.2012.00494.x

Nagel, T. (1974). «What Is It Like to Be a Bat?». *The Philosophical Review*, 83 (4). https://doi.org/10.2307/2183914

Narváez Mora, M. (2014). «Neuroderecho: El sentido de la acción no está en el cerebro». *Revista de Teoría del Derecho de la Universidad de Palermo*, Año 1 (2).

Noble, S. (2018). *Algorithms of Oppression: How Search Engines Reinforce Racism*. New York University Press.

O´Neil C. (2018). *Armas de destrucción matemática*. Capitán Swin.

Ortega Santiago C. (2008). «El Derecho Constitucional en su contexto: El ámbito cultural del constitucionalismo». *Teoría y Realidad Constitucional*, 21, 331. https://doi.org/10.5944/trc.21.2008.6803

Pacheco Zerga, L. (2007). *La dignidad humana en el Derecho del Trabajo*. Thomson-Civitas.

Paine, T. (1986). *Los Derechos del Hombre* (Original de 1791-92). Fondo de Cultura Económica.

Pascual Lagunas, E. (2009). *Configuración jurídica de la dignidad humana en la jurisprudencia del Tribunal Constitucional* (1.ª). José María Bosch Editor.

Pascuale, F. (2024). *Las nuevas leyes de la robótica*. Galaxia Guttemberg.

Peces-Barba Martínez, G. (1982). *Tránsito a la modernidad y derechos fundamentales*. Mezquita.

Peña, L., & **Ausin, T.** (2001). «El principio de autonomía y los límites del consentimiento». *Actas del III Congreso de la Sociedad Española de Filosofía Analítica*.

Pérez Luño, A. (1987). «Concepto y concepción de los derechos humanos. Acotaciones a la Ponencia de Francisco Laporta». *Doxa*, 4.

Pérez Luño, A. (2018). «Las generaciones de derechos humanos ante el desafío posthumanista». En *Sociedad Digital y Derecho*, De La Quadra Salcedo, T. y Piñar Mañas, J. L. (Dirs.), Boletín Oficial del Estado, Ministerio de Industria, Comercio y Turismo, REDES.ES.

Pinker, S. (1997). *¿Cómo funciona la mente?* Phaidos.

Piñar Mañas J. L. (2018). «Identidad y persona en la sociedad digital». En *Sociedad digital y derecho*, De la Quadra Salcedo, T. y Piñar Mañas, J. L. (Dirs.), Boletín Oficial del Estado, Ministerio de Industria, Comercio y Turismo, REDES.ES

Pizzetti, F. G. (2017). «Una propuesta para una: "Declaración Universal sobre Neurociencia y Derechos Humanos"». *Bioetical Voices*, 10.

Presno Linera, M. (2022). *Derechos fundamentales e inteligencia artificial*. Marcial Pons y Fundación Manuel Giménez Abad.

RAINEY, S. & BUBLITZ, C. (2019). «El cerebro, una mina de datos». *Collateral Bits*

RAINEY, S. (2020). «Is the European Data Protection Regulation sufficient to deal with emerging data concerns relating to neurotechnology?». *Journal of Law and the Biosciences*.

RALLO LOMBARTE, A. (2020). «Una nueva generación de derechos digitales». *Revista de Estudios Políticos*, 187. https://doi.org/10.18042/cepc/rep.187.04

RECHE TELLO, N. (2021). «Nuevos derechos frente a la neurotecnología: La experiencia Chilena». *Revista de Derecho Político*, 112. https://doi.org/10.5944/rdp.112.2021.32235

RECHE TELLO, N. (2022). «Protegiendo la privacidad mental a través de la regulación de las neurotecnologías. El modelo médico de Chile». *Diario la Ley*, 12.

RIVERA DE ROSALES, J. (2016). «Cuerpo y libertad. El experimento neurológico de Libet». *Pensamiento*, 72 (273).

REY MARTÍNEZ, F. (2023). «El derecho a recibir ayuda para morir en contexto eutanásico: ¿nuevo derecho fundamental? Comentario crítico de las SSTC 19/2023 Y 94/2023». *Anuario Iberoamericano de Justicia Constitucional*, 27-2. https://doi.org/10.18042/cepc/aijc.27.09

RIUS, M. (2021). «Proponen exigir un "juramento hipocrático" a los tecnólogos». *La Vanguardia*. https://www.lavanguardia.com/tecnologia/20210607/7469133/juramento-tecnocratico-hipocratico-etica-tecnologia.html

RÖDIGER, C. (2012). «The Council of Europe's Next "Additional Protocol on Neuroscientific Research"? Toward an International Regulation of Brain Imaging Research». En *International Neurolaw: A comparative Analysis*. Springer Berlin Heidelberg.

RODOTÀ, S. (2018). «Del ser humano al posthumano». En *Sociedad Digital y Derecho*, DE LA QUADRA SALCEDO, T. y PIÑAR MAÑAS J.L, (Dirs.). Boletín Oficial del Estado, Ministerio de Industria, Comercio y Turismo, REDES.ES.

RODRÍGUEZ DELGADO, J. M. R. (1969). *Physical Control of the Mind: Toward a Psychocivilized Society*. World Bank Publications.

RUIZ, J. A. (2023). «Deciphering Brain Coding: The Last Frontier». *OpenMind BBVA*. https://www.bbvaopenmind.com/en/science/bioscience/deciphering-brain-coding-the-last-frontier/

RUIZ MARTÍNEZ-CAÑAVATE, M. (2022). *Neurociencia, Ética y Derechos Humanos*. Dykinson.

SALLES, A. (2014). «La neurociencia y la identidad: Un debate abierto». En *El mejoramiento humano. Avances, investigaciones y reflexiones éticas y políticas*. Comares.

SÁNCHEZ MIGALLÓN, S. (2009). «Neuroética». En *Enciclopedia filosófica on line*, URL: http://www.philosophica.info/archivo/20092008/voces/neuroetica.

SCHEMMER, M., KÜHL, N., BENZ, C., & SATZGER, G. (2022). «On the Influence of Explainable AI on Automation Bias». *Cornell University*. https://doi.org/10.48550/arXiv.2204.08859

SCHLEIM, S. (2021). «Neurorights in History: A Contemporary Review of José M. R. Delgado's "Physical Control of the Mind" (1969) and Elliot S. Valenstein's "Brain Control" (1973)». *Frontiers in Human Neuroscience*, 15.

SENTENTIA, W. (2004). «Neuroethical Considerations: Cognitive Liberty and Converging Technologies for Improving Human Cognition». *Annals of the New York Academy of Sciences*, 1013 (1). https://doi.org/10.1196/annals.1305.014

SHEN, F. X. (2013). «Neuroscience, Mental Privacy, and the Law Privacy, Security, and Human Dignity in the Digital Age». *Harvard Journal of Law & Public Policy*, 36 (2).

SILVA, N. W., & AGUILERA, J. R. (2023). «Neuroderechos un intento de protección jurídica a las personas frente al uso de neurotecnologías». *Revista de Direito Sanitario*, 23. https://doi.org/10.11606/issn.2316-9044.rdisan.2023.194202

SOEKADAR, S. R., VERMEHREN, M., COLUCCI, A., HASLACHER, D., BUBLITZ, C., IENCA, M., CHANDLER, J. A., & BLANKERTZ, B. (2023). «Future Developments in Brain/Neural–Computer Interface Technology». En DUBLJEVIĆ V. & COIN, A. (Eds.), *Policy, Identity, and Neurotechnology: The Neuroethics of Brain-Computer Interfaces*. Springer International Publishing. https://doi.org/10.1007/978-3-031-26801-4_5

SOMMAGIO, P. (2022). «Chapter 7 Neuroscience, Neurolaw, and Neurorights». En *Protecting the mind*. LÓPEZ SILVA, P., VARELA, L. (Edits), Springer.

SPRANGER, T. M. (Ed.). (2012). *International Neurolaw: A Comparative Analysis*. Springer Berlin Heidelberg. https://doi.org/10.1007/978-3-642-21541-4

STANLEY, J. (2012). «High-Tech "Mind Readers" Are Latest Effort to Detect Lies» (Comunicado de prensa). *American Civil Liberties Union*. https://www.aclu.org/news/national-security/high-tech-mind-readers-are-latest-effort-detect-lies

SUSSER, D., & CABRERA, L. Y. (2023). «Brain Data in Context: Are New Rights the Way to Mental and Brain Privacy?». *AJOB Neuroscience*. https://doi.org/10.1080/21507740.2023.2188275

Tang, J., **Lebel, A.**, **Jain, S.**, & **Huth, A. G**. (2023). «Semantic reconstruction of continuous language from non-invasive brain recordings». *Nature Neuroscience*, 26 (5), Article 5. https://doi.org/10.1038/s41593-023-01304-9

Taruffo, M. (Dir.) & **Nieva Fenoll, J**. (Dir.). (2013). *Neurociencia y proceso judicial*. Marcial Pons.

Tole Martínez, J., & **Rosero Huertas, S. L**. (2024). «De la neuroética empresarial a la responsabilidad de respetar los derechos humanos por las empresas de neurotecnología: Aportaciones desde el principio de precaución». En *Desafíos da Interface Neurodireito e Inteligência Artificial* (Davila Lopes, A. M., Paredes Paredes, F., Tole Martínez, J. J. Org.). Livraria Do Advogado Editora.

Tur Ausina, R. (2016). «Igualdad de Género y Derechos Humanos». En *Deontología, principios jurídicos básicos e igualdad*. Tecnos.

Tur Ausina, R. (2023). «El desarrollo autonómico valenciano: Entre el voluntarismo silencioso y la prudencia». En 1982-2022. *Un panorama del Estado Autonómico a través del nacimiento y la evolución de siete comunidades autónomas*, Cebrian Zazurca E. (Dir.). Centro de Estudios Políticos y Constitucionales.

Valenstein, E. S. (1973). *Brain Control: A Critical Examination of Brain Stimulation and Psychosurgery*. John Wiley Sons.

Vázquez Costa, M., & **Vázquez Costa, J. F**. (2013). «¿Somos esclavos de nuestro cerebro?» En *Bioética, neuroética, libertad y justicia*. Comares.

Veiga Copo, A. B. (2023). *Tutela constitucional del derecho de consumo: Lenguaje y mercado*. Aranzadi Cuadernos Civitas.

Véliz, C. (2021a). «La privacidad como instrumento de resistencia colectiva». *Anuario Internacional de CIDOB*.

Véliz, C. (2021b). *Privacidad es poder*. Debate.

Verlos, N. (2020). «Constitutionalization of digital rights: Domestic practice and foreing experience». *Law Review of Kyiv University of Law*, 2.

Vidal Gil, E. (2021). «La interpretación de los derechos fundamentales por el tribunal constitucional». *Corts: Anuario de derecho parlamentario*, 11.

Villar, V. M., & **Muñoz, J. M**. (2023). «Identidad personal, neurotecnologías y Derechos Humanos». *Brazilian Journal of Development*, 9 (1). https://doi.org/10.34117/bjdv9n1-228

Wajnerman, A. (2021a). «¿Por qué importa el avance de las iniciativas sobre neuroderechos?». *La Tercera*. https://www.latercera.com/que-pasa/noticia/por-que-importa-el-avance-de-las-iniciativas-sobre-neuroderechos/L6XF3NFQ2RC3HDFNZGL66TZ3AM/

Wajnerman Paz, A. (2021b). «Is Mental Privacy a Component of Personal Identity?». *Frontiers in Human Neuroscience*, 15.

Wajnerman Paz, A. (2022). «Is Your Neural Data Part of Your Mind?». *Exploring the Conceptual Basis of Mental Privacy. Minds and Machines*, 32 (2). https://doi.org/10.1007/s11023-021-09574-7

Walker Silva, N. W., & **Rojas Aguilera, J.** (2023). «Neuroderechos un intento de protección jurídica a las personas frente al uso de neurotecnologías». *Revista de Direito Sanitario*, 23. https://doi.org/10.11606/issn.2316-9044.rdisan.2023.194202

Warren, S. & **Brandeis, L.** (1995). *El derecho a la intimidad*. Cuadernos Civitas.

Williams, J. (2021). *Clics contra la humanidad*. Gatopardo Ediciones.

Wolpaw, J. R. (2023). «Neurotechnologies may change the brain in unpredictable ways». En *The risks and challenges of neurotechnologies for human rights*. UNESCO, University of Milan-Bicocca – Department of Business and Law and State University of New York (SUNY) Downstate.

Wolpe, P. R. (2017). «Neuroprivacy and Cognitive Liberty». En *The Handbook of Neuroethics*. Routledge.

Yuste, R. (2023). «Advocating for neurodata privacy and neurotechnology regulation». *Nature Protocols*. https://doi.org/10.1038/s41596-023-00873-0

Yuste, R. (2019). «Las nuevas neurotecnologías y su impacto en la ciencia, medicina y sociedad». *Lecciones Cajal* 01.

Yuste, R. (2020). «Creo que vamos en camino hacia un nuevo Renacimiento». *La Tercera*. https://www.latercera.com/la-tercera-domingo/noticia/rafael-yuste-neurobiologo-creo-que-vamos-en-camino-hacia-un-nuevo-renacimiento/UXSZSTFW6NBVFCRWNGJPGWDZ2Y/

Yuste, R., **Genser, J.**, & **Herrmann, E**. (2021). «It´s time for Neuro-Rights?». *Horizons*, 18.

Yuste, R. & **Goering, S**. (2017). «Four ethical priorities for neurotechnologies and AI». *Nature*, 159.

Zaror Miralles, D., **Bordachar Benoit, M**., & **Trigo Kramcsák, P**. (2021). «Acerca de la necesidad de proteger constitucionalmente la actividad e información cerebral frente al avance de las neurotecnologías». *Revista Chilena de Derecho y Tecnología*, 10 (2), 1. https://doi.org/10.5354/0719-2584.2021.65650

Zuboff, S. (2020). *La era del capitalismo de la vigilancia*. Paidós.

Zúñiga Fajuri, A., Villavicencio Miranda, L., & Salas Venegas, R. (2020). «¿Neuroderechos? Razones para no legislar». *CIPER*. https://www.ciperchile.cl/2020/12/11/neuroderechos-razones-para-no-legislar/

PRINCIPALES INFORMES Y DOCUMENTOS DE ORGANIZACIONES INTERNACIONALES Y REGIONALES CONSULTADOS

Consejo de Europa (1995). Informe del Comité de Bioética: «Ética y neurociencia».

Consejo de Europa (1997). «Convenio para la Protección de los Derechos Humanos y la Dignidad del ser Humano Respecto de las Aplicaciones de la Biología y la Medicina».

Consejo de Europa (2021). Informe: «Common Human Rights Challenges Raised by Different Applications of Neurotechnologies in the Biomedical Field».

Consejo de Europa (2023). «Proyecto de Convenio Marco sobre Inteligencia Artificial, Derechos Humanos, Democracia y Estado de Derecho, CAI(2023)28».

Cumbre Iberoamericana de Jefes de Estado (2023). «Carta Iberoamericana de Principios y Derechos en Entornos Digitales».

Ocde (2019). «Recomendación sobre innovación responsable en Neurotecnología».

Ocde (2024). Explanatory memorandum on the updated OECD definition of an AI system

Oea (2021). Declaración aprobada sobre «Neurociencia, Neurotecnologías y Derechos Humanos: Nuevos Desafíos Jurídicos para las Américas».

Oea (2022). Informe de Avance sobre el «Proyecto de Principios Interamericanos en materia de Neurociencia, Neurotecnologías y Derechos Humanos».

Oea (2023). «Declaración de Principios Interamericanos en materia de Neurociencias, Neurotecnologías y Derechos Humanos».

Onu (2021). Informe del Secretario General de la ONU «Nuestra agenda común».

Onu (2022). Informe del Comité Consultivo del Consejo de Derechos Humanos «Evaluación del impacto de la neurotecnología en los derechos humanos: hacia el reconocimiento de los neuroderechos».

Onu (2022). Resolución: «Neurotecnologías y Derechos Humanos».

Parlatino (2023). «Ley Modelo sobre Neuroderechos».

Red Iberoamericana de Protección de Datos (2023). «Declaración sobre Neurodatos».

Unesco (1974). «Recomendación relativa a la Situación de los Investigadores Científicos de la Organización de las Naciones Unidas para la Educación, la Ciencia y la Cultura».

Unesco (1999). «Declaración sobre la Ciencia y el Uso del Conocimiento Científico y Programa en Pro de la Ciencia: Marco General de Acción».

Unesco (2004). «Declaración Internacional sobre los Datos Genéticos Humanos: recolección, tratamiento, utilización, conservación».

Unesco (2005). «Declaración Universal sobre Bioética y Derechos Humanos».

Unesco (2020). Informe: «Unveiling the neurotechnology landscape: scientific advancements, innovations and major trends».

Unesco (2021). «Recomendación sobre la ética de la Inteligencia Artificial».

Unesco (2021). Informe definitivo del Comité de Bioética sobre: «Cuestiones éticas de la neurotecnología».

Unesco (2023). Informe: «The risks and challenges of neurotecnologies and human rights (UNESCO, University of Milan-Bicocca – Department of Business and Law andState University of New York (SUNY) Downstate».

Unesco (2023). Informe: «Neurotecnologías y derechos humanos en América Latina y el Caribe: desafíos y propuestas de política pública por encargo de la Oficina Regional para la Ciencia y la Tecnología para América Latina y el Caribe».

Unesco (2023). Informe: «Unveiling the neurotechnology landscape: scientific advancements innovations and major trends».

Union Europea (2016). «Reglamento General de Protección de Datos».

Unión Europea (2017). «Reglamento 2017/745 del Parlamento Europeo y del Consejo, sobre los productos sanitarios, por el que se modifican la Directiva 2001/83/CE, el Reglamento (CE) 178/2002 y el Reglamento (CE) 1223/2009 y por el que se derogan las Directivas 90/385/CEE y 93/42/CEE del Consejo».

Unión Europea (2022). «Reglamento de ejecución 2022/2346, de la Comisión, de 1 de diciembre de 2022».

Unión Europea (2020). «Resolución del Parlamento Europeo con recomendaciones destinadas a la Comisión sobre un marco de los aspectos éticos de la inteligencia artificial, la robótica y las tecnologías conexas».

Unión Europea (2019). «Directrices éticas para una IA fiable».

Unión Europea (2021). «Propuesta de Reglamento del Parlamento europeo y del Consejo por el que se establecen normas armonizadas en materia de Inteligencia Artificial (ley de inteligencia artificial) y se modifican determinados actos legislativos de la unión COM/2021/206 final».

Unión Europea (2022). «Itinerario hacia la Década Digital para 2030».

Unión Europea (2022). «Declaración conjunta sobre los Derechos y Principios Digitales para la Década Digital».

Unión Europea (2023). «Declaración de León sobre la Neurotecnología Europea: un enfoque centrado en lo humano y orientado a los derechos».

Made in United States
Orlando, FL
04 November 2026

90202172R00157